地质灾害调查与评价

主　编：李东林　宋　彬
副主编：王明秋　李　红
参　编：王　骏　张　伟

中国地质大学出版社有限责任公司
ZHONGGUO DIZHI DAXUE CHUBANSHE YOUXIAN ZEREN GONGSI

前 言

为贯彻落实教育部《关于支持高等职业学校提升专业服务产业发展能力的通知》（教职成［2011］11号）精神，提升水文与工程地质勘察专业服务产业发展能力，为重庆统筹城乡建设、三峡库区建设和西部建设提供高端技能型水文与工程地质类人才，教育部高等教育司组织有关高等职业学校重新构建基于工作过程的课程体系，其中《地质灾害调查与评价》为该课程体系中的核心课程之一。

按照专业建设“项目导向”工学结合人才培养模式的要求，我们对水文与工程地质专业的岗位群、职业岗位能力、岗位典型工作任务进行分析，结合高职学生的特点和工作需要，开发了基于地质灾害调查与评价工作过程的“项目课程”。

教材按地质灾害调查与评价工作一般程序，以“实用”为宗旨、以着重培养学生的岗位能力为原则对课程内容进行选择和编排，摒弃过于理论化和抽象的内容，突出实践性、可操作性，并具有前瞻性，将本学科的发展趋势及实际工作中的新技术、新规范等纳入教材之中。

教材文字表述简明扼要，内容展现图文并茂、重点突出，旨在提高学生学习的主动性和积极性。

本教材由重庆工程职业技术学院李东林编写第一～四、六～八章及附录；重庆地质矿产勘查开发局607地质队宋彬编写第五、十一章；重庆工程职业技术学院王明秋编写第九章；重庆工程职业技术学院李红编写遥感及信息技术部分内容；西南科技大学2013级地质工程专业硕士研究生王骏参与编写第九、十章及进行了资料搜集整理工作；中煤科工集团重庆研究院张伟参与编写第二、三章。统稿由李东林完成。

在本教材的编写过程中，重庆工程职业技术学院李北平教授、重庆市地质矿产勘查开发局607地质队张天友教授级高工给予了热情的帮助和专业指导，参考和引用了大量前人研究成果，编者向曾给予帮助的专家、学者表示崇高敬意和诚挚感谢。另外，本书得到重庆工程职业技术学院院长易俊教授的温暖关怀和大力支持，编者在此特别表示感谢。

由于本教材涉及内容多和本课程的课时很有限，我们要在大量的资料中挑选出适合于本教材用的内容，其难度无疑是非常大的；加上我们的知识面有限、交稿的时间紧迫，教材内容难免有错漏和不妥之处，恳请读者批评指正。

编　者

2013年8月

前言

目 录

第一篇 概 论

第一章 地质灾害概论

第一节 地质灾害的概念

一、地质环境与地质灾害

1. 地质环境

地质环境是自然环境的一种，指由岩石圈、水圈和大气圈组成的环境系统。在长期的地质历史演化过程中，岩石圈和水圈之间、岩石圈和大气圈之间、大气圈和水圈之间进行物质迁移和能量转换，组成了一个相对平衡的开放系统。人类和其他生物依赖地质环境生存发展，同时人类和其他生物又不断改变着地质环境。

地质环境是一个复杂的开放系统，地质环境与其周围的水圈、生物圈、大气圈等之间无时无刻不在进行着物质和能量的交换，同时地质环境也遭受地球表面各个圈层中各种作用的影响。所以，地质环境是处在不断变化中的，地质环境变化起因于四种动力地质作用：第一，地外天体引力作用；第二，地球内动力地质作用（构造运动、岩浆作用、变质作用）；第三，地球表层外动力地质作用（风化作用、地面流水的地质作用、地下水的地质作用、冰川的地质作用、海洋的地质作用、湖泊和沼泽的地质作用、风的地质作用和负荷地质作用）；第四，人类社会工程经济活动作用。

地质环境具有空间概念，它的上限是岩石圈的表层，在海洋底部、山脉、丘陵地区多由前第四纪基岩构成，在平原、盆地表面为第四纪各种松散堆积物所覆盖。岩石圈表层是人类活动和其他生物活动最重要的场所，因此，其受人类的影响也最大，在这里，各种地质作用复杂而活跃，大气、水、生物相互作用强烈，使表层的变化及对人类社会的反馈作用也最为显著，与人类的生存息息相关。地质环境的下限目前看法不一，一种意见认为，应位于科学技术发展所需要的位置（深度），不考虑社会的需要；另一种意见认为，下限位置应在人类活动引起的物理场变化开始消失的深度，如应力场、电磁场、温度场等；还有一种意见认为，下限位置应在岩石圈上部，被技术原因污染的地带消失处（包括化学物质迁移污染）；最后一种意见认为，下限可以被认为是岩石圈内人类能够深入到的地方，是理论上的最大深度。总之，地质环境的下限，决定于人类的科学技术水平和生产活动能力。

1）地质环境容量

地质环境容量指某个特定地质空间可能承受人类社会经济发展的最大潜能。人类所有生产和生活的消费物资，都是直接或间接地取自地质环境。人类在生产和生活过程中产生的一切废弃物，又都直接或间接地排放到地质环境之中。所以，地质环境的容量，可以用特定地质空间可能提供给人类利用的地质资源量和对人类排放有害废物的容纳能力来评价。

2）地质环境质量

地质环境的质量，在一定程度上是由地球物理因素和地球化学因素决定的，其好坏对人类的生活和社会经济发展都会有很大的影响。地质环境质量的好坏，可以由以下几个方面的条件评定。

（1）自然地质条件的稳定性。自然地质条件是决定地质环境质量的主要因素，其中最重要的有地质构造的稳定性、地形稳定性、岩石性质、地质灾害情况等。

（2）原生地球化学背景。地球上人类都处在一定的地球化学场的作用下。环境的地球化学背景值是地质环境质量的一个重要标志。

（3）抗人类活动干扰的能力。地质环境脆弱的地区，抗人类活动干扰的能力很差，工程-经济活动稍有不慎，就可能使环境状况恶化。例如处于半干旱、半湿润气候带的华北平原，一旦农田水利活动不当，很容易使土壤盐渍化加剧。

（4）受污染或受破坏的程度。天然的地质环境越来越少，人为因素对环境的影响越来越大，必须考虑人为因素对地质环境质量的干扰。其中，最主要的是废弃物对环境的污染，工程-经济活动对环境的破坏。

地质环境的整体质量取决于各组成要素的质量。但在评价地质环境质量的优劣时，除考虑各要素的平均状况外，还应找出质量最差的要素，并作出评价。

3）地质环境的反馈作用

地质环境的反馈作用，即地质环境受人类活动干扰后，对这种干扰所作出的某种响应。地质环境较容易受到人类活动的影响。当人类活动的规模和强度超过了地质环境的承受极限后，必然导致地质环境发生变化，对人类活动作出反应。其实质就是地质环境在人类作用力影响下，对物质和能量的输入与输出的动态平衡关系进行调整：当人类作用力不大时，通过地质环境内部的调节能力，对外界的冲击进行补偿和缓冲，就可以完成这种调整过程，维持地质环境系统的稳定性，表现为不易觉察的、“隐蔽的”形式；当人类作用力增大，超过地质环境内部的调节能力时，地质环境只有通过剧烈的变动，才能建立起新的平衡关系，反馈就以“显露的”形式表现出来。

2. 地质灾害

地质灾害是指在自然或者人为因素的作用下形成的，对人类生命财产、环境造成破坏和损失的地质作用（现象）。常见的地质灾害主要指危害人民生命和财产安全的崩塌、滑坡、泥石流、地面塌陷、地裂缝、地面沉降六种与地质作用有关的灾害。

由地质灾害的定义可知，地质灾害的内涵包括两个方面，即致灾的动力条件和灾害事件的后果。

地质灾害是由地质作用产生的，包括内动力地质作用和外动力地质作用；随着人类活动规模的不断扩展，人类活动对地层表面形态和物质组成正在产生愈来愈大的影响，因此，在形成地质灾害的动力中还包括人为活动对地球表层系统的作用，即人为地质作用。

只有对人类生命财产和生存环境产生影响或破坏的地质事件才是地质灾害。如果某种地质过程仅仅是使地质环境恶化，并没有破坏人类生命财产或影响生产、生活环境，只能称之为灾变。例如，发生在荒无人烟地区的崩塌、滑坡、泥石流，不会造成人类生命财产的损毁，故这类地质事件属于灾变；如果这些崩塌、滑坡、泥石沉等地质事件发生在社会经济发达地区、并造成不同程度的人员伤亡和（或）财产损失，则可称之为灾害。

3. 地质环境与地质灾害的关系

1）地质环境对地质灾害的制约作用

无论何种类型地质灾害必然涉及到地质体，既要将地质体作为地质灾害的载体，又要将地质体作为灾害作用的对象。而任何地质体均存在于特定的地质环境中，是构成地质环境要素的不可分割的部分。因此，地质灾害的发生必然受到其所处的地质环境的制约。

（1）地质灾害总是发育在一定的地质环境中。地质灾害的产生离不开地质环境。地质灾害总是发育在一定的地质环境中，在这个环境中，一系列的条件控制着地质灾害的类型、规模、严重程度、危险程度以及未来的发展趋势，地质环境控制着地质灾害的产生与发展。地形地貌、地质构造、地层岩性及岩土组合等地质背景构成了地质灾害的形成条件，其中区域地质构造控制着岩土侵蚀的发育方向和发展趋势，地层岩性是发生地质灾害的内在条件，地形地貌是形成地质灾害的重要条件，它控制着不同地质灾害类型的分布和发育程度，这些孕灾条件决定了地质灾害发生的可能性。

（2）地质环境制约地质灾害的发生。地质灾害是在特定地质条件下孕育发展的，若环境条件不具备，则灾害难以形成。即地质环境一方面构成地质灾害发生的条件，另一方面又限制其发生，起制约作用。

（3）由环境特征判别、预测灾害。地质灾害是赋存于特定地质环境中且其发育和形成受地质环境的制约，可根据地质环境要素的特征来判别某种地质环境可能发生的灾害种类，进而根据环境因子判断灾害对应的发育阶段并预测灾害发生的可能性及强度、频率等。

2）地质灾害对地质环境的改造作用

（1）地质灾害的发生伴随着地质环境的变化。地质灾害发生的过程中同时完成了地质灾害对于相关地质环境的重塑作用即改造过程。突发型地质灾害伴随地质环境的即时变化，缓变型地质灾害对应于地质环境的长期潜移默化的改变。

（2）地质灾害对地质环境影响的不可逆性。无论地质灾害属突发型还是缓变型，无论成灾规模如何，影响范围大小、涉及的地域类型如何，无一例外，地质灾害对于地质环境的影响是不可逆的。

从地质环境保护角度来说，未来的一个重要课题就是：在研究地质环境对人类活动制约的基础上，重点研究人类活动对地质环境的影响效应，如何评价、预测和控制，以规范人类工程活动行为，提高地质环境质量，减轻地质灾害对人类的威胁，从而保持人类文明的可持续发展。

二、地质灾害的属性特征

地质灾害具有三重基本属性，即自然属性、社会属性和资源属性。

1. 自然属性

地质灾害的自然属性表现为地质灾害是地质环境自然演化的一种表现形式，是地质环境渐变过程中的一种突变作用，是地球内动力、地表外动力和地外天体引力综合作用的必然产物。地球内动力作用有断层活动、火山作用、地震活动等；地球表层外动力作用有崩塌、滑坡、泥石流、地面塌陷、地面沉降、地裂缝、风化、冲刷、冻融等；地外天体作用主要是指太阳系中相关天体的万有引力作用，尤其是太阳引力和月球潮汐作用。

2. 社会属性（灾害属性）

地质灾害的社会属性一方面表现为人类社会的可持续发展受到地质灾害的危害，另一方面表现为人类社会生产生活作为一种动力促进或抑制了地质灾害的产生，从而实现了地质作用向灾害作用的转化。随着地球上各种形态工程建设和社会经济活动的发展，人类活动参与自然地质作用的范围、方式和强度在急剧扩大，引发地质灾害的作用也越来越强烈。

3. 资源属性

地质灾害的资源属性强调崩塌、滑坡、泥石流等地质灾害为人类社会创造了赖以生存的土地资源和生息场所，同时也形成现代社会的人文与旅游资源，如黄河反复泛滥孕育了华北平原；崩塌、滑坡和泥石流堆积区则营造了山区城镇或居民点的生息之地，成为山区城镇或居民点建立的基础。内、外动力作用的地质遗迹如岩溶地面塌陷坑、构造飞来峰、火山、冰川、雅丹和丹霞地貌是现代社会重要的游览和休闲资源，典型者如黑龙江五大连池火山和陕西翠华山山崩遗迹已被分别列入世界地质公园和中国国家地质公园。

由于地质灾害是自然动力作用与人类社会经济活动相互作用的结果，故两者是个统一的整体。地质灾害具有以下特点。

1）地质灾害的必然性与可防御性

地质灾害是地球物质运动的产物，主要是地壳内部能量转移或地壳物质运动引起的。从灾害事件的动力过程看，灾害发生后能量和物质得以调整并达到平衡，但这种平衡是暂时的、相对的；随着地球的不断运动，新的不平衡又会形成。因此，地质灾害是伴随地球运动而生并与人类共存的必然现象。

然而，人类在地质灾害面前并非无能为力。通过研究灾害的基本属性，揭示并掌握地质灾害发生、发展的条件和分布规律，进行科学的预测预报和采取适当的防治措施，就可以对灾害进行有效地防御，从而减少和避免灾害造成的损失。

2）地质灾害的随机性和周期性

地质灾害是在多种动力作用下形成的，其影响因素更是复杂多样。地壳物质组成、地质构造、地表形态以及人类活动等都是地质灾害形成和发展的重要影响因素。因此，地质灾害发生的时间、地点和强度等具有很大的不确定性，可以说，地质灾害是复杂的随机事件。

地质灾害的随机性还表现为人类对地质灾害的认知程度。随着科学技术的发展，人类对自然的认识水平不断提高，从而更准确地揭示了地质过程和现象的规律，对地质灾害随机发生的不确定性有了更深入的认识。

受地质作用周期性规律的影响，地质灾害还表现出周期性特征。统计资料表明，包括地质灾害在内的多种自然灾害具有周期性发生的特点。如地震活动具有平静期与活跃期之分，强烈地震的活跃期从几十年到数百年不等；泥石流、滑坡和崩塌等地质灾害的发生也具有周期性，表现出明显的季节性规律。

3）地质灾害的突发性和渐进性

按灾害发生和持续时间的长短，地质灾害可分为突发性地质灾害和渐进性地质灾害两大类。突发性地质灾害大都以个体或群体形态出现，具有骤然发生、历时短、爆发力强、成灾快、危害大的特征。如地震、火山、滑坡、崩塌、泥石流等均属突发性地质灾害。

渐进性地质灾害指缓慢发生的，以物理的、化学的和生物的变异、迁移交换等作用逐步发展而产生的灾害。这类灾害主要有土地荒漠化、水土流失、地面沉降、煤田自燃等。渐进性地质灾害不同于突发性地质灾害，其危害程度逐步加重，涉及的范围一般比较广，尤其对生态环境的影响较大，所造成的后果和损失比突发性地质灾害更为严重，但不会在瞬间摧毁建筑物或造成人员伤亡。

水土流失和土地荒漠化是造成我国生态环境恶化和经济损失的主要渐进性地质灾害。中国黄土高原水土流失面积达 $43\times10^4km^2$，年均侵蚀模数约 8 000t/($km^2\cdot a$)；长江以南、云贵高原以东的山地丘陵区，年均侵蚀模数约 3 000t/($km^2\cdot a$)。20 世纪 50～70 年代，我国沙质荒漠化土地每年以 1 560 km^2 的速度扩大，进入 20 世纪 80 年代，沙质荒漠化面积每年扩大 2 100km^2，现在仍有进一步扩大的趋势。

4）地质灾害的群体性和诱发性

许多地质灾害不是孤立发生或存在的，前一种灾害的结果可能是后一种灾害的诱因或是灾害链中的某个环节。在某些特定的区域内，受地形、区域地质和气候等条件的控制，地质灾害常常具有群发性的特点。

崩塌、滑坡、泥石流、地裂缝等灾害的群发性表现得最为突出。这些灾害的诱发因素主要是地震和强降雨过程，因此在雨季或强震时（之后）常常发生大量的崩塌、滑坡、泥石流或地裂缝灾害。例如，1960 年 5 月 22 日智利接连发生了 7.7 级、7.8 级、8.5 级三次大地震，而在瑞尼赫湖区则引发了体积为 $3\times10^6m^3$、$6\times10^6m^3$、$30\times10^6m^3$ 的三次大滑坡：滑坡冲入瑞尼赫湖，使湖水上涨 24m，湖水外溢淹没了湖泊下游 65km 处的瓦尔迪维亚城，全城水深 2m，使 100 多万人无家可归。在这次灾害过程中地震—滑坡—洪水构成了一个灾害链。1988 年 11 月 6 日中国云南澜沧—耿马 7.6 级地震导致了严重的地裂缝、崩塌、滑坡等灾害，在极震区出现长了达几十千米、宽几厘米的地裂缝和大块的崩塌、滑坡体，由此造成了大量农田和森林被毁，175 个村庄、5 032 户居民因受危岩、滑坡的严重威胁而被迫搬迁，另有许多水利工程设施受到不同程度的破坏。

在泥石流频发区，通常发育有大量潜在的危岩体和滑体，暴雨后极易发生严重的崩塌、滑坡活动，由此形成大量的碎屑物融入洪流，进而转化成泥石流灾害。这种类型的灾害，在我国西南的川、滇等地区非常普遍。

水土流失的直接危害是土层变薄、土地肥力下降、耕地减少，它还可诱发下游地区湖泊、水库淤积，河道淤塞，使泄洪、蓄水、发电功能降低甚至失效。

5）地质灾害的成因多元性和原地复发性

不同类型的地质灾害成因各不相同，大多数地质灾害的成因具有多元性，往往受气候、地形地貌、地质构造和人为活动等综合因素的制约。

某些地质灾害具有原地复发性，如我国西部川藏公路沿线的古乡曾一年内发生泥石流 70 多次，为国内所罕见。

6）地质灾害的区域性

地质灾害的形成和演化往往受制于一定的区域地质条件，因此其空间分布经常呈现出区域性的特点。如中国“南北分区，东西分带，交叉成网”的区域性构造格局对地质灾害的分布起着重要的制约作用。据统计，90%以上的“崩、滑、流”地质灾害发育在第二级阶梯山地及其与第一和第三级阶梯的交叉部位；第三级阶梯东部平原的地质灾害类型主要为地面沉降、地裂缝、胀缩土等。按地质灾害的成因和类型，中国地质灾害可划分为四大区域：①以地面下降、地面塌陷和矿井突水为主的东部区；②以崩塌、滑坡和泥石流为主的中部区；③以冻融、泥石流为主的青藏高原区；④以土地荒漠化为主的西北区。

7）地质灾害的破坏性与“建设性”

地质灾害对人类的主导作用是造成多种形式的破坏，但有时地质灾害的发生可对人类产生有益的“建设性”作用。例如流域上游的水土流失可为下游地区提供肥沃的土壤；山区斜坡地带发生的崩塌、滑坡堆积为人类活动提供了相对平缓的台地，人们常在古滑坡台地上居住或种植农作物。

8）地质灾害影响的复杂性和严重性

地质灾害的发生发展有其自身复杂的规律，其对人类社会经济的影响还表现出长久性、复合性等特征。

首先，重大地质灾害常造成大量的人员伤亡和人口大迁移。近几十年来，全球地质灾害造成的财产损失、受灾人数和死亡人数都呈现出不断上升的趋势。1901—1980年中国地震灾害造成的死亡人数达61万人，全国平均每年由于“崩、滑、流”灾害造成的死亡人员达928人（段水侯等，1993）。1999年，全球发生的地震和飓风等大的自然灾害共702起，其中，较大的自然灾害共75起，包括洪水、干旱、暴风雨、地震、火山爆发等，各种自然灾害在全球共造成52 000人死亡和800亿美元的经济损失。

其次，受地质灾害周期性变化的影响，经济发展也相应地表现出一定的周期性特点。在地质灾害活动的平静期灾害损失减少、社会稳定、经济发展比较快；相反，在活跃期，各种地质灾害频繁发生，基础设施遭受破坏，生产停顿或半停顿，社会经济遭受巨大的直接和间接影响。

地质灾害地带性分布规律还导致经济发展的地区性不平衡。在一些地区，灾害具有群发性、周期性的特点，致使区域性生态破坏、自然条件恶化，严重地影响了当地社会、经济的发展。全球范围内的南北差异、我国经济发展的东部和中西部的不平衡也与地质灾害的区域性分布有关。

9）人为地质灾害的日趋显著性

由于地球人口的急剧增加，人类的需求不断增长。为了满足这种需求，许多不合理的人类活动不断产生，使得地质环境日益恶化，导致大量次生地质灾害的发生。例如超量开采地下水引起地面沉降、海水入侵和地下水污染；矿产资源开采和大量基础工程建设中的爆破与开挖导致崩塌、滑坡、泥石流等灾害的频发；滥伐森林、过度放牧导致土壤侵蚀、水土流失、土地荒漠化等。

人类每年约消耗500×10^8t矿产资源，超过了大洋中脊每年新生成的300×10^8t岩石圈物质，更高于河流每年搬运的165×10^8t泥沙物质。人类建筑工程面积已覆盖地球表面积的6%～8%，垂直作用空间已由过去的2 000～3 000m增加到现今的几万米，地面建筑物高度已在300m以上，地下开挖深度已超过3 000m，最高人工边坡达600多米，水库最大库容已超过$15\times10^4cm^3$。目前，我国已建8万余座水电站、约60 000km铁路、200多座金属矿山、500多座大型煤矿。这些工程活动对地表的改造作用非常显著，其强度甚至超过了流水、风力等外动力地质作用。

除天然地震和火山喷发外，大多数地质灾害的发生均与人类经济活动有关，如全球滑坡灾害的70%与人类活动密切相关。单纯人为作用引起的地质灾害数量越来越多，规模越来越大，影响越来越广，经济损失也愈加严重。人类对地质环境的作用，在许多方面已相当于甚至超过自然力，成为重要的、不可忽视的地质营力。

10）地质灾害防治的社会性和迫切性

地质灾害除了导致人员伤亡和破坏房屋、铁路公路、航道等工程设施，造成直接经济损失外，还破坏资源和环境，给灾区社会经济发展造成广泛而深刻的影响。特别是在严重的崩塌、滑坡、泥石流等灾害集中分布的山区，地质灾害严重阻碍了这些地区的经济发展。因此，有效地防治地质灾害不但对保护灾区人民生命财产安全具有重要的现实意义，而且对于促进区域经济发展具有广泛而深远的意义。

我国地质灾害分布十分广泛，有效地防治地质灾害不但需要巨大的资金投入，而且需要社会的广泛参与。目前我国经济还比较落后，国家每年只能拿出有限的资金用于重点防治。但即使是经济比较发达的国家，也不可能花费巨额资金实施全面治理。无论是现在还是将来，除政府负责主导性的防治外，需要企业和民众广泛参与抗灾、防灾事业。

第二节 地质灾害的分类

目前对地质灾害的灾种范围有多种不同的认识，大致可分为两类。

（1）把由地质作用引起或地质条件恶化导致的自然灾害都划归为地质灾害，主要包括地震、火山、崩塌、滑坡、泥石流、地面沉降、地裂缝、水土流失、土地荒漠化、海水入侵、部分洪水灾害、海岸侵蚀、地下水污染、地下水水位升降、地方病、矿井突水溃砂、岩爆、煤与瓦斯突出、煤层自燃、冻土冻融、水库淤积、水库及河湖塌岸、特殊岩土地质灾害、冷浸田等。

（2）仅限于以岩石圈自然地质作用为主导因素而形成的自然灾害，主要包括地震、火山崩塌、泥石流、地面塌陷、地面沉降、地裂缝、海水入侵、特殊土类灾害等。

地质灾害类型划分是灾害地质学的一个重要理论问题，地质灾害的分类应具有实用性、层次性、关联性等特性。按不同的原则，地质灾害有多种分类方案。

1. 按空间分布状况分

地质灾害可分为陆地地质灾害和海洋地质灾害两个系统。陆地地质灾害又分为地面地质灾害和地下地质灾害；海洋地质灾害又分为海底地质灾害和水体地质灾害。

2. 按灾害的成因分

地质灾害可分为自然动力型、人为动力型及复合动力型（表1-1）。

3. 按地质环境变化的速度分

按地质环境变化的速度可划分为突发性和渐进性地质灾害两类。前者主要有火山、地震、泥石流、滑坡、崩塌、岩溶地面塌陷等；后者主要有水土流失、地面沉降、土地荒漠化等。

表 1-1　地质灾害成因类型划分表

类型	亚类	灾害举例
自然动力型	内动力亚类	地震、火山、地裂缝等
	外动力亚类	泥石流、滑坡、崩塌、岩溶地面塌陷、荒漠化等
人为动力型	道路工程	滑坡、崩塌、荒漠化、黄土湿陷等
	水利水电工程	泥石流、滑坡、崩塌、岩溶地面塌陷、地面沉降、诱发地震等
	矿山工程	地面塌陷、坑道突水、泥石流、诱发地震、煤与瓦斯突出等
	城镇建设	地面沉降、地裂缝、地下水变异等
	农林牧活动	水土流失、荒漠化、与地质因素有关的洪涝灾害等
	海岸港口工程	海底滑坡、岸边侵蚀、海水入侵等
复合动力型	内外动力复合亚类	泥石流、滑坡、崩塌等
	人为内动力复合亚类	岩爆、瓦斯爆炸、地裂缝、地面沉降等
	人为外动力复合亚类	泥石流、滑坡、崩塌、水土流失、荒漠化等

第二章 地质灾害主要类型

第一节 滑坡

一、滑坡的定义与构造

滑坡是斜坡岩体或土体在自然地质作用或人类工程活动影响下失去原来的稳定状态，在重力作用下沿着斜坡内某些滑动面（常为软弱面或软弱带）整体地向下滑动的现象。滑坡是一种缓慢的斜坡变形，表现为斜坡岩土体整体下移。一般情况下，滑坡沿滑动面移动是一种间歇性的、长期性的运动，可以持续几年到几十年，但是有时候滑动也很迅速。规模大的滑坡一般是缓慢地往下滑动，其位移速度多在突变加速阶段才显著。有些滑坡滑动速度一开始就较快。滑坡的发展过程可分为四个阶段：①蠕滑阶段；②滑移阶段；③剧滑阶段；④稳定阶段。一些滑坡在稳定一段时间之后，可能全部或部分再次复活滑动。表 2－1 列出了我国发生的几次大型滑坡灾害。

一个发育完全的比较典型的滑坡具有如下基本构造特征（图 2－1、图 2－2）。

（1）滑坡体。即斜坡内沿滑动面向下滑动的那部分岩土体。这部分岩土体虽然经受了扰动，但大体上仍保持有原来的层位和结构构造的特点。滑坡体和周围不动岩土体的分界线叫滑坡周界。滑坡体的体积大小不等，大型滑坡体可达几千万立方米。

（2）滑动面、滑动带和滑坡床。滑坡体沿其滑动的面称为滑动面。滑动面以上被揉皱了的厚数厘米至数米的结构扰动带，称为滑动带。有些滑坡的滑动面（带）可能不只一个，在最后滑动面以下稳定的岩土体称为滑坡床。

滑动面的形状随着斜坡岩土的成分和结构的不同而异。在均质黏性土和软岩中，滑动面近乎圆弧形。滑坡体如果沿着岩层层面或构造面滑动时，滑动面多呈直线形或折线形。多数滑坡的滑动面由直线和圆弧复合而成，其后部经常呈弧形，前部呈近似水平的直线。

滑动面大多数位于黏土夹层或其他软弱岩层内，如页岩、泥岩、千枚岩、片岩、风化岩等。由于滑动时的摩擦，滑动面常常是光滑的，有时有清楚的擦痕；同时，在滑动面附近的岩土体遭受风化破坏也较厉害。滑动面附近的岩土体通常是潮湿的，甚至达到饱和状态。许多滑坡的滑动面常常有地下水活动，在滑动面的出口附近常有泉水出露。

（3）滑坡后壁。滑坡体滑落后，滑坡后部和斜坡未动部分之间形成的一个陡度较大的陡壁称为滑坡后壁。滑坡后壁实际上是滑动面在其上部的露头。滑坡后壁的左右呈弧形向前延伸，其形态呈“圈椅”状，称为滑坡圈谷。

（4）滑坡台地。滑坡体滑落后，形成阶梯状的地面称为滑坡台地。滑坡台地的台面往往向着滑坡后壁倾斜。滑坡台地前缘比较陡的破裂壁称为滑坡台坎。有两个以上滑动面的滑坡或经过多次滑动的滑坡，经常形成几个滑坡台地。

（5）滑坡鼓丘。滑坡体在向前滑动的时候，如果受到阻碍，就会形成隆起的小丘，称为滑坡鼓丘。

(6) 滑坡舌。滑坡体的前部如舌状向前伸出的部分称为滑坡舌。

表 2-1　我国滑坡灾害实例

滑坡名称	发生地点	发生时间	灾害情况
铁西滑坡	成昆线铁西车站	1980 年	滑坡体积为 200 万 m^3，中断交通 40 天，治理费达 2 300 万元
洒勒山滑坡	甘肃省东乡县	1983 年 3 月 7 日	滑坡体积为 5 000m^3，摧毁 4 个村庄，227 人死亡
鸡扒子滑坡	四川省云阳县	1982 年 7 月 18 日	滑坡体积为 1 300 万 m^3，100 万 m^3 滑入长江，造成急流险滩，治理费达 8 500 万元
新滩滑坡	湖北省秭归县	1985 年 6 月 12 日	滑坡体积为 3 000 万 m^3，摧毁新滩镇，侵占长江航道 1/3，因提前预报，无伤亡
韩城电厂滑坡	陕西省韩城市	1985 年 3 月	滑坡体积为 500 万 m^3，破坏厂房设施，一、二期治理费达 5 000余万元
天水锻压机床厂滑坡	甘肃省天水市	1990 年 8 月 21 日	滑坡体积为 60 万 m^3，毁坏 6 个车间，7 人死亡，损失达 2 000多万元
头寨沟滑坡	云南省昭通县	1992 年	滑坡体积为 400 万 m^3，变成碎屑流冲出 4km，摧毁 1 个村庄
K190 滑坡	宝成线 K190	1992 年 5 月	滑坡体积为 30 万 m^3，中断运输 35 天，砸坏明洞，改线花费达 8 500 万元
黄茨滑坡	甘肃省永靖县	1995 年 1 月 30 日	滑坡体积为 600 万 m^3，摧毁 71 户民房，因提前预报，无伤亡
海石湾煤矿滑坡	兰州	1995 年 8 月	滑坡体积为 600m^3，威胁工业广场主、副井生产，治理费达 3 000万元
岩口滑坡	贵州省印江县	1996 年 9 月 18 日	滑坡体积为 260 万 m^3，堵断印江，淹没上游一村镇，威胁下游印江县城安全
K2730 滑坡	川藏公路	1997 年 8 月	滑坡体积为 450m^3，破坏公路，治理费用达 6 000 万元
八渡车站滑坡	南昆线八渡	1997 年 7 月	滑坡体积为 500 万 m^3，威胁车站安全，治理费达 9 000 万元
张家坪滑坡	重庆	2001 年	滑坡体积为 900m^3，威胁高速公路，治理费达 3 000 万元
向家坡滑坡	重庆	2004 年 7 月	滑坡体积为 110m^3，中断高速公路，治理费达 5 000 万元
戒台寺滑坡	北京	2004 年	滑坡体积为 700m^3，破坏千年古寺，治理费达 5 400 万元

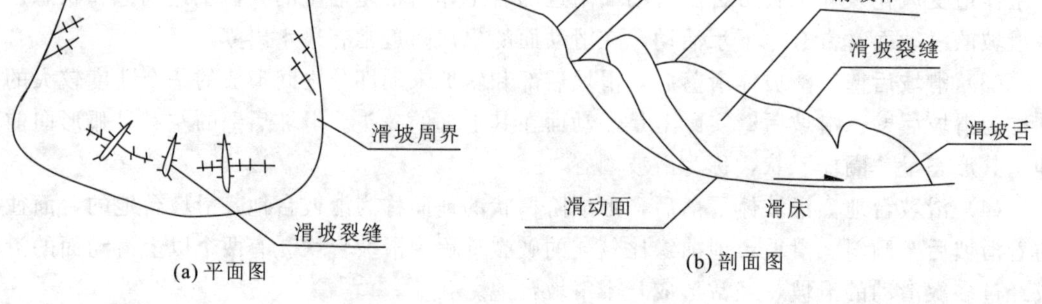

图 2-1　滑坡要素平、剖面示意图

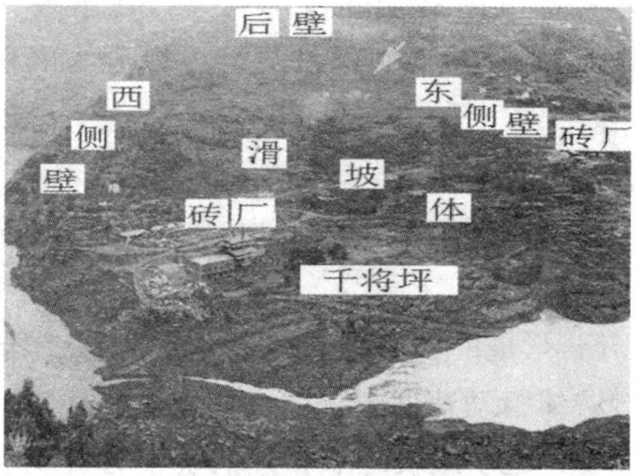

(a) 滑坡全貌

(b) 滑坡圈椅状地貌

(c) 滑坡后缘陡壁

(d) 滑坡拉裂槽

(e) 滑带土

(f) 滑动面擦痕

(g) 滑坡后缘拉裂缝一

(h) 滑坡后缘拉裂缝二

图 2-2　滑坡要素图

（7）滑坡裂缝。在滑坡运动时，由于滑坡体各部分的移动速度不均匀，在滑坡体内及其边缘所产生的一系列裂缝称为滑坡裂缝。根据受力状况不同，滑坡裂缝可以分为四种。位于滑坡体上（后）部多呈弧形展布者称为拉张裂缝；位于滑体中部两侧滑动体与不滑动体分界处者称为剪切裂缝；剪切裂缝两侧又常伴有羽毛状排列的裂缝，称为羽状裂缝；滑坡体前部因滑动受阻而隆起形成的张裂缝，称为鼓张裂缝；位于滑坡体中前部、尤其滑舌部位呈放射状展布者，称为扇状裂缝。

（8）滑坡洼地。指滑动时滑坡体与滑坡壁间拉开，形成的沟槽或中间低四周高的封闭洼地。

（9）滑坡主轴。滑坡主轴也称为主滑线，为滑坡体滑动速度最快的纵向线，它代表整个滑坡的滑动方向。滑动迹线可以是直线，也可以是折线，运动最快之点相连的主轴为折线形。

以上滑坡诸要素只有在发育完全的新生滑坡中才同时具备，并非任一滑坡都具有。

二、滑坡的分类

为了滑坡的认识和治理，需要对滑坡进行分类。但由于不同地区地质条件和作用因素复杂，各种工程分类的目的和要求又不尽相同，因而可从不同角度进行滑坡分类。我国的滑坡类型有如下几种。

（1）按滑坡体的主要物质组成和结构因素划分（表 2-2）。

（2）按滑坡其他因素划分（表 2-3）。

表 2-2　滑坡物质和结构因素分类

类型	亚类	特征描述
土质滑坡	黄土滑坡	由黄土构成，大多发生在黄土体中或沿下伏基岩面滑动
	黏土滑坡	由具有特殊性质的黏土构成，如昔格达组、成都黏土等
	残坡积层滑坡	由基岩风化壳、残坡积土等构成，通常为浅表层滑动
	人工填土滑坡	由人工开挖堆填弃渣构成、以土质为主的次生滑坡
岩质滑坡	近水平层状滑坡	由基岩构成，沿缓倾斜岩层或裂隙滑动，滑动面倾角≤10°
	顺层滑坡	由基岩构成，沿顺坡岩层滑动
	切层滑坡	由基岩构成，常沿倾向山外的软弱面滑动，滑动面与岩层层面相切，切滑动面倾角大于岩层倾角
	逆层滑坡	由基岩构成，沿倾向坡外的软弱面滑动，岩层倾向山内，滑动面与岩层层面相反
	楔体滑坡	在花岗岩、厚层灰岩等整体结构岩体中，沿多组软弱面切割成的楔形体滑动
堆积（碎块石）滑坡	滑坡堆积体滑坡	由前期滑坡形成的块碎石堆积体，沿下伏基岩或体内滑动
	崩塌堆积体滑坡	由前期崩塌等形成的块碎石堆积体，沿下伏基岩或体内滑动
	崩滑堆积体滑坡	由前期崩滑等形成的块碎石堆积体，沿下伏基岩或体内滑动
	人工弃渣滑坡	由前期人工弃渣形成的块碎石堆积体，沿下伏基岩或体内滑动
变形体	危岩体	由基岩构成，受多组软弱面控制，存在潜在崩滑面，已发生局部变形破坏
	堆积层变形体	由堆积体构成，以蠕滑变形为主，滑动面不明显

表 2-3　滑坡其他因素分类

分类依据	滑坡类型	主要特征
滑体厚度	浅层滑坡	滑坡体厚度在 10m 以内
	中层滑坡	滑坡体厚度在 10～25m 之间
	深层滑坡	滑坡体厚度在 25～50m 之间
	超深层滑坡	滑坡体厚度超过 50m
运动形式	推移式滑坡	上部岩层滑动，挤压下部产生变形，滑动速度较快，滑体表面波状起伏，多见于有堆积物分布的斜坡地段
	牵引式滑坡	下部先滑，使上部失去支撑而变形滑动，一般速度较慢，多具上小下大的塔式外貌，横向张性裂隙发育，表面多呈阶梯状或陡坎状
发生原因	工程滑坡	由于施工开挖山体或建筑物加载等人类工程活动引起的滑坡，可以细分为：工程新滑坡，即由于开挖山体或建筑物加载所形成的滑坡；工程复活古滑坡，即久已存在、由于工程扰动引起复活的滑坡
	自然滑坡	由于自然地质作用产生的滑坡，按其发生的相对时代，可分为古滑坡、老滑坡、新滑坡
形成年代	新滑坡	现今正在发生滑动的滑坡
	老滑坡	全新世以来发生滑动、现今整体稳定的滑坡
	古滑坡	全新世以前发生滑动、现今整体稳定的滑坡
现今稳定程度	活动滑坡	发生后仍继续活动的滑坡，其后壁及两侧有新鲜擦痕，滑体内有开裂、鼓起或前缘有挤出等变形迹象
	不活动滑坡	发生后已停止发展，一般情况下不可能重新活动，坡体上植被较茂盛，常有老建筑
滑坡体积（万 m^3）	小型滑坡	<10
	中型滑坡	10～100
	大型滑坡	100～1 000
	特大型滑坡	1 000～10 000
	巨型滑坡	>10 000

注：表 2-2、表 2-3 参考《滑坡防治工程勘查规范》(DZ/T 0218—2006)、《滑坡崩塌泥石流灾害调查规范》(DD 2008-02)(1∶5 万)。

三、滑坡的形成条件

滑坡的空间分布主要与地质因素和自然因素（内外营力）等有关。诱发滑坡的主要因素：一是地质因素（地质条件和地貌条件）；二是内外营力和人为作用的影响。

（1）地形地貌。只有处于一定地貌部位、具备一定坡度的斜坡才可能发生滑坡。一般江、河、湖（水库）、海、沟的岸坡，前缘开阔的山坡、铁路、公路和工程建筑物边坡等都是易发生滑坡的地貌部位。坡度大于 10°且小于 45°、下陡中缓上陡、上部成环状的坡形是产生滑坡的有利地形。

（2）岩土类型。岩土体是产生滑坡的物质基础。通常，各类岩、土都有可能构成滑坡体，其中结构松软，抗剪强度和抗风化能力较低，在水的作用下其性质易发生变化的岩、土，如松散覆盖层、黄土、红黏土、页岩、泥岩、煤系地层、凝灰岩、片岩、板岩、千枚岩等及软硬相间的岩层所构成的斜坡易发生滑坡。

（3）地质构造。斜坡岩、土只有被各种构造面切割分离成不连续状态时，才可能具备向下滑动的条件。同时，构造面又为降雨等进入斜坡提供了通道。故各种节理、裂隙、层理面、岩性界面、断层发育的斜坡，特别是当平行和垂直斜坡的陡倾构造面及顺坡缓倾的构造面发育时，最易发生滑坡。

（4）水文地质条件。地下水活动在滑坡形成中起着重要的作用。它的作用主要表现在：软化岩、土，降低岩土体强度，产生动水压力和孔隙水压力，潜蚀岩土体，增大岩土体容重，对透水岩石产生浮托力等。尤其是对滑坡（带）的软化作用和降低强度作用最突出。

（5）内外营力和人为作用的影响。在现今地壳运动的地区和人类工程活动的频繁地区是滑坡多发区，外界因素和作用可以使产生滑坡的基本条件发生变化，从而诱发滑坡，主要诱发因素有地震、降雨和融雪；地表水的冲刷浸泡，河流等地表水体对斜坡坡脚的不断冲刷；不合理的人类活动，如开挖坡脚、坡体堆载、爆破、水库蓄（泄）水、矿山开采等。此外，还有如海啸、风暴潮、冻融等许多作用也可诱发滑坡。

四、滑坡体的识别

滑坡体的主要标志有以下四个方面。

（1）地形地貌依据。当斜坡上出现有圈椅状、马蹄状地形或多级不正常的台坎，其形状与周围斜坡明显不协调；斜坡上部存在洼地，下部坡脚较两侧更多地伸入河床；两条沟谷的源头在斜坡上部转向并会合，上述地貌现象说明，这些地段可能曾经发生过滑坡。斜坡上有明显的裂缝，裂缝在近期有加长、加宽现象；坡体上的房屋出现了开裂、倾斜；坡脚有泥土挤出、垮塌频繁，上述地貌现象可能是滑坡正在形成的依据。

（2）地层依据。曾经发生过滑坡的地段，其岩土体的类型往往与周围未滑动斜坡有着明显的差异。与未滑动过的坡段相比，滑动过的岩土体通常层序上比较凌乱，结构上比较疏松。

（3）地下水依据。滑坡会破坏原始斜坡含水层的统一性，造成地下水流动路径、排泄地点的改变。当发现局部斜坡与整段斜坡上的泉水点、渗水带分布状况不协调，短时间内出现许多泉水或原有泉水突然干涸等情况时，可以结合其他证据判断是否有滑坡正在形成。

（4）植被依据。斜坡表面树木东倒西歪，一般是斜坡曾经发生过剧烈滑动的表现；而斜坡表面树木主干朝坡下弯曲、主干上部保持垂直生长，一般是斜坡长时间缓慢滑动的结果。

五、滑坡前的预兆

滑坡在滑动前，有一定的征兆，归纳起来，常见的有以下几种。

（1）在大滑动之前，在滑坡前缘坡脚处，有堵塞多年的泉水复活现象，或者出现泉水（水井）突然干枯、井（钻孔）水位突变等类似的异常现象。

（2）在滑坡体中、前部出现横向及纵向放射状裂缝，它反映了滑坡体向前推挤并受到阻碍，已进入临滑状态。

（3）在滑坡滑动之前，在滑坡体前缘坡脚处，土体出现上隆（凸起）现象，这是滑坡向前推挤的明显迹象。

（4）在滑坡滑动之前，有岩石开裂或被剪切挤压的声音，这种迹象反映了深部变形与破裂，动物对此十分敏感，有异常反应。

（5）临滑之前，滑坡体四周岩土体会出现小型坍塌和松弛现象。

（6）如果在滑坡体上有长期位移观测资料，那么大滑动之前，无论是水平位移量还是垂直位移量，均会出现加速变化的趋势，这是明显的临滑现象。

（7）滑坡后缘的裂缝急剧扩展，并从裂缝中冒出热气（或冷气）。

（8）动物惊恐异常，植物歪倒倾斜。如猪、狗、牛惊恐不宁，不入睡；老鼠乱窜不进洞；树木枯萎或歪斜等。

六、滑坡发生的时间规律

滑坡的活动时间主要与诱发滑坡的各种外界因素有关，如地震、降雨、冻融、海啸、风暴潮及人类活动等，大致有如下规律。

（1）同时性。有些滑坡受诱发因素的作用后，立即活动。如强烈震、降雨、冻融、海啸、风暴潮与人类活动（开挖、爆破等）同时发生。

（2）滞后性。有些滑坡发生时间稍晚于诱发因素的作用时间。如降雨、融雪、海啸、风暴潮发生在人类活动之后。这种滞后性规律在降雨诱发型滑坡中表现得最为明显，该类滑坡多发生在暴雨、大雨和长时间的连续降雨之后，滞后时间的长短与滑坡体的岩性、结构及降雨量的大小有关。一般来说，滑坡体越松散、裂隙越发育、降雨量越大，则滞后时间越短。此外，人工开挖坡脚之后，堆载及水库蓄、泄水之后发生的滑坡也属于这类。

（3）由人为因素诱发滑坡的滞后时间长短与人类活动强度大小及滑坡体的原先稳定程度有关。人类活动强度越大，滑坡体的稳定程度越低，则滞后时间越短。

七、滑坡简易监测方法

滑坡、崩塌、泥石流灾害虽然突发性强、来势迅猛，但是这些灾害发生前都具有明显的前兆。对滑坡、崩塌体和建筑的裂缝经常进行简易的测量，是避免人员伤亡最有效的方法。

1. 滑坡裂缝简易监测方法（图 2－3）

（1）埋桩法。适合对滑坡体上发生的裂缝进行观测。在斜坡上横跨裂缝两侧埋桩，用钢卷尺测量桩之间的距离，可以了解滑坡变形滑动过程。

（2）埋钉法。即在建筑物裂缝两侧各钉一颗钉子，通过测量两颗钉子之间的距离变化来判断滑坡的变形滑动。这种方法对于临灾前兆的判断是非常有效的。

（3）上漆法。即在建筑物裂缝的两侧用油漆各画上一道标记，这与埋钉法原理是相同的，通过测量两侧标记之间的距离来判断裂缝是否在扩大。

（4）贴片法。在横跨建筑物裂缝粘贴水泥砂浆片或纸片，如果纸被拉断，说明滑坡发生了明显变形，需严加防范。与上面三种方法相比，这种方法是定性的，但是，可以利用这种方法直接判断滑坡的突然变化。

2. 简易监测的基本步骤

（1）选定监测点。一般选在主裂缝的两侧，每两个点为一组，最好设 3～5 组。

（2）确定测量工具和测期。可以用钢卷尺或测绳进行测量。观测周期可以根据具体的变形滑动情况确定。一般每月应观测一次。变形滑动明显时，应增加观测次数，可以增加到每周或每天一次。在暴雨时，应加密观测次数，可以增加到数小时一次。

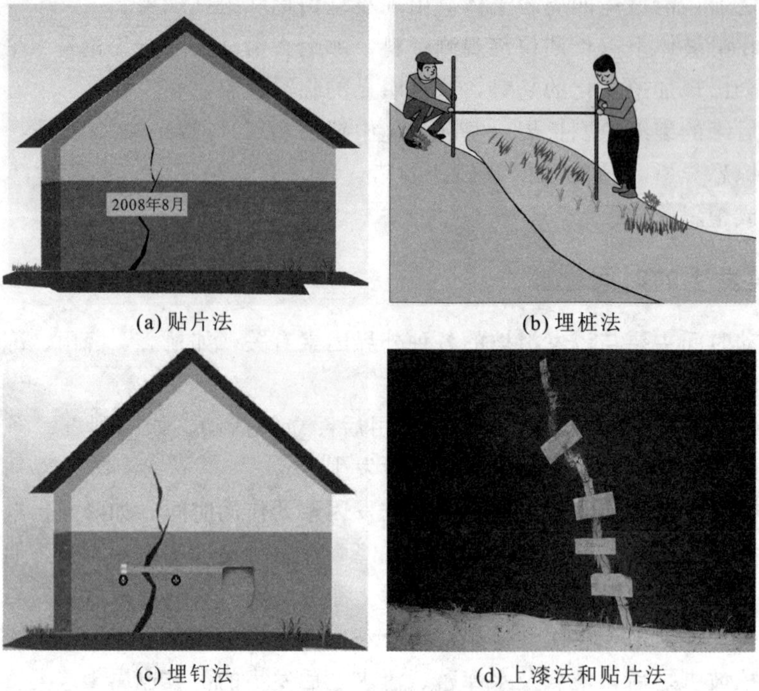

(a) 贴片法　(b) 埋桩法　(c) 埋钉法　(d) 上漆法和贴片法

图 2-3　滑坡简易监测方法

(3) 记录、分析监测结果。每次观测，需认真作好野外记录，并对获取的资料进行分析，预测预报崩塌滑坡的发展趋势。

(4) 建立简单易行的险情警报系统，当变形滑动量比平常明显增高时，应及时撤离，并及时上报和通知附近群众。

八、滑坡的防治

1. 防治原则

滑坡治理费用昂贵，中、小型滑坡治理需数十万元至数百万元，大型和特大型的需数千万元，甚至数亿元。如成昆铁路铁西滑坡（1980 年）治理费用达 2 300 万元；重庆万县至梁平高速公路张家坪滑坡，为古滑坡的复活，一期治理费用达 3 000 万元。上述治理实例使我们认识到事先预防滑坡的重要性，如果在工程选线、选址时认识并避开已存在的古老滑坡和可能新发生滑坡的地段，或控制人类工程的活动规模，就可能避免滑坡的复活或新生。

为减少滑坡发生后的被动治理，必须坚持预防为主、治理为辅、防治结合的基本原则。对于滑坡的预防，主要考虑三个方面：①防止古老滑坡复活；②防止已活动的滑坡发生大滑动；③防止滑坡易发区、段发生滑坡。

2. 滑坡治理的工程措施

工程选线、选址时应充分重视工程地质勘察工作，尽量避开大型滑坡和多个滑坡连续分布的地段，以及开挖后可能发生滑坡的地段。对那些避不开又预防不了的，或事先认识不足、在施工开挖后出现的滑坡，就只能进行治理。

1）排水工程

（1）地表排水。地表排水是把滑坡周界以外山坡的坡面水流截住，使其不流入滑坡区，把滑坡区内的坡面水流及地下水尽快排出滑坡区。由于水是滑坡发生和发展的重要影响因素，因此，地表排水工程是任何一个滑坡防治工程不可缺少的部分，具有施工简单、见效快的特点。地表排水工程主要是设置滑坡区以外的截水沟、滑坡区内的排水明沟及疏通自然沟等，从而形成一个统一的排水网络（图 2－4）。

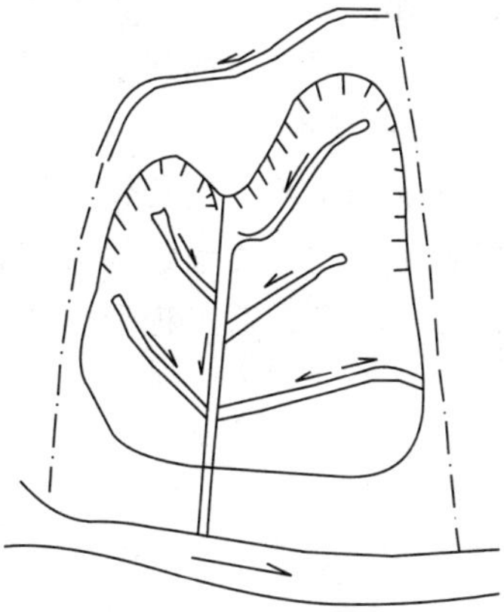

图 2－4　地表排水工程

（2）地下排水。地下排水是通过截断补给滑带的地下水源，降低地下水位，减小水对滑带土强度的影响，从而增加滑坡的稳定性。对于地下水发育的滑坡，地下排水工程是滑坡治理的主体工程之一。

地下排水的常用措施有节水盲沟、节水盲（隧）洞、支撑盲沟（图 2－5）、仰斜孔群（图 2－6）、垂直孔群等。

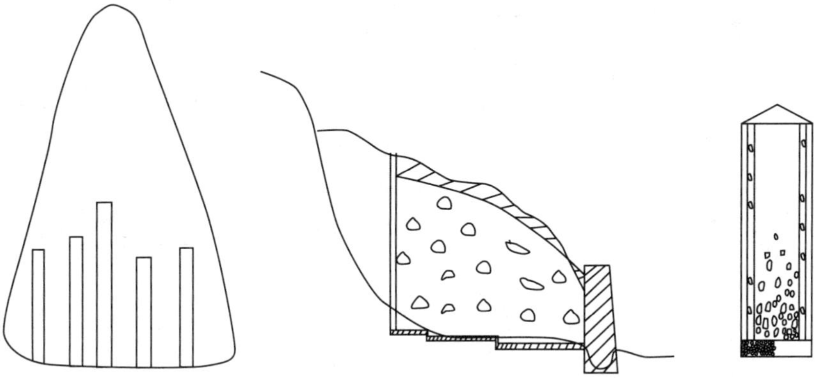

图 2－5　支撑盲沟示意图

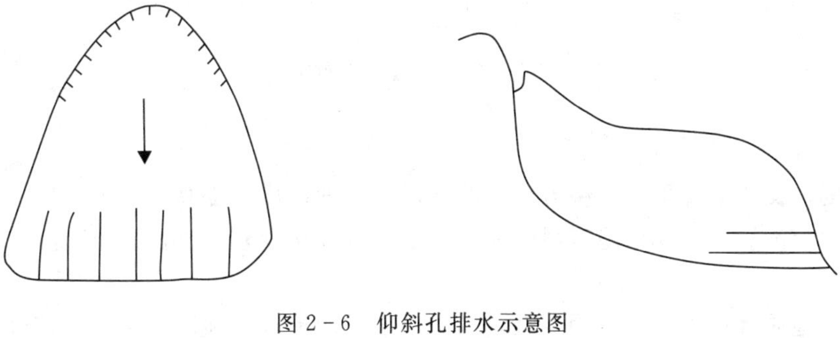

图 2－6　仰斜孔排水示意图

2）减重和反压工程

减重是在滑坡体的上部牵引段和部分主滑段中存在剩余下滑力的部分挖除一部分岩土

体，以减小滑体质量和滑坡推力的工程措施。减重是经常应用的滑坡治理措施之一，既可作为应急治理措施，也可作为永久治理措施。

反压是在滑坡体的前缘抗滑段及其以外堆填土石以增加抗滑力的一种工程措施。

3）支挡工程

抗滑支挡工程，主要包括抗滑挡土墙（图 2-7）、抗滑桩（图 2-8、图 2-9）、预应力锚索抗滑桩、预应力锚索框架等，由于它们能迅速恢复和增加滑坡的抗滑力使滑坡稳定而被广泛应用，特别是对工程滑坡的预防和治理，其效果较好。

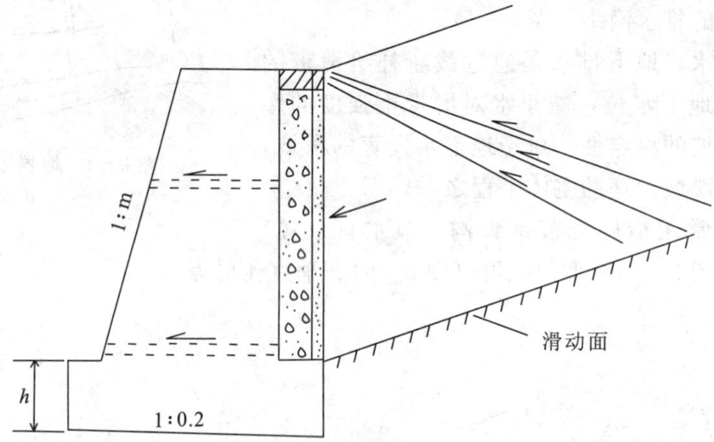

图 2-7　抗滑挡土墙

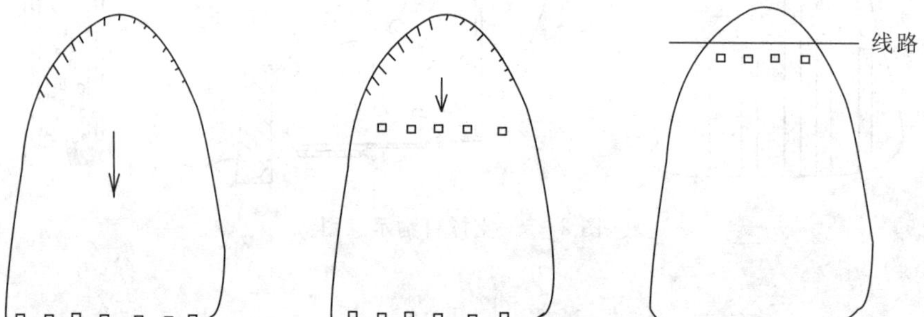

图 2-8　抗滑桩平面布置

4）滑带土的改良

滑带土的改良指通过采用各种方法来改变滑带土的性质，提高其强度，增加滑坡的抗滑能力，从而稳定滑坡。主要措施有滑带灌浆（水泥浆和化学浆）、滑带土焙烧法（>800℃）、滑带爆破等。

由于滑坡地质环境多样、成因复杂，因此对滑坡的治理必须因地制宜，综合应用上述措施（图 2-10），才能保证滑坡长久稳定。

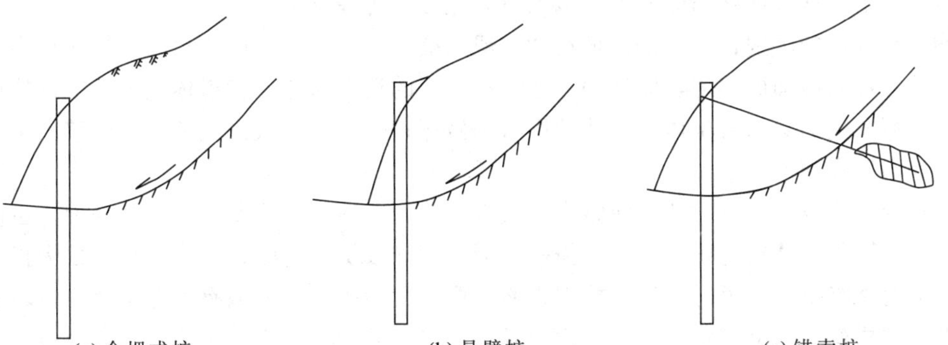

(a) 全埋式桩　　(b) 悬臂桩　　(c) 锚索桩

图 2－9　抗滑桩布置断面图

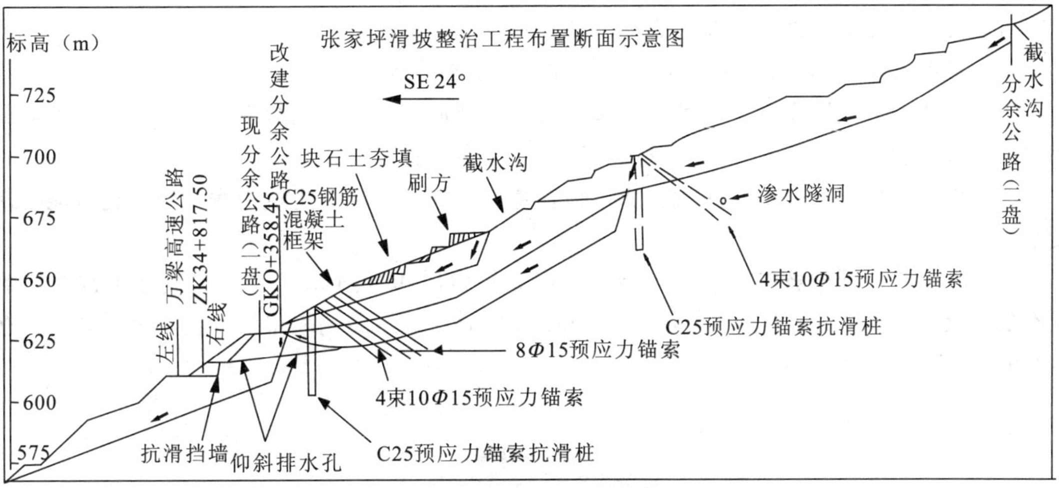

图 2－10　张家坪滑坡综合整治工程

第二节　崩塌

一、概述

崩塌（崩落、垮塌或塌方）是指较陡斜坡（陡崖）上的大块或巨块岩土体在重力作用下突然崩落或滑落，顺山坡猛烈地翻滚跳跃，岩块相互撞击破碎，最后堆积于坡脚或沟谷的过程。其中，崩塌若发生在土体中称为土崩，发生在岩体中称为岩崩，规模巨大、涉及到山体称为山崩。大小不等、零乱无序的岩块（土块）呈锥状堆积在坡脚，称为崩塌堆积物、岩堆或倒石堆。

崩塌的发生是突然的，但是不平衡因素却是长期积累的。崩塌按照崩塌体的规模、范围、大小可以分为剥落、坠石和崩落三种类型。块度大于 0.5m 者占 25％以下、山坡角一般在 30°以下的崩塌，称为剥落；块度大于 0.5m 者占 50％～70％、山坡角在 30°～40°范围内的崩塌，称为坠石；块度大于 0.5m 者占 75％以上、山坡角大于 40°的崩塌，称为崩落。在我国西南、西北地区铁路两侧的崩塌以数百万立方米为最常见。

崩塌和滑坡的区别在于：①滑坡运动一般是缓慢的，而崩塌则相对猛烈快速得多；②滑坡常沿着固定的滑动面移动，而崩塌一般没有固定的运动轨迹；③滑体基本上能保持原有的整体性，而发生崩塌的岩土体的整体性则遭到破坏；④绝大多数滑坡的水平位移大于垂直位移，而崩塌恰好相反。

崩塌会使建筑物（有时甚至使整个居民点）遭到毁坏，使公路和铁路被掩埋。由崩塌带来的损失，不单是建筑物毁坏的直接损失，崩塌常导致交通中断，给运输带来重大损失。我国兴建天兰铁路时，为了防止崩塌掩埋铁路采取了大量措施。崩塌有时还会使河流堵塞形成堰塞湖，这样就会将上游建筑物及农田淹没，在宽河谷中，由于崩塌能使河流改道及改变河流性质，而造成急湍地段。

二、崩塌体识别

可能发生崩塌的坡体在宏观上有如下特征。

(1) 坡度大于45°，且高差较大，坡体成弧立山嘴或为凹形陡坡。

(2) 坡体内部裂隙发育，尤其垂直和平行斜坡延伸方向的陡裂缝发育，并且切割坡体的裂隙、裂缝可能贯通，使之与母体（山体）形成分离之势。

(3) 坡体前部存在临空空间或有崩塌物发育，这说明曾经发生过崩塌，今后还可能再次发生。

具备了上述特征的坡体，即是可能发生崩塌的崩塌体（图2-11）。尤其当上部拉张裂缝不断扩展、加宽，速度突增，小型坠落不断发生时，预示着崩塌很快就会发生，处于一触即发的状态之中。

图2-11 重庆南川区甑子岩崩塌体（约300万 m^3）

三、崩塌发生的条件和发育因素

崩塌的主要发生条件和发育因素可分为下列几个方面。

（1）地形地貌。江、河、湖（水库）、沟的岸坡及各种陡崖、山坡，铁路、公路边坡、工程建筑物边坡及其他各类人工边坡都是有利于崩塌产生的地貌部位，坡度大于45°的高陡斜坡、孤立山嘴或凹形陡坡均为崩塌形成的有利地形。山坡的表面构造对发生崩塌也有很重要的意义。如果山坡表面凹凸不平，则沿突出部分可能发生崩塌。

（2）岩土体类型。岩土体是产生崩塌的物质条件。一般形成陡峻山坡的岩石，多为坚硬而性脆的岩石，属于这种类型的岩石有厚层石灰岩、砂岩、砾岩及喷出岩。通常情况下，岩性坚硬的各类岩浆岩、变质岩及沉积岩类的碳酸盐岩、石英砂岩、砂砾岩、初具成岩性的石质黄土、结构密实的黄土等能形成规模较大的崩塌，页岩、泥灰岩等互层岩石及松散土层等往往形成小型坠落和剥落。

若岩石性质不同，则其强度、风化程度、抗风化和抗冲刷的能力及其渗水程度都是不同的。如果陡峻山坡是由软硬岩层互层组成，由于软岩层属易于风化，硬岩层失去支持而引起崩塌。

（3）地质构造。岩层产状对山坡稳定性也有重要的意义。如果岩层倾斜方向和山坡倾向相反，则其稳定程度较岩层顺山坡倾斜的大。若岩层顺山坡倾斜其稳定程度的大小还取决于倾角大小和破碎程度。

若断层（正断层、逆断层、逆掩断层）处在地震强烈地带，对山坡的稳定程度有着不良影响，而其影响的大小又由构造破坏的性质、大小、形状和位置决定。

各种构造面，如节理、裂隙面、岩层界面、断层等，对坡体的切割、分离，为崩塌的形成提供了脱离母体（山体）的条件。坡体中裂隙越发育，越易产生崩塌，与坡体延伸方向近于平行的陡倾构造面，最有利于崩塌的形成。

在大多数情况下，岩石的节理程度是决定山坡稳定性的主要因素之一。虽然岩石本身可能是坚固的或风化轻微的，但其节理发育亦会使山坡不稳定。当节理顺山坡发育时，特别是当发育在山坡表面的突出部分时最有利于发生崩塌。

（4）地震。地震引起坡体晃动，破坏坡体平衡，从而诱发崩塌。一般烈度在7度以上的地震都会诱发大量崩塌。

（5）融雪、降雨特别是大雨、暴雨和长时间的连续降雨，使地表水渗入坡体，软化岩土体及其中软弱面，产生孔隙水压力等，从而诱发崩塌。

（6）地表水的冲刷、浸泡。河流等地表水体不断地冲刷坡脚或浸泡坡脚、削弱坡体支撑或软化岩土体，降低坡体强度，也能诱发崩塌。

（7）不合理的人类活动。如开挖坡脚、地下采空、水库蓄水、泄水等改变坡体原始平衡状态的人类活动，都会诱发崩塌。

四、崩塌发生的时间规律

（1）降雨过程中或稍微滞后。这里说的降雨过程主要指特大暴雨、大暴雨、较长时间连续降雨。这是出现崩塌最多的时间。

（2）强烈地震时。主要指在震级为6级以上的强震过程中，震中区（山区）常有崩塌集中出现，而地震之后很少发生崩塌。

(3) 开挖坡脚过程之中或之后的一段时间。因工程（或建筑场）施工开挖坡脚，破坏了上部岩土体的稳定性，常常发生崩塌。崩塌有时就发生在施工过程中，以小型崩塌居多。较多的崩塌发生在施工之后的一段时间里。

(4) 水库蓄水初期及河流洪峰期。水库蓄水初期或库水位的第一个高峰期，库岸岩土体首次被浸没（软化），上部岩土体容易失稳产生崩塌。

(5) 强烈的机械振动及大爆破之后。

五、崩塌的防治

崩塌一般发生得突然，治理比较困难，所以一般应采取预防为主的原则。

在工程选线、选址时，对可能发生大、中型崩塌的地段，应尽量避开。若完全避开有困难，则应离开崩塌影响范围一定的距离，以便减少防治工程量。对可能发生小型崩塌的地段，可根据地质地形条件，在避开和防治工程之间进行经济技术因素比较。

崩塌的防治措施主要有以下几种。

(1) 排水。布置排水工程，对水进行拦截疏导，防止水渗流入岩土体而加剧岩土体的破坏失稳。

(2) 削坡。崩塌岩土体的体积及数量不大，岩石的破碎程度不严重时，可以采用全部清除并放缓边坡的措施。

(3) 坡面加固。为防止风化发展，可以在坡面上喷浆或将坡面铺砌覆盖。发生崩塌的高边坡，可采用边坡锚固方法。

(4) 拦截防御。岩土体严重破碎，经常发生落石地段，可以采用柔性防护系统或拦石墙等措施。

(5) 危岩支顶。边坡上局部悬空的较完整岩体也可能成为危岩，对其可以采用钢筋混凝土立柱、浆砌片石支顶或柔性防护系统（图 2-12）的措施。

图 2-12　柔性网（SNS）防护

(6) 遮挡工程。当崩塌体规模较大，且发生频繁时，可以使用明洞、御塌棚洞等遮挡构筑物。

第三节　泥石流

一、泥石流的概念

泥石流是山区沟谷中，由暴雨、冰雪融水等激发的，突然爆发的、破坏性极大的、含有大量固体物质（泥、砂、石）的特殊洪流，是山区特有的一种自然灾害。泥石流是山地环境退化、地表侵蚀作用加剧、水土泥沙骤然流失的产物，多发生在新构造运动强烈、地震强度较大的山区沟谷中（图 2－13）。

泥石流是水体和岩石破坏的产物，具有暴发突然、运动快速、历时短暂和破坏力极大的特点。泥石流浑浊流体沿陡峻的山沟前推后拥、奔腾咆哮而下时，地面为之震动，山谷犹如雷鸣，很短暂时间内将大量泥沙石块冲出沟外漫流，在宽阔的堆积区堆积，造成工程设施、农田和生命财产的严重损失，是威胁山区居民生存和工农业建设的一种地质灾害。

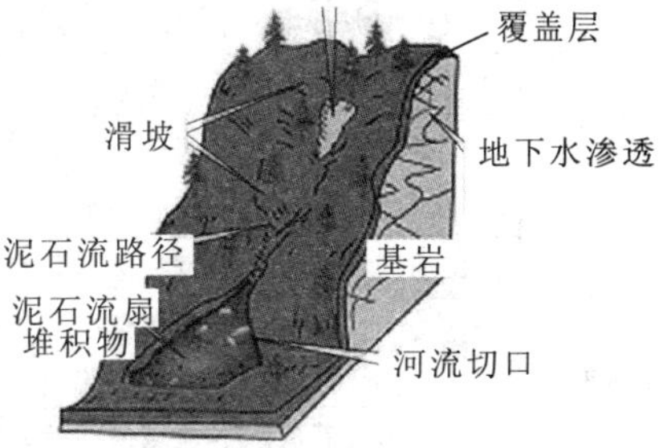

图 2－13　泥石流示意图

我国是世界上泥石流活动最多的国家之一，主要分布在西南、西北及华北的山区，如四川西部（图 2－14）、云南西部和北部、重庆、西藏东部和南部、甘肃东南部、青海东部、祁连山地区、昆仑山及天山地区；黄土高原、太行山和北京西山地区、秦岭山区、鄂西及豫西山区等。此外，在东北西部和南部、华北部分以及华南、台

图 2－14　贡嘎山脉海螺沟、燕子沟冰川型泥石流

湾、海南岛等地山区也有分布。据统计，我国每年有近百座县城受到泥石流的直接威胁和危害；有 20 条铁路干线的走向经过 1 400 余条泥石流分布范围内，1949 年以来，先后发生中断铁路运行的泥石流灾害 300 余起，有 33 个车站曾被淤埋。在我国的公路网中，以川藏、川滇、川陕、川甘等线路的泥石流灾害最严重，仅川藏公路沿线就有泥石流沟 1 000 余条，先后发生泥石流灾害 400 余起，每年因泥石流灾害阻碍车辆行驶时间长达 1～6 个月。

冲和淤是泥石流的主要活动特征和危害方式。冲是以极大的冲击力作用于建筑物而造成直接的破坏，淤是指经泥石流搬运而堆积下来的泥沙、石等固体物质将建筑物掩埋。

二、泥石流的类型（表 2 - 4）

表 2 - 4　泥石流分类

分类指标	分类	特征
水源类型	暴雨型泥石流	由暴雨因素激发形成的泥石流
	溃决型泥石流	由水库、湖泊等溃决因素激发形成的泥石流
	冰雪融水型泥石流	由冰、雪消融水流激发形成的泥石流
	泉水型泥石流	由泉水因素激发形成的泥石流
地貌部位	山区泥石流	峡谷地形，坡陡势猛，破坏性大
	山前区泥石流	宽谷地形，沟长坡缓势较弱，危害范围大
流域形态	沟谷型泥石流	流域呈扇形或狭长条形，沟谷地形，沟长坡缓，规模大，一般能划分出泥石流的形成区、流通区与堆积区
	山坡型泥石流	流域呈斗状，无明显流通区，形成区与堆积区直接相连，沟短
物质组成	泥流	由细粒径土组成，偶夹砂砾，黏度大，颗粒均匀
	泥石流	由土、砂、石混杂组成，颗粒差异较大
	水石流	由砂、石组成，粒径大，堆积物分选性强
固体物质提供方式	滑坡泥石流	固体物质主要由滑坡堆积物组成
	崩塌泥石流	固体物质主要由崩塌堆积物组成
	沟床侵蚀泥石流	固体物质主要由沟床堆积物侵蚀提供
	坡面侵蚀泥石流	固体物质主要由坡面或冲沟侵蚀提供
流体性质	黏性泥石流	层流，有阵流，浓度大，破坏力强，堆积物分选性差
	稀性泥石流	紊流，散流，浓度小，破坏力较弱，堆积物分选性强
发育阶段	发育期泥石流	山体破碎不稳，日益发展，淤积速度递增，规模小
	旺盛期泥石流	沟坡极不稳定，淤积速度稳定，规模大
	衰败期泥石流	沟坡趋于稳定，以河床侵蚀为主，有淤有冲，由淤转冲
	停歇期泥石流	沟坡稳定，植被恢复，冲刷为主，沟槽稳定
暴发频率 n（次/a）	极高频泥石流	$n \geqslant 10$
	高频泥石流	$1 \leqslant n < 10$
	中频泥石流	$0.1 \leqslant n < 1$
	低频泥石流	$0.01 \leqslant n < 0.1$
	间歇性泥石流	$0.001 \leqslant n < 0.01$
	老泥石流	$0.0001 \leqslant n < 0.001$
	古泥石流	$n < 0.0001$
堆积物体积 V（万 m^3）	巨型泥石流	$V \geqslant 50$
	大型泥石流	$20 \leqslant V \leqslant 50$
	中型泥石流	$2 \leqslant V < 20$
	小型泥石流	$V < 2$

1. 按水源补给

分为冰川型泥石流、降雨型泥石流。

2. 按沟谷形态

分为沟谷型泥石流、坡面型泥石流。

3. 按物质组成

可分为泥石流、泥水流、水石流（图 2-15）。

(a) 泥水流　　(b) 水石流　　(c) 泥石流

图 2-15　泥石流按物质组成分类

（1）水石流型泥石流。一般含有非常不均的粗颗粒成分，黏土质细粒物质含量少，且它们在泥石流运动过程中极易被冲洗掉，所以水石流型泥石流的堆积物常是很粗大的碎屑物质。

（2）泥石流型泥石流。一般含有很不均匀的粗碎屑物质和相当多的黏土质细粒物质，因而具有一定的黏结性，所以堆积物常形成连结较牢固的土石混合物。

（3）泥水流型泥石流。固体物质基本上由细碎屑和黏土物质组成。这类泥石流主要分布在我国黄土高原地区。

4. 按结构流变

分为黏性泥石流（容量为 2～2.3t/m^3）、稀性泥石流（容量为 1.5～1.8t/m^3）、过渡性泥石流（容量为 1.8～2t/m^3）。

5. 按规模大小

分为小型泥石流（一次泥石流总堆积量小于 10 万 m^3）、中型泥石流（10 万～50 万 m^3）、大型泥石流（50 万～100 万 m^3）、特大型泥石流（大于 100 万 m^3）。

三、泥石流的形成条件

泥石流的形成必须同时具备以下三个条件：陡峻的便于集水、集物的地形地貌条件；保证丰富的松散泥石物质来源的地质条件；短时间内有大量水源的水文气象条件。

1. 地形地貌条件

泥石流发育区多具有山高沟深、地势陡峻、沟床纵坡降大、利于汇集水和固体物质的地形地貌特点。典型泥石流的地貌可划分为形成区、流通区和堆积区三个部分（图 2-16）。

（1）泥石流形成区（上游）。多为三面环山，一面出口的半圆形宽阔地段，周围山坡陡峻，多为 30°～60°的陡坡。其面积大者可达数十平方千米。坡体往往光秃破碎，无植被覆盖，斜坡常被冲沟切割，且有崩塌、滑坡发育。这样的地形条件有利于汇集周围山坡上的水流和固体物质。

（2）泥石流流通区（中游）。泥石流流通区是泥石流搬运通过的地段。多为狭窄而深切的峡谷或冲沟，谷壁陡峻且坡降较大，且多陡坎和跌水。泥石流进入本区后具有极强的冲刷能力，将沟床和沟壁上的土石冲刷下来携走。当流通区纵坡陡长而顺直时，泥石流流动畅通，可直泄而下，造成很大的危害。

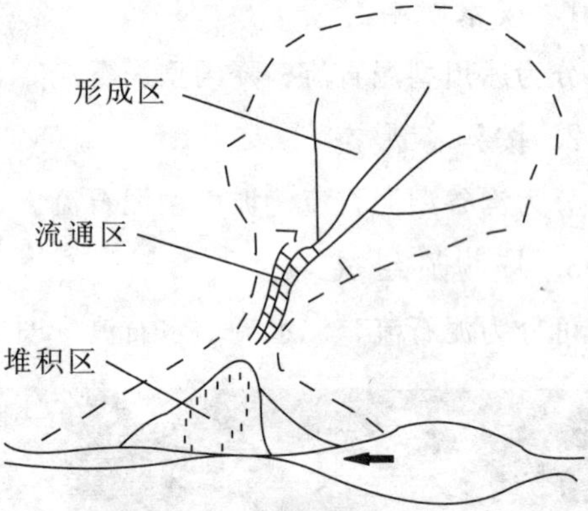

图 2-16　泥石流流域分区图

（3）泥石流堆积区（下游）。泥石流堆积区是泥石流物质的停积场所，一般位于山口外或山间盆地边缘、地形较平缓之地。由于地形豁然开阔平坦，泥石流的动能急剧变小，最终停积下来，形成扇形、锥形或带形的堆积体，统称洪积扇。当洪积扇稳定而不再扩展时，泥石流对其破坏力减缓直至消失。

2. 地质条件

地质条件决定了松散固体物质来源。泥石流常发生于新构造活动强烈、地质构造复杂、断裂褶皱发育的地区。当汇水区和流通区广泛分布有厚度很大、结构松软、易于风化、层理发育的岩土层时，这些软弱岩土层是提供泥石流的主要固体物质来源；滑坡体、崩塌体、错落体等不良地质现象发育，为泥石流的形成提供了丰富的固体物质来源；一些人类工程经济活动，如滥伐森林造成水土流失，采矿、采石弃渣、工程建设弃渣等，往往也为泥石流提供了大量的物质来源。

3. 水文气象条件

水既是泥石流的组成部分，又是搬运泥石流物质的基本动力。泥石流的发生与短时间内大量流水密切相关，没有大量的流水，泥石流就不可能形成，因此，就需要在短时间内发生强度较大的暴雨或冰川和积雪的强烈消融，或高山湖泊、水库的突然溃决等。气温高或高低气温反复骤变，以及长时间的高温干燥，均有利于岩石的风化破碎，再加上水对山坡岩土的软化、潜蚀、侵蚀和冲刷等，使破碎物质得以迅速增加，这就有利于泥石流的产生。我国泥石流的水源主要是暴雨、长时间的连续降雨等。

四、泥石流发生的时间规律

（1）季节性。泥石流发生的时间规律与集中降雨时间规律相一致，具有明显的季节性。一般发生于夏秋季节的6～9月。

（2）周期性。泥石流的发生受雨、洪、地震的影响，而雨、洪、地震总是周期性地出现。因此，泥石流的发生和发展也具有一定的周期性，且其活动周期与雨、洪、地震的活动周期大体一致。

季节性、周期性的泥石流，其发生的时间段有一定规律，一般是在一次降雨的高峰期或是在连续降雨稍后发生。

五、泥石流简易观测措施

（1）通过正常洪水水位线来观测泥石流。

（2）了解当地天气预报信息和实际观察沟谷中暴雨形成的水流情况判断洪水水位。当山洪水位线接近正常洪水水位线，而且暴雨还在继续时，必须派人现场值班观测，并采取必要的避让措施。如果洪水中夹带的土石增加时，要注意有可能发生泥石流。

（3）对于经常暴发泥石流的沟谷，可以通过泥石流泥位线来判断泥石流灾害的发生。

（4）暴雨期间要对上游泥石流物源区进行巡查和看守。对村庄、居民点、厂矿上游的滑坡、崩塌堆积物、尾矿矿渣排放场、工程弃土进行巡查和看守，发现有较多物质被洪水携带时，要及时采取避灾措施。

六、泥石流的防治

对泥石流的防治，应坚持预防为主、避让为宜、以治为辅，防、避、治相结合的原则。泥石流的防治措施主要有如下几种。

（1）预防措施。在上游汇水区，做好水土保持工作，如植树造林等；调整地表径流，使水不沿坡度较大处流动，以降低流速；加固岸坡，减少固体物质来源。

（2）穿过措施。修建隧道、明洞从泥石流下方穿过，泥石流在其上方排泄，这是铁路和公路通过泥石流地区的主要形式之一。

（3）防护措施。对泥石流地区的桥梁、隧道、路基及其他重要工程设施，修建一定的防护构筑物，如护坡、挡墙、顺坝和丁坝等，以防止泥石流对上述工程设施的冲击、淤埋等危害。

（4）排导措施。在泥石流下游设置排导工程，如急流槽、导流堤、渡槽等，以消除泥石流危害。导流堤的作用，主要在于改善泥石流的流向，同时也改善流速（图 2－17）。急流槽的作用，主要是改善流速，也改善流向。导流堤和急流槽组合成排导槽，以改善泥石流在堆积扇上的流势和流向，让泥石流循着指定的道路排泄，防止淤积。

（5）拦截措施。在泥石流中游流通区，设置一系列拦截构筑物，如拦挡坝、格栅坝、停淤场、溢流坝等，以便控制泥石流的固体物质和水的总量，降低泥石流的速度，减少泥石流对下游工程的危害。格栅坝适用于拦截流量较小、大石块含量少的小型泥石流，格栅坝的宽度应与沟槽相同，坝基应设在坚实的地基上（图 2－18）。拦挡坝适用于沟谷的中上游或下游没有排沙或停淤的地形条件，且必须控制上游产沙的河道，以及流域采沙量大、沟内崩塌滑坡较多的河段。拦挡坝坝体的最大高度不宜超过 5m，坝顶宜采用平顶式。当两端岸坡有冲刷可能时，宜采用凹形。

对于防治泥石流的工程措施，常须采取多种措施结合应用。最常见的有拦渣坝与急流槽相结合的拦排工程，导流堤、拦渣坝和急流槽相结合的拦排工程，拦渣坝、急流槽和渡槽相结合的明洞或渡槽工程等。防护工程也常与其他工程配合应用，多种工程措施配合使用比单纯采用某一种工程措施更为有效，也更为经济合理。

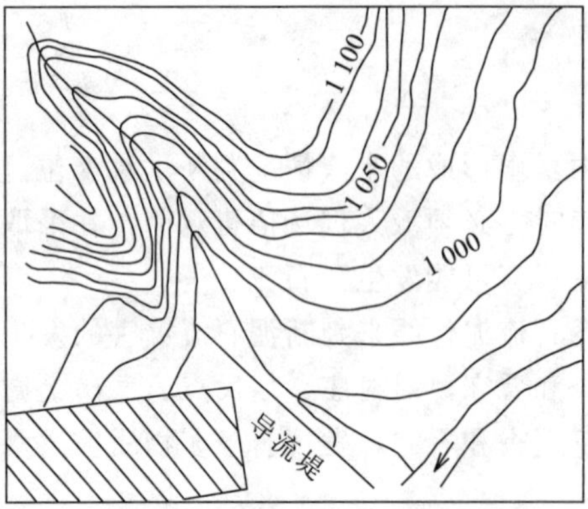

图 2-17　导流堤示意图

图 2-18　格栅坝示意图

第四节　地面塌陷

一、地面塌陷的定义及类型

地面塌陷是指地表岩土体在自然或人为因素作用下向下陷落，并在地面形成塌陷坑（洞）的一种动力地质现象。地面塌陷的形成原因复杂，种类很多。根据发育的地质条件和作用因素的不同，可分为不同的类型。常见的地面塌陷分类如下。

（1）根据形成塌陷的主要原因，分为自然塌陷和人为塌陷两大类。前者是地表岩土体由于自然因素作用，如地震、降雨、自重等，向下陷落而成；后者是由于人为作用导致的地面塌落。在这两大类中，又可根据具体因素分为许多类型，如地震塌陷、矿山采空塌陷等。

（2）根据塌陷区是否有岩溶发育，分为岩溶地面塌陷和非岩溶地面塌陷。

岩溶地面塌陷主要发育在隐伏岩溶地区，是由于隐伏岩溶洞隙上方岩土体在自然或人为因素作用下，产生陷落而形成的地面塌陷（图 2-19）。在可溶岩上有松散土层覆盖的覆盖岩溶区，塌陷主要产生在土层中，称为土层塌陷，其发育数量最多、分布最广；当组成洞隙顶板的各类岩石较破碎时，也可发生顶板陷落的基岩塌陷。我国岩溶地面塌陷分布广泛，以广西、湖南、贵州、湖北、江西、广东、云南、四川、河北、辽宁等省（自治区、直辖市）最为发育。据统计，全国岩溶地面塌陷总数达 2 841 处，塌陷坑 33 192 个，塌陷面积约 332km^2，造成年经济损失达 1.2 亿元以上。

非岩溶地面塌陷是由于非岩溶洞穴产生的塌陷，如采空塌陷、黄土地区黄土陷穴引起的塌陷、玄武岩地区其通道顶板产生的塌陷等许多类型。采空塌陷指煤矿及金属矿山的地下采空区顶板产生的塌陷，在我国分布较广泛，其中黑龙江、山西、安徽、江苏、山东等省发育严重，据不完全统计，在全国共发生采空塌陷 182 处以上，塌坑超过 1 592 个，塌陷面积大于 1 150km^2，年经济损失达 3.17 亿元。

我国地面塌陷灾害主要为岩溶地面塌陷和采空塌陷。岩溶地面塌陷分布最广、数量最多、发生频率高、诱发因素最多，且具有较强的隐蔽性和突发性，严重地威协到人民群众的

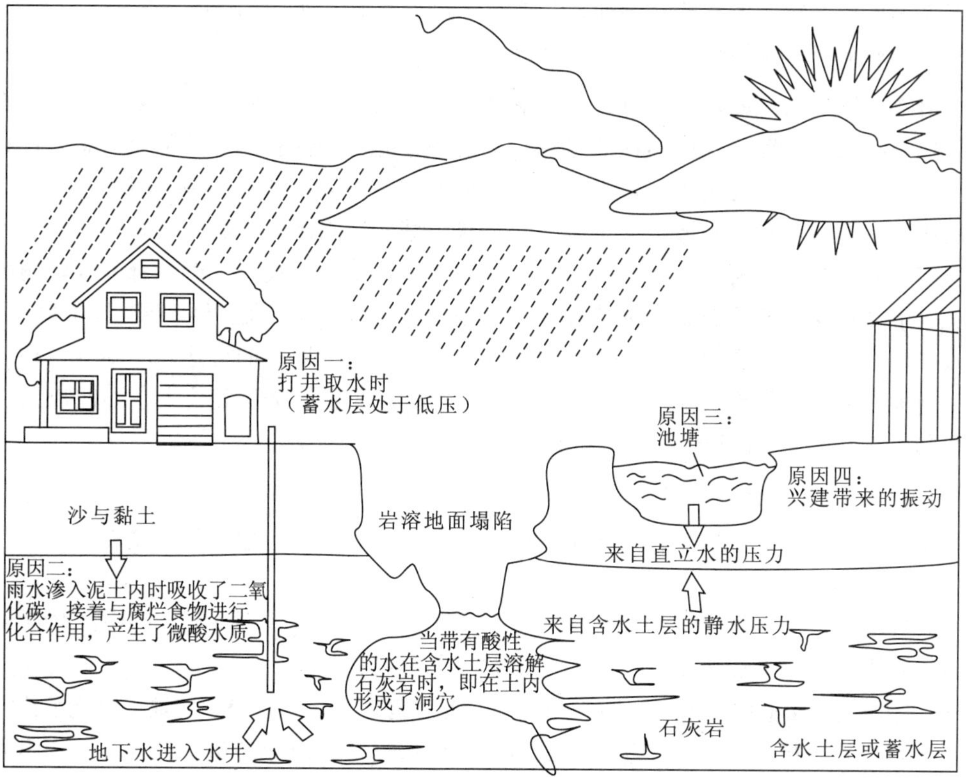

图 2－19　岩溶地面塌陷形成原因

生命财产安全。矿山采空区地面塌陷在许多矿区都有发育，尤以北方煤田区最为严重。其他各类地面塌陷分布零散，发育规模和危害性相对较小。

二、岩溶地面塌陷

1. 岩溶地面塌陷的定义

覆盖在溶蚀洞穴之上的松散土体，在外动力或人为因素作用下产生突发性地面变形破坏，其结果多形成圆锥形塌陷坑。

岩溶地面塌陷是地面变形破坏的主要类型，多发生于碳酸盐岩、钙质碎屑岩和盐岩等可溶性岩石分布地区。激发塌陷活动直接诱发因素除降雨、洪水、干旱、地震等自然因素外，往往与抽水、排水、蓄水和其他工程活动等人为因素密切相关。在各种类型塌陷中，以碳酸盐岩塌陷最为常见，因抽水而引发人为塌陷的几率最大。自然条件下产生的岩溶地面塌陷一般规模小、发展速度慢，不会给人类生活带来太大的影响。但在人类工程活动中产生的岩溶地面塌陷不仅规模大、突发性强，且常出现在人口聚集地区，对地面建筑物和人身安全构成严重威胁。

岩溶地面塌陷会造成局部地表破坏，是岩溶发育到一定阶段的产物。因此，岩溶地面塌陷也是一种岩溶发育过程中的自然现象，可出现于岩溶发展历史的不同时期，既有古岩溶地面塌陷，也有现代岩溶地面塌陷。岩溶地面塌陷也是一种特殊的水土流失现象，水土通过塌陷向地下流失，影响着地表环境的演变和改造，形成具有鲜明特色的岩溶景观。

2. 岩溶地面塌陷的形态特征与规模

岩溶地面塌陷的平面形态具有圆形、椭圆形、长条形及不规则形等，主要和下伏岩溶洞隙的开口形状及其上覆岩土体的性质与在平面上分布的均一性有关。其剖面形态有坛状、井状、漏斗状、碟状及不规则状等，主要与塌层的性质有关，黏性土层塌陷多呈坛状或井状，砂土层塌陷多具漏斗状，松散土层塌陷常呈碟状，基岩塌陷剖面常呈不规则的梯状。

岩溶地面塌陷的规模以个体塌陷坑的大小来表征，主要取决于岩溶发育程度，洞隙开口大小及其上覆盖层厚度等因素。据统计，土层塌陷坑直径一般不超过30m，其中以小于5m的占大多数，达63%～71%，5～10m的占10%～20%，个别大的可达60～80m。塌陷坑可见深度绝大多数小于5m，占总数的84%～97%。基岩塌陷规模一般较大，如四川兴文县小岩湾塌陷，长650m、宽490m、深208m。

3. 岩溶地面塌陷的类型

我国岩溶地面塌陷主要发育于华南的连片岩溶区，岩溶地面塌陷类型繁多。

1） 自然塌陷

在天然作用下产生的塌陷，约占总数的33%（不包括陷落柱），是各类塌陷中最多的一种。

（1） 古塌陷。指形成于第四纪以前的塌陷，如陷落柱。

（2） 老塌陷。指形成于第四纪期间的塌陷，具残留形态，往往为后期堆积物充填或掩盖。

（3） 新塌陷。指新近时期产生或形成时期不明的塌陷，但形态保持较好。它们多发育于地下水变化迅猛的岩溶山地的洼地、槽谷中，塌陷范围小，强度弱，往往呈单个坑零星分布，塌陷规模随结构不同而差异很大。按其成因，又可分为如下几种。

a. 暴雨引起的塌陷。暴雨可导致土体迅速充水和地表水的强烈渗透，并在一定条件下引起岩溶地下水位的急剧上升而产生正压冲爆作用，易于产生塌陷。

b. 洪水引起的塌陷。在近岸地带第四系冲积层中潜水位和岩溶地下水位均随洪水位而波动，由于两者渗透性的差异，在波动过程中不但可产生有利于渗透潜蚀作用的附加水头，而且还产生正负压力的作用，这些作用都可导致塌陷的产生。

c. 重力引起的塌陷。指在岩溶发育过程中，地下洞穴、管道在崩塌作用下不断扩展，最后导致顶板盖层在重力作用下失稳陷落的现象。在岩溶山区并不罕见。岩溶漏斗、地下河天窗岩溶障谷、天生桥等地岩溶形态有许多就是塌陷的遗迹，这些基岩塌陷规模一般较大，形成之后一般不再复活。

d. 地震引起的塌陷。在构造地震作用下，在覆盖层比较薄弱的地段也可产生一系列的塌陷，如1853年2月在湖南新宁关于5级地震的记载“有声如雷，陷成七潭，大小不一，皆有水涌出”。此外，近几十年来地震塌陷也常有，如1976年唐山地震引起数十处塌陷等。

2） 人为塌陷

人为塌陷是由于人类的工程经济活动，改变了岩溶洞穴及其上覆盖层的稳定平衡状态而引起的塌陷，约占总数的60%，可见人为作用已成为现代塌陷的重要动力。人为塌陷按成因又可分为坑道排水或突水、抽汲岩溶地下水、水库蓄引水、振动加载及表水、污水下渗引起等类型塌陷，前三者共占人为塌陷的92%。

（1） 坑道排水或突水引起的塌陷。是指由于矿坑、隧道、人防及其他地下工程排水或突水引起的塌陷，其中以矿坑排、突水塌陷为主，占人为塌陷的 17%。

岩溶地区由于矿产资源的开发，矿坑排水或突水引起的塌陷较为频繁。凡处于覆盖岩溶区的矿区，在其排水疏干过程中，几乎都不可避免地产生塌陷，主要分布于湘中、鄂东南、赣中—赣东北及安徽的沿江地带。由于矿坑排水降深达数十米至上百米，疏干影响范围达数千米以上。因此在所有塌陷中，这类塌陷范围最广，达数至数十平方千米；塌陷坑数量最多，达数百至数千个；持续时间最长，有的 20 年尚在继续；影响也最严重，多属大、中型塌陷；以土层塌陷为主，见有基岩塌陷，除碳酸盐岩类塌陷外，还有少量红层岩溶地面塌陷。

人为塌陷中的基岩塌陷都与矿坑排水或突水有关。基岩塌陷的盖层可以是碳酸盐岩，各种碎屑岩甚至火成岩（如大广山铁矿见于岩体边缘的强风化带中）。基岩塌陷一般具备两个条件：一是有较大的隐伏洞穴，二是盖层岩层（体）受构造破碎或风化而较软弱。基岩塌陷的特征是：①其规模不等，大者居多，塌陷直径为数米至数百米，塌陷坑深度和塌陷盖层厚度可达数十米以上；②其分布明显地受断裂构造控制，一般多发育于构造交汇破碎带。

（2）抽汲岩溶地下水引起的塌陷。主要由于水井抽水引起，分布较为普遍，约占人为塌陷的 49%，均为土层塌陷。当覆盖层厚度较薄（一般小于 10m），抽水降深达到 5～10m 时，多有塌陷产生。由于抽水降深有限，其影响范围为数百米至两千米；塌陷坑数量较少，一般为数个至数十个，仅在集中供水水源地有较大规模的塌陷产生，如贵州水城水钢供水水源地，16 口抽水井中有 14 口井周围出现塌陷 1 000 多个，范围达 $4km^2$；河北秦皇岛柳江供水水源地自 1987 年抽水以来，不到一年的时间产生塌陷 286 个，范围达 $3.7km^2$。

（3）水库蓄水或引水引起的塌陷。岩溶山区、洼地、谷地的小型水库及少量中型水库，多在水体增荷、渗漏潜蚀及雨季地下水位迅猛变化产生的正负压力和冲爆等多种作用下而在库内产生塌陷，成为废库或病库。这类塌陷约占人为塌陷的 26%，主要分布于广西、贵州、四川、湖南、云南等省。一般规模较小，塌陷坑数量少，强度较弱，但往往多次复活而不易稳定。

蓄水和坑道抽水、排水还往往引起红层岩溶的塌陷，它们产生于洞隙型岩溶发育的红色钙质胶结灰质砾岩、砂砾岩（湘、赣）及泥灰岩夹层（四川）中，一般规模小，零星分布。

（4）振动或加载引起的塌陷。振动或加载是使覆盖岩溶区处于接近极限平衡状态的隐伏土洞产生塌陷的导因，它们往往与其他因素联合作用。该类塌陷占人为塌陷的 6%。如武汉中南轧钢厂堆料场的塌陷，就是在抽水的潜蚀作用形成隐伏土洞的基础上，经钢锭和煤堆的加载作用而塌陷的。振动引起的塌陷在铁路路基附近较为常见，贵昆线 K586—K612 一段长 26km，多漏斗状洼地，覆盖层为厚度不足 10m 的残坡积红色黏性土，地下水位在基岩顶板以下，1974—1980 年沿路基塌陷 4 段共 38 个塌陷坑，单个塌坑规模小，多发生于雨季。其成因除了表水下渗潜蚀作用外，主要是火车通过时的振动。以上这些塌陷都发生于隐伏土洞发育的地区。

（5）表水或污水下渗引起的塌陷。在厂矿建筑区，由于场地排水不良造成表水下渗或化学污水下渗溶滤也能导致塌陷的产生，如云南镇雄板桥氮肥厂厂址，覆盖层为亚黏土、含卵砾石黏土层，厚 5m 左右，最厚的有 19m，发育有土洞数十个，基岩为石灰岩，地下水位为 7.6～15.7m，位于基岩顶板以下，1972 年产生塌陷 15 个，使工厂设备陷落。其中 13 个塌陷分布于流水池和污水池一带，显示与表水和污水下渗作用有关。

造成塌陷的原因：一是地基土层中有隐伏土洞；二是含酸废水和地表雨水集中渗漏，既对混凝土强烈腐蚀，又造成了土体中可溶盐的化学溶滤，使土体结构被散解，并促进机械潜蚀作用的发展，从而造成了地面塌陷，这是造成塌陷的主要原因。

4. 岩溶地面塌陷的发育规律

1）岩溶地面塌陷的分布规律

岩溶地面塌陷主要分布于岩溶强烈到中等发育的覆盖型碳酸盐岩地区。全球有16个国家存在严重的岩溶地面塌陷问题。我国可溶岩分布面积约为363×10^4km^2，是世界上岩溶地面塌陷范围最广、危害最严重的国家之一。全国共发生岩溶地面塌陷2 841处，塌陷坑33 192个，塌陷面积合计332.28km^2。其中以南方的桂、黔、湘、赣、川、滇、鄂等省（自治区、直辖市）最为发育，北方的冀、鲁、辽等省区也发生过严重的岩溶地面塌陷灾害（段永侯等，1993）。岩溶地面塌陷的分布规律与表现主要有以下几个方面的特征。

（1）多产生在岩溶强烈发育区。我国南方许多岩溶区的资料说明，浅部岩溶愈发育，富水性愈强，地面塌陷愈多，规模愈大。岩溶地面塌陷与岩溶率具有较好的正相关关系（表2-5）。

表2-5 广东省凡口矿区岩溶率与地面塌陷的相关关系

岩溶发育程度	岩溶率（%）	水位降低（m）	排水量（m^3/d）	塌陷个数
强发育区	19.08	13.48	5 900	24
中等发育区	4.01	36.35	4 800	5
弱发育区	1.96	28.39	3 700	无塌陷，仅有沉降、开裂

（2）主要分布在第四系松散盖层较薄地段。在其他条件相同的情况下，第四系盖层的厚度愈大，成岩程度愈高，塌陷愈不易产生。相反，盖层薄且结构松散的地区，则易形成地面塌陷。如广东沙洋矿区疏干漏斗中心部位，盖层厚度为40～130m，地面塌陷少而稀；而在漏斗中心的东南部和东部边缘地段，因盖层厚度较小（8～23m），地面塌陷多而密。

（3）多分布在河床两侧及地形低洼地段。在这些地区，地表水和地下水的水力联系密切，两者之间的相互转化比较频繁，在自然条件下就可能发生潜蚀作用，形成土洞，进而产生地面塌陷。

（4）常分布在降落漏斗中心附近。由采、排地下水而引起的地面塌陷，绝大部分发生在地下水降落漏斗影响半径范围以内，特别是在近降落漏斗中心的附近地区。另外，在地下水的主要径流方向上也极易形成岩溶地面塌陷。

2）岩溶地面塌陷的发育过程及其动态特征

对于绝大多数常见的土层塌陷来说，都具有由岩溶洞隙→土洞→塌陷的发育过程，土洞是塌陷的孕育阶段，也是潜在的塌陷，土层塌陷的动态规律受土洞发育过程的控制，后者又因土层岩性结构和厚度、岩溶地下水的状态及引起塌陷的作用因素不同而异。

根据我国的实际情况，按土洞发育的时期可将其分为老土洞和新土洞两类：老土洞是在以往地质历史时期中在自然因素的作用下形成的；新土洞形成于现代，绝大多数是在人为因素作用下形成的，其发展速度一般较老土洞要快得多，其经历的时间短至数小时，长的数日至数月，可称之为速塌型，新土洞的特征是土洞充填物较新，结构很疏松，含水量高，一般处于流动状态，其上部往往有空洞存在。

3）岩溶地面塌陷的伴生与共生现象

（1）岩溶地面塌陷的伴生现象。主要有地面下沉、地面开裂和塌陷地震，它们随塌陷而产生，有时成为塌陷的前兆现象。

a. 地面下沉。在岩溶洞隙上覆盖层与厚度较大但由松软的土层组成时，土洞的扩展将引起地面的局部下沉，其发展的结果最终将形成缓发性塌陷。位于建筑物下方的土洞，在其扩展过程中将引起建筑物的不均匀沉降，地面亦将出现局部下沉。

b. 地面开裂。在土洞扩展到一定程度而尚未塌陷前，往往首先在地面出现裂缝，这些裂缝大都是弧形断续展布，具拉张特征，有时有多条裂缝呈平行交错分布。裂缝进一步发展形成环状裂缝，且宽度加大，有时内侧下错形成小的错台，但一般不具有水平的相对位移。这些环状裂缝往往是塌陷坑口位置的表征。此外，在塌陷坑外侧周边还可出现弧形的牵引裂缝。在塌陷坑形成后引起坑壁的坍塌。

c. 塌陷地震。大规模的塌陷可引起地震效应，由于其产生地震的能量有限，震源深度很浅，因此强度低，震级小，但烈度偏高。贵州开阳县城东南，1957—1958 年在石灰岩、白云岩中出现过塌陷地震，震级为 3 级。1975 年 1 月 27 日湖北恩施沐抚区大山顶一带，当地群众听到地下有闷雷声，地面见有裂缝，宽 1～2cm，长数十至数百米，裂缝附近常见有漏斗或新近塌陷的坑洞，多属基岩塌陷，塌陷地震震级为 0.5～0.7 级，影响范围南北长 15～20km，东西宽 2～10km。

（2）岩溶地面塌陷的共生现象。岩溶地区在自然和人为因素作用下除产生塌陷外，还可由于自身所具有的条件出现与之共生的地面变形现象，如沉陷和地裂。它们与塌陷没有必然的成因联系，而是与塌陷不同的另一类变形现象，认识它对于区别塌陷现象有着重要的意义。

a. 地裂。岩溶地区可出现不同类型的地裂，除新构造运动形成的地裂可偶见外，较常见的是岩溶地区的红黏土中因具有胀缩性（遇水膨胀、失水收缩）而产生的地裂，并常使建筑物开裂损坏。另一类地裂是由于地面沉降而引起的，伴随地面沉降而出现和分布，沉降愈强烈，地裂也愈密集，其延伸长度由数十米至百余米不等，如江西乐平花亭锰矿在放水试验时伴随沉降出现地裂 150 多条，最大长度为 160m，可见深度为 2m。

b. 地面沉降。岩溶地区可出现不同类型的地面沉降，常见的一种类型是脱水压密沉降，如昆明翠湖公园附近因通山人防工程排水，岩溶地下水位有较大下降，该处上覆的疏松饱水土层中除有 39 个塌陷产生外，公园内还普遍见到桥墩下沉、房屋开裂、湖堤外侧开裂等一些明显的下沉开裂现象，这是土层脱水压密的结果。

5. 岩溶地面塌陷的形成条件与动力因素

1）岩溶地面塌陷的形成条件

岩溶地面塌陷发育的基本条件是：岩溶洞隙的存在，一定厚度的松散盖层和水动力条件易于改变的岩溶地下水（图 2-20）。

（1）岩溶洞隙是岩溶地面塌陷产生的基础。岩溶发育愈强烈，岩溶洞隙数量愈多，其规模也愈大，愈有利于岩溶地面塌陷的形成。岩溶洞隙的发育一般受岩溶地下水排浊基准面的控制，多发育于浅部，向深部逐渐减弱。浅部岩溶洞隙由于地下水活动频繁，交替强烈，一般连通性较好，成为塌陷物质的储集空间和运移通道。岩溶洞隙的开口程度是影响岩溶地面塌陷形成的重要因素，岩溶地下水的活动、塌陷物质的运移都是通过洞隙开口处进行的，因此，塌陷坑与开口洞隙存在着密切的垂向对应关系。实践表明，洞隙规模愈大，塌陷也愈大；洞隙开口愈大，塌陷速度愈快。

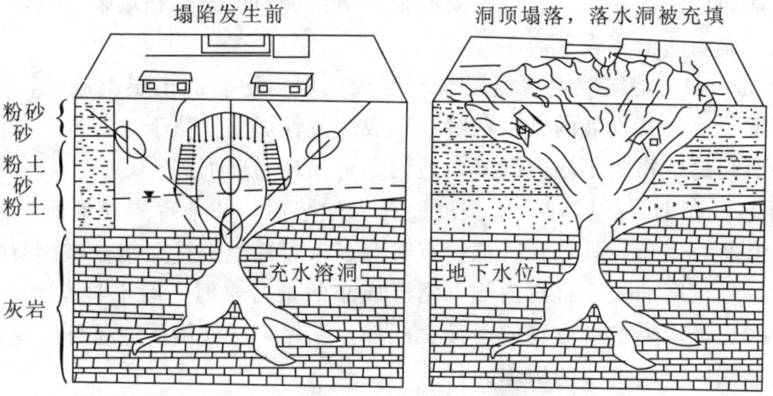

图 2-20　岩溶地面塌陷形成过程示意图

(2) 一定厚度的松散盖层。目前已知塌陷中土层塌陷占 96.7%，可见土层是塌陷的主要组成部分。土层可由黏土、砂、砾等各种组分组成，形成单层、双层或多层结构。岩性结构对塌陷的形成有着明显的影响：均一的砂土由于其颗粒间无黏结力，在一定水头的水流渗透作用下，其细小颗粒易于被潜蚀搬运进而淘空破坏，抗塌陷能力最差，塌陷数量相对较多；双层或多层结构的土层，由于有黏性土的缓冲作用，其抗塌陷能力要稍好一些；均一黏性土或底部为黏性土的多层结构土层，由于黏性土具有一定的凝聚力，抗塌陷能力较强，塌陷数量相对较少，塌陷的速度也要缓慢一些。

土层的厚度对塌陷的产生也有明显的影响，据统计，土层厚度小于 10m 的塌陷占绝大多数；厚 10～30m 的塌陷数量要少得多；厚度大于 30m 的仅零星出现。目前所知土层最厚的见于安徽铜陵新桥矿塌陷，其土层厚度达到 60m。

(3) 易于改变的岩溶地下水动力条件。岩溶地下水一般具有赋存状态复杂（集中管道状或分散网络状）、动态变化迅猛、径流通畅、流态多变的特点，这些特征在不同地段由于其补给、径流、排泄条件的不同而又有明显的差异。影响补、径、排条件的因素除了地质构造外，主要受地形地貌即碳酸盐岩的出露条件、地形切割程度及水文网配置格局所控制，不同地貌类型具有不同的岩溶地下水特征。据此可在宏观上将岩溶地下水概括为三种类型：岩溶山地（裸露型岩溶）的岩溶地下水，岩溶平原、盆地、谷地（覆盖型岩溶）的岩溶地下水和河湖近岸地带的岩溶地下水。

地下水的动力条件是指地下水的赋存（含水介质类型）和水力条件（承压、非承压）及其以水位（水头）、流速、水力坡降等要素表征的条件。在岩溶地下水埋藏较浅、循环交替强烈的地段，岩溶地下水动力条件易于改变，地下水活动变化强烈，有利于塌陷的形成。这些地段有：水位埋藏较浅，多具承压性，变化幅度较大，或在基岩面附近波动的地段；径流较通畅的集中径流带或主径流带；地下水的排泄带；具有潜水（包括土层水）和岩溶水双层含水层结构分布地段；与潜水或地表水体联系密切、交替强烈地段；降落漏斗影响范围内。

2) 岩溶地面塌陷形成的动力因素

岩溶地面塌陷是在具备上述三个基本条件的基础上，受到各种自然或人为动力因素的作用而产生的。

(1) 岩溶地下水的作用。岩溶地下水的活动在岩溶地面塌陷的形成中具有多种作用，是一种十分重要的动力因素，可以在自然条件下由于气候季节的干、湿变化引起，也可以由于人工抽水、矿坑排水、水库蓄水、引水、灌溉和给排水工程的渗漏引起。主要作用形式包括：溶蚀作用，改变土体的状态，地下水的浮托作用，地下水的渗透潜蚀作用，岩溶地下水位变化引起岩溶洞隙空间的正负压力作用，岩溶地下水的水击作用，地下水的侵蚀和搬运作用等。

(2) 降雨及表水（库水、灌溉水、渠运管道渗漏水、建筑物地面排水等）的入渗作用。入渗水流对塌陷的形成有以下几个方面的作用：洞隙盖层岩土体充水增重和软化作用；垂直渗透潜蚀作用；地下水位上升使岩溶洞隙空间气团受压产生正压力；水库蓄水库水对库盘的静水压力形成附加荷载。

(3) 河、湖近岸地带的侧向倒灌作用。河、湖近岸地带多有阶地发育，普遍分布着孔隙潜水与岩溶水组成的双层含水介质。一般情况下，地下水向河、湖排泄，其水位随河、湖水位的起落而波动。但在汛期洪水位急剧上升的情况下，河、湖水将向地下水产生侧向倒灌，地下水位随之上升，这时岩溶地下水对洞隙上覆盖层土体产生正压力或使浮托力增大。在洪水位迅速回落时，岩溶地下水位由于其径流较通畅亦随之很快下降，对洞隙上覆盖层的浮托力很快消减，而潜水位因渗透性相对较弱下降较缓慢，使潜水位与岩溶水位之间的双层水位差增大，从而通过洞隙开口处从潜水含水层向岩溶洞隙产生垂向的渗透潜蚀作用，在盖层中形成土洞进而扩展塌陷，这种现象称之为洪水倒灌潜蚀塌陷，简称洪水塌陷，一般在自然条件下即可形成，如有人为因素的叠加，可加快塌陷的发展速度。

(4) 地震与振动作用。我国属多地震国家，近年来的唐山、海城等地震都有产生塌陷的实例。地震对塌陷的形成主要有两个方面的作用：地震力使洞隙盖层岩土体产生破裂、位移形成塌陷；洞隙上覆浅埋的松散饱水细粒砂层"液化"而形成塌陷，砂土液化是指饱水松散砂、土在振动作用下有变得紧密的趋势，导致其孔隙水压力骤然升高，砂粒间接触点上传递的压力减小甚至消失，这时砂粒之间就会脱离接触而完全悬浮于水中，像液体一样流动，其特点是伴随有喷水冒砂现象。

除了构造地震外，岩溶区的塌陷地震和大型水库蓄水诱发的塌陷地震时有发生，一般其强度较低，为1～2级，影响范围较小，不致于引起塌陷，但在特殊情况下也可产生塌陷。如桂林柘木镇漓江岸边的地下河出口处管道顶板基岩中产生一直径约35m的塌陷，并出现地震效应，受地震力的冲击并因管道堵塞水流突然受阻产生的水击效应，使柘木镇阶地地面出现喷水冒砂及数十个塌陷，塌陷的散布范围达350m。

人为的爆破和车辆振动，也可造成洞隙顶板的塌落而形成塌陷，主要见于隐伏土洞发育地区，这些土洞顶板已接近极限平衡状态，在强度不大的振动力作用下产生附加荷载效应而导致塌陷。

(5) 重力和荷载作用。重力是在塌陷形成过程中自始至终起作用的一种内力，自然条件下的基岩塌陷都是以重力作用为主导而产生的。隐伏土洞的突然塌陷，大多也是土洞在多种因素作用下不断向上扩展，直到土洞顶板在重力作用下其强度难以支承而失稳塌落产生的。

荷载产生附加压力，其作用与重力作用类似。荷载压穿洞隙或土洞顶板引起塌陷主要见于顶板接近于极限平衡状态的隐伏土洞地区。

(6) 酸碱液的化学潜蚀作用。在现代人类经济工程活动中，废酸碱液的排放日益增多，它对岩溶地区的岩土体产生强烈的溶蚀和潜蚀破坏作用，大量溶解带走可溶性物质，改变岩土结构，降低强度，导致塌陷。

6. 岩溶地面塌陷的危害

岩溶地面塌陷的产生，一方面使岩溶区的工程设施，如工业与民用建筑、城镇设施、道路路基、矿山及水利水电设施等遭到破坏；另一方面造成岩溶区严重的水土流失、自然环境恶化、同时影响各种资源的开发利用（图 2 - 21）。

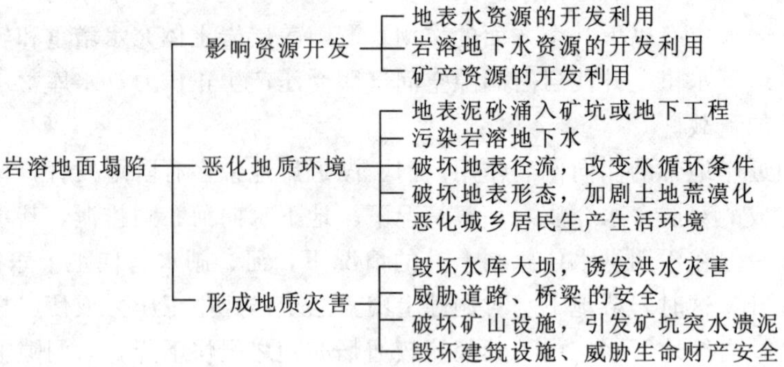

图 2 - 21　岩溶地面塌陷的危害

7. 岩溶地面塌陷发生的前兆特征

岩溶地面塌陷有很长一段变形过程发展于地面以下，一旦地面以上出现前兆，离塌陷时间已近而短促，往往因未及时引起警惕而造成重大损失。然而这些前兆作为塌陷即将发生的序幕，只要仔细观察还是可以发现并作出预警预报的，这对减轻灾害损失具有重要的意义。其主要的前兆如下。

（1）井、泉的异常变化。井、泉水位的骤然升、降，水色突然浑浊或翻砂、冒气。这些现象反映了岩溶地下水动力条件自然发生急剧改变，从而为塌陷作用的发展提供了动力。这些变化的产生或者与附近地表水体（河、湖、坑矿）突然发生集中渗漏有关，或者与地下通道因土洞扩展坍塌造成的堵塞或冲决有关。无论如何它们都将促进土洞的快速扩展，预示着存在塌陷的险情，作为塌陷的前兆有着重要的意义。

（2）地面变形。如地面出现环状裂缝并不断扩展，产生局部的地鼓或下沉现象。它们一般是土洞扩展达到一定规模后其顶板已接近极限平衡状态的现象，这时地面已处于临近塌陷的危险状态。

8. 岩溶地面塌陷的简易监测

（1）监测的目的。通过简易监测，一方面是要抓住岩溶地面塌陷的前兆现象；另一方面是取得这些前兆现象变化过程的资料，以便于分析判断其发展趋势，为及时采取应急措施提供依据。

（2）监测点的选择。一般是选择有异常变化现象的点如井、泉水位，地面和建筑物的裂缝等进行监测，对于地面和建筑物的变化，应在变形的不同部位布点；形成监测点网，以全面掌握其变形的系统情况。

（3）监测方法和工具。监测方法和工具可根据具体条件确定，可因陋就简，以能取得观测数据资料为原则。如井、泉水位观测，可在其旁设标尺（最小刻度为 1mm）；地面裂缝观测可在不同部位（如裂缝两头、中部等）于裂缝两侧钉上小木桩，其上划出十字作为观测基点，同样用最小刻度为1mm的钢卷尺或木尺量测桩间距离的变化；对墙上的裂缝可在墙上直接划线量测。

(4) 监测时间。从发现异常的时候起开始定时观测，时间间隔每日一次，如异常变化剧烈时应增加观测次数，每日可增至两三次。

(5) 监测记录。对观测结果应列表记录，力求系统、完整。观测中如遇降雨，应记录降雨的起止时间并估计其降雨强度（小雨、中雨、大雨、暴雨）。位于地表水体附近的监测点应同时观测并记录地表水位的变化。随观测进程可绘制观测曲线，以时间为横坐标，以观测数据为纵坐标，绘出水位变化、裂缝变化等曲线，为分析判断提供基础。

(6) 险情警报。当有异常出现，判定其确为险情时，应及时向险情警报系统上报。在未建立险情警报系统的地方，地方政府可根据本地的具体条件建立相应的组织，以利防灾抗灾工作的顺利开展。在观测过程中如发现异常骤然加剧，判定险情已到紧急时刻，应立即上报并果断采取应急措施。

9. 岩溶地面塌陷灾害的防治措施

1) 控水措施

要避免或减少地面塌陷的产生，根本的办法是减少岩溶充填物和第四系松散土层地下水侵蚀、搬运。

(1) 地表水防水措施。在潜在的塌陷区周围修建排水沟，防止地表水进入塌陷区，减少向地下的渗入量。在地势低洼、洪水严重的地区围堤筑坝，防止洪水灌入岩溶孔洞。

对塌陷区内严重淤塞的河道进行清理疏通，加速泄流，减少对岩溶水的渗漏补给。对严重漏水的河溪、库塘进行铺底防漏或者人工改道，以减少地表水的渗入。对严重漏水的塌陷洞隙采用黏土或水泥灌注填实，采用混凝土、石灰土、水泥土、氯丁橡胶、玻璃纤维涂料等封闭地面，增强地表土层抗蚀强度，均可有效防止地表水冲刷入渗。

(2) 地下水控水措施。根据水资源条件规划地下水开采层位、开采强度和开采时间，合理开采地下水。在浅部岩溶发育并有洞口或裂隙与覆盖层相连通的地区开采地下水时，应主要开采深层地下水，将浅层水封住，这样可以避免地面塌陷的产生。在矿山疏干排水时，于预测可能出现塌陷的地段，对地下岩溶通道进行局部注浆或帐幕灌浆处理，减小矿井外围地段地下水位下降幅度，这样既可避免塌陷的产生，也可减小矿坑涌水量。

开采地下水时，要加强动态观测工作，以此用来指导合理开采地下水，避免产生岩溶地面塌陷。必要时进行人工回灌，控制地下水水位的频繁升降，保持岩溶水的承压状态。在地下水主要径流带修建堵水帷幕，减少区域地下水补给。在矿区修建井下防水闸门，建立有效的排水系统，对水量较大的突水点进行注浆封闭，控制矿井突水、溃泥。

2) 工程加固措施

(1) 清除填堵法。常用于相对较浅的塌坑或埋藏浅的土洞。首先清除其中的松土，填入块石、碎石形成反滤层，其上覆盖以黏土并夯实。对于重要建筑物，一般需要将坑底与基岩面的通道堵塞，可先开挖然后回填混凝土或设置钢筋混凝土板，也可灌浆处理。

(2) 跨越法。用于比较深、大的塌陷坑或土洞。对于大的塌陷坑，当开挖回填有困难时，一般采用梁板跨越，将两端支撑在坚固岩土体上的方法。对建筑物地基而言，可采用梁式基础、拱形结构，或以刚性大的平板基础跨越、遮盖溶洞，避免塌陷危害。对道路路基而言，可选择塌陷坑直径较小的部位，采用整体网格垫层的措施进行整治。若覆盖层塌陷的周围基岩稳定性良好，也可采用桩基栈桥方式使道路通过。

(3) 强夯法。在土体厚度较小、地势平坦的情况下，采用强夯砸实覆盖层的方法消除土洞，提高土层的强度。通常利用10～12t的夯锤对土体进行强力夯实，可压密塌陷后松软的上层或洞内的回填土，提高土体强度，同时消除隐伏土洞和松软带，是一种预防与治理相结合的措施。

(4) 钻孔充气法。随着地下水位的下降，溶洞空腔小的水气压力产生变化，经常出现气爆或冲爆塌陷，因此，在查明地下岩溶通道的情况下，将钻孔深入到基岩面下溶洞的适当深度，设置各种岩溶管道的通气调压装置，破坏真空腔的岩溶封闭条件，平衡其水、气压力，减少发生冲爆塌陷的机会。

(5) 灌注填充法。在溶洞埋藏较深时，通过钻孔灌注水泥砂浆填充岩溶孔洞或缝隙，从而隔断地下水流通道，达到加固建筑物地基的目的。灌注材料主要是水泥、碎料（砂、矿渣等）和速凝剂（水玻璃、氧化钙）等。

(6) 深基础法。对于一些深度较大，跨越结构无能为力的土洞、塌陷，通常采用桩基工程，将荷载传递到基岩上。

(7) 旋喷加固法。在浅部用旋喷桩形成“硬壳层”，在其上再设置筏板基础。“硬壳层”厚度根据具体地质条件和建筑物的设计而定，一般10～20m即可。

3) 非工程性的防治措施

(1) 开展岩溶地面塌陷风险评价。当前岩溶地面塌陷评价只局限于根据其主要影响因素和由模型试验获得的临界条件进行潜在塌陷危险性分区，这对岩溶地面塌陷防治决策而言是远远不够的。因此，在岩溶地面塌陷评价中，需开展环境地质学、土木工程学、地理学、城市规划与社会经济学等多领域、多学科协作，对潜在塌陷的危险性、生态系统的敏感性、经济与社会结构的脆弱性进行综合分析，才能达到对岩溶地面塌陷进行风险评价的目的。

(2) 开展岩溶地面塌陷试验研究。开展室内模拟试验，确定在不同条件下岩溶地面塌陷发育的机理、主要影响因素以及塌陷发育的临界条件，进一步揭示岩溶地面塌陷发育的内在规律，为岩溶地面塌陷防治提供理论依据。

(3) 增强防灾意识，建立防灾体系。广泛宣传岩溶地面塌陷灾害给人民生命财产带来的危害和损失，加强岩溶地面塌陷成因和发展趋势的科普宣传。在国土规划、城市建设和资源开发之前，要充分论证工程环境效应，预防人为地质灾害的发生。

建立防治岩溶地面塌陷灾害的信息系统和决策系统。在此基础上，按轻重缓急对岩溶地面塌陷灾害开展分级、分期的整治计划。同时，充分运用现代科学技术手段，积极推广岩溶地面塌陷灾害综合勘查、评价、预测预报和防治的新技术与新方法，逐步建立岩溶地面塌陷灾害的评估体系及监测预报网络。

三、采矿塌陷

1. 采矿塌陷的定义

采矿塌陷又称采空塌陷灾害、矿区塌陷灾害。采矿塌陷是由于人类采矿使地下大面积被采空后，顶部岩层失去支撑，在自重作用下发生弯曲、张裂、冒落，并在地表形成塌陷坑或塌陷洼地而造成的灾害。

采矿活动中各种人为地质作用，改变了地壳表面的形态和结构，破坏了地质结构在地质作用下的平衡关系，从而引发一系列灾害。

2. 采矿塌陷的危害

采矿塌陷的基本特点是分布广、规模大、危害重。在各类矿区中，以煤矿最为突出。中国多采用长壁工作面开采倾角小于45°的煤层，当采区的长度和宽度均超过采深一倍时，普遍发生地面塌陷或下沉。塌陷坑或塌陷洼地多呈椭圆形，塌陷中心与采空区基本对应，边缘常有密集的张裂隙。例如唐山开平煤田分布面积达670km^2，开采深度为800m左右，最大采深近千米，形成地下采空区60多km^2。所属的十几个矿区普遍发生塌陷，塌陷坑深度从几十厘米到十几米不等，房屋、道路、管线等设施受到严重破坏。1949年以来，共有170个村庄和企事业单位搬迁，耗用搬迁费8亿元，大片农田被毁或严重减产，赔偿费达数亿元。

采矿塌陷严重破坏各种建筑设施和土地资源，是影响矿产开采和矿区环境的重要灾害。采矿塌陷主要危害方式如下。

(1) 破坏土地资源。采煤塌陷使大量土地资源被破坏，改变土体结构和土壤成分，导致土地贫瘠、良田废弃。据统计，我国每采万吨煤造成的塌陷面积为2 000～3 000m^2。

(2) 破坏水资源。采矿塌陷会破坏水系和地下水的自然循环，使地下水结构、水位和水质都发生变化，导致井泉干枯、水库污染，使地下水疏干，造成饮用水源减少，使原本就水资源贫乏的矿城雪上加霜。据统计，我国平均开采吨煤排放的地下水量为2～2.5t。

(3) 破坏地形地貌。采矿塌陷改变原有的地形地貌，突出地表现在以下几个方面：一是造成地表塌陷坑、地裂缝，破坏原有的地形地貌；二是对地表植被造成严重的破坏，导致水土流失；三是名胜古迹受到损坏，城市不能正常地规划和建设，直接影响景观建设和旅游业的发展。

(4) 破坏生态环境。采矿塌陷会导致生态系统中的生物失去生存条件，造成植物不生长，生态平衡受到破坏。生态系统一旦破坏，恢复治理非常困难，投资巨大，历时又长。

采矿塌陷导致水土流失加剧，土壤肥力降低，严重破坏农业生态环境，使农作物减产、绝产，影响农业发展，不但使农民无地可种，危及粮食安全，而且会引发许多社会问题。

(5) 破坏城市基础设施。采煤塌陷会使城市给水、排水、道路、桥梁、通讯、电力、堤防等城市基础设施破坏严重，给塌陷区群众的生活带来不良的影响，造成吃水难、行路难、排水难、住房难、就医难、上学难、购物难、就业难、如厕难、呼吸新鲜空气难这“十难”问题，严重影响煤城（矿区）人民正常的生产、生活。

(6) 制约城市经济发展。采煤塌陷会导致采空区建筑物毁坏严重，土地废弃，城市基础设施损毁，造成工厂停工，商店关业，楼房开裂，民房倒塌，塌陷区内满目疮痍，造成许多社会问题。政府每年要投入大量资金用在设施修复方面，据不完全统计，20世纪80年代至今因采矿塌陷造成的经济损失累计已超过500亿元。

3. 采矿塌陷的防治

(1) 矸石返巷注入防塌法。采煤时在井下对矸石进行利用，将矸石运到采空区的上巷，借助上下巷的坡度，使矸石自然下滑，堆放采空区，以减少地面塌陷的程度（图2-22）。

(2) 点式支护防塌法。对采矿区域的地面有重要构筑物的部分，进行井上下对照，计算好下沉的面积，将预制好的材料运至井下采空区，做好安全防护，按特殊抗塌陷设计进行施

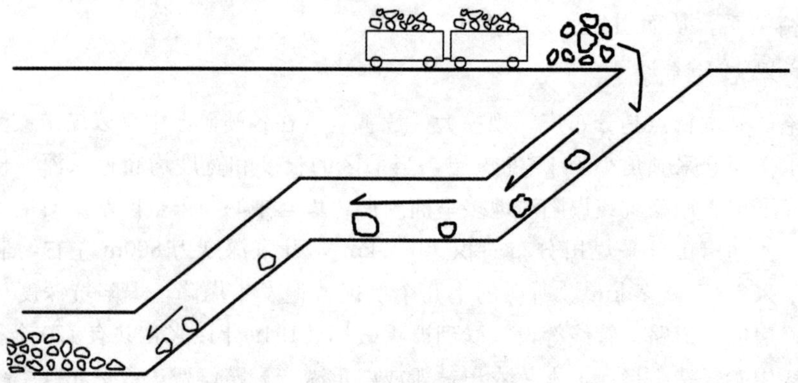

图 2-22　矸石返巷注入防塌法

工，并安装好监测装置（图 2-23）。

（3）介入充填防塌法。在地面通过钻孔或管道将粉状或液体物质输送到井下，再进行充填，以达到填实防塌的目的（图 2-24）。

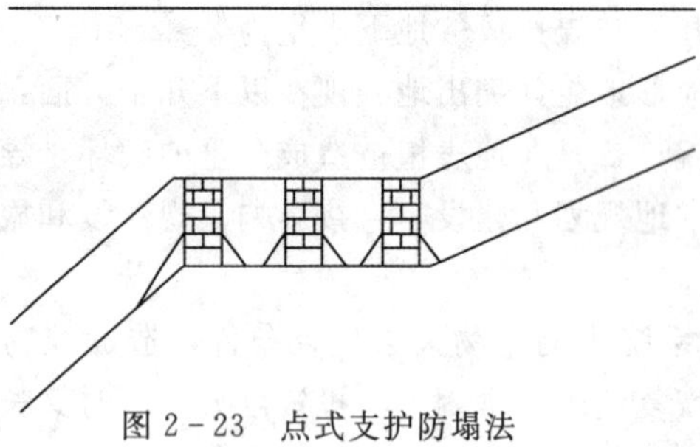

图 2-23　点式支护防塌法

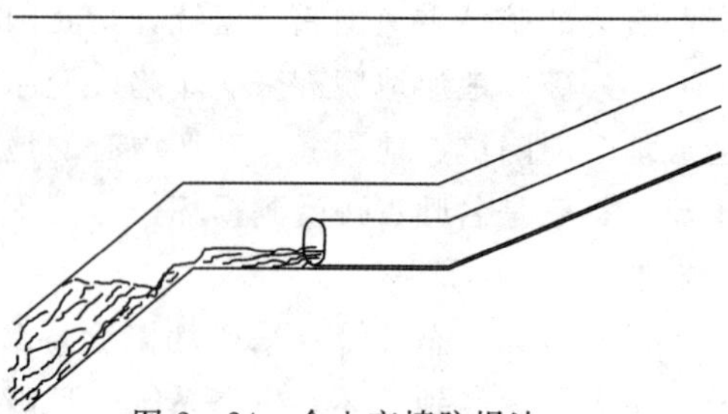

图 2-24　介入充填防塌法

（4）扩张支撑防塌法。对地面已出现的塌陷坑随时都可能发生滑塌的部分，利用扩张支撑的设备与器械进行处理，达到防倒滑塌的目的，进而保证救援和救灾工作的开展。

（5）介质膨胀应力防塌法。用易膨胀材料若干制成球状的特殊抗压易膨胀充气袋进行充气使之膨胀，在膨胀应力作用下防止急剧塌陷的构筑物倾斜倒塌，解决人与机械很难靠近地区的抢险救援难题。

第三章　中国地质灾害防治工作

我国是世界上地质灾害最严重、受威胁人口最多的国家之一，滑坡、崩塌、泥石流、地面塌陷、地面沉降和地裂缝灾害在我国广泛分布，危害十分严重，已经成为阻碍我国社会经济可持续发展和影响社会安定的重要因素之一。

据统计，2001—2009 年，滑坡、崩塌、泥石流、地面塌陷等突发性灾害共造成 6 795 人死亡和失踪、65 356 人受伤、324 亿元财产损失，平均每年 755 人死亡和失踪、35.9 亿元财产损失。

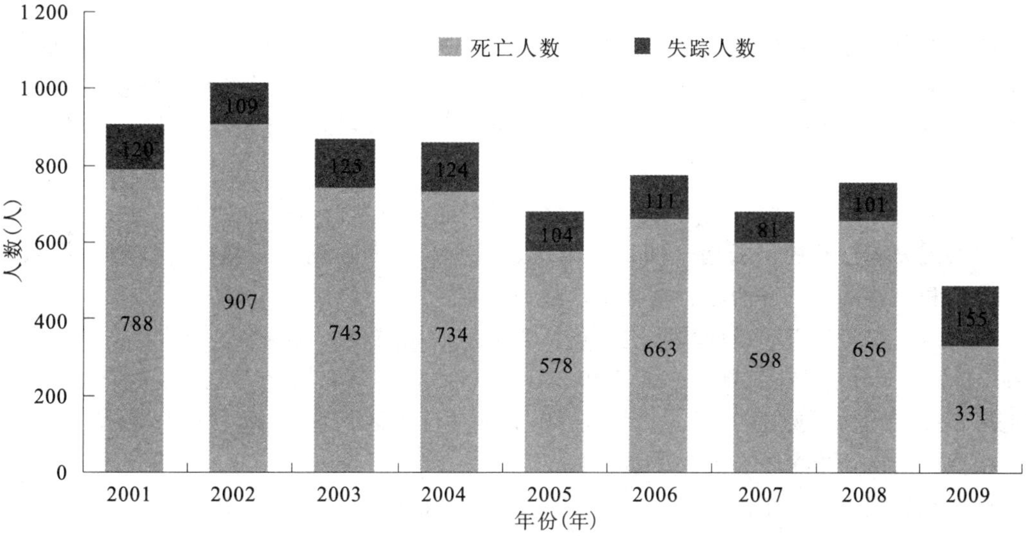

图 3－1　我国历年突发性地质灾害造成人员损失情况

在未来很长一段时间内，我国防灾工作面临严峻形势，主要表现在三个方面。

一是我国地质构造复杂、地形地貌起伏变化大，山地丘陵占国土面积的 65%，具有极易发生滑坡、崩塌、泥石流等地质灾害的物质条件；另外，据气象、地震部门预测，在 21 世纪前期，气候变化和地震均趋于活跃期，台风等极端气候事件增多，地震活动频繁，强降雨过程和地震引发的滑坡、崩塌、泥石流、地面塌陷、地裂缝将加剧。在这种自然条件下，地质灾害必将呈长期高发态势。

二是人为工程活动引发的地质灾害呈不断上升趋势。中、西部地区地质环境脆弱，“十一五”期间大规模的基础设施建设可能引发大量的滑坡、崩塌、泥石流灾害；东部地区随着城市化进程的加快，现代都市圈逐渐形成，水资源供需矛盾加剧，长期过量开采地下水，将导致大面积的地面沉降灾害。全国各地采矿积淀的环境问题，形成了许多地质灾害隐患，采矿活动引发的地面塌陷、地裂缝灾害在矿区和矿业城市普遍存在。

三是我国崩塌、滑坡、泥石流、地面塌陷、地面沉降、地裂缝等地质灾害隐患多、分布广，且隐蔽性、突发性和破坏性强，防范难度大，地质灾害隐患点威胁着人民群众的生命财产安全，影响着重大基础设施的安全运营。

总之，在未来很长一段时间内我国自然形成的地质灾害处于高发期，人为引发的地质灾害日趋严重，广大农村、城镇和重大工程仍将遭受地质灾害的严重威胁，地质灾害防治任务十分繁重。

党的十六大召开以来，国土资源战线的地质灾害防治尖兵们，始终奋战在一线，面对严峻的地灾防治形势，从不畏惧，永不言弃，挽救了无数生命。而今，地质灾害防治上升为维护社会公共安全、保障经济协调持续发展的国家全局性工作，主动防灾减灾的社会氛围逐渐形成。

第一节　中国地质灾害的分布发育

我国地质和地理环境复杂，气候条件时空差异大，地质灾害种类多、分布广、危害大，是世界上地质灾害最严重的国家之一。1995—2005 年，平均每年因突发性地质灾害死亡和失踪的人数达 1 108 人、直接经济损失 59 亿元，直接经济损失最高年份为 1998 年，达到 150 亿元。

(1) 滑坡、崩塌、泥石流灾害。全国除上海外各省（自治区、直辖市）均存在滑坡、崩塌、泥石流灾害，其中，云南、四川、重庆、贵州、陕西、湖南、湖北、江西、广东、广西、山西和福建等省（自治区、直辖市）最为严重。

(2) 地面塌陷灾害。地面塌陷主要包括岩溶地面塌陷和采空塌陷。岩溶地面塌陷灾害分布在 24 个省（自治区、直辖市）的 300 多个县（市），塌陷坑总数达 4.5 万多个，中南、西南地区最多，约占总数的 70%。全国有 20 个省（自治区、直辖市）发现采空塌陷，黑龙江、山西、安徽、山东等省最为严重。

(3) 地裂缝灾害。全国有 24 个省（自治区、直辖市）发现地裂缝 1 200 多处，地裂缝在河北、陕西、山西、江苏等省最为发育。

(4) 地面沉降灾害。主要发生在我国中东部的平原和盆地内，上海、天津、西安、太原等 50 多个城市存在地面沉降。

《全国地质灾害防治“十二五”规划》(以下简称《规划》)对全国崩塌、滑坡、泥石流、地面沉降和地裂缝地质灾害区进行了高、中、低易发区的划分。其中，滑坡、崩塌、泥石流和地面塌陷地质灾害高、中易发区，主要分布在川东渝南鄂西湘西山地、青藏高原东缘、云贵高原、秦巴山地、黄土高原、汾渭盆地周缘、东南丘陵山地、天山、燕山等地区。高易发区面积达 112.7 万 km^2，中易发区面积达 377 万 km^2。地面沉降和地裂缝地质灾害高易发区、中易发区，主要分布在长江三角洲、华北平原、汾渭盆地和珠江三角洲。高易发区面积达 16.1 万 km^2，中易发区面积达 28.4 万 km^2。《规划》在全国划分出 22 个崩塌滑坡易发区、17 个泥石流易发区、12 个地面沉降和地裂缝易发区。

同时，《规划》还在全国划分出 18 个地质灾害重点防治区，总面积达 128.8 万 km^2，包括长江三峡库区、汶川、玉树、川南滇北、鄂西湘西、湘中南、云贵高原、滇西横断山、桂北桂西、浙闽赣丘陵山地、陕北晋西、黄土高原西南、陇南陕南秦巴山地、新疆伊犁、珠江三角洲、长江三角洲、华北平原、汾渭盆地等地区的各种地质灾害重点防治区。

一、地质灾害易发区

依据地形地貌、岩土体类型及性质、地质构造以及地下水特征与开采状况等地质灾害形成的地质环境条件和人为活动因素，把全国分成崩塌滑坡高易发区、中易发区、低易发区；泥石流高易发区、中易发区、低易发区；地面塌陷高易发区、中易发区、低易发区；地面沉降和地裂缝高易发区、中易发区、低易发区。

二、地质灾害重点防治区

依据全国地质灾害易发区分布，考虑社会经济重要性因素，把规划期内地质灾害易发、人口密集、经济相对发达、有重要基础设施或涉及国家安全的地区，以及国民经济发展的重要规划区，作为地质灾害重点防治区，共有16个。

1. 长江三峡库区滑坡重点防治区

该区位于我国中南部的长江三峡地区，区内以中山地貌为主，坡陡谷深，年平均降雨量为1 200～1 800mm，地质灾害呈点多、面广、危害大的特点。此外，受多种人为不合理工程活动的影响，地质灾害又具有带状和相对集中于城镇等人口密集区的分布特点。长江三峡库区是滑坡高易发区。

该区具有一定规模、影响库岸稳定和城镇安全的地质灾害点有2 100余处，重庆市的丰都、万州、云阳、奉节、巫山和湖北省的巴东、秭归等县（市）以及区内的210国道、212国道、319国道、318国道等主要交通干线的安全受到地质灾害的威胁。

该区地质灾害防治工作按国务院批准的《三峡库区地质灾害防治总体规划》部署。

2. 川滇南北构造带泥石流滑坡崩塌重点防治区

该区位于四川省西南部和云南省北部，是全国大型水利水电工程集中开发区，范围包括大渡河中下游，岷江流域、安宁河流域，雅砻江下游及黑水河上游，东川和小江流域。该区地质构造复杂，地势十分陡峭，松散碎屑物质极其丰富，生态环境十分脆弱，降雨量大，具备泥石流活动最为有利的地形和物质条件，泥石流、滑坡活动均较强烈，是泥石流、滑坡、崩塌高易发区。

区内防治重点是重要水利水电工程区、城镇、交通干线两侧的泥石流、滑坡、崩塌灾害。

3. 鄂西湘西中低山滑坡崩塌重点防治区

该区位于我国湖北省和湖南省的西部。该区地貌形态多样，以中低山为主，地质条件复杂，降雨丰沛，是滑坡、崩塌高易发区。

该区防治重点是交通干线两侧、重要基础设施区和人口集中居住区的滑坡、崩塌灾害。

4. 湘中南岩溶丘陵盆地地面塌陷滑坡重点防治区

该区位于湖南省张家界、新化、冷水江、涟源、娄底、湘潭、常宁、郴州、临武等县（市），是全国重要的旅游区和矿业基地。该区地处云贵高原向江南丘陵过渡地带，降水量时空分布不均，变化梯度大，是地面塌陷和滑坡高、中易发区。

该区防治重点是旅游区和矿业城市的地面塌陷、滑坡、崩塌灾害。

5. 云贵高原滑坡崩塌地面塌陷重点防治区

该区位于我国四川省东部，重庆市东北和东南地区、云南省东部、贵州省东北部。

该区地貌主要为高原山地、丘陵和盆地三种基本类型，在高原山地和丘陵地带，山高、谷深、坡陡，易产生滑坡、崩塌；在盆地区，由于碳酸盐岩广布，岩溶的强烈发育，易引发地面塌陷和地裂缝等地质灾害。该区是滑坡、崩塌和地面塌陷高易发区。

该区防治重点是城市和矿山地区的地面塌陷、滑坡、崩塌灾害。

6. 滇西横断山高山峡谷泥石流滑坡重点防治区

该区位于云南省西部。该区地貌以高山、中山为主，怒江、澜沧江、金沙江等奔腾于群山之中，地形切割强烈，活动断裂密集，降雨充沛，是泥石流、滑坡高易发区。泥石流、滑坡主要分布于怒江、澜沧江、金沙江河谷及其支流沿岸，威胁两岸基础设施、居民点的安全。

该区防治重点是重要水利水电工程区、居民点、交通干线两侧的泥石流、滑坡灾害。

7. 桂北桂西岩溶山地丘陵崩塌地面塌陷重点防治区

该区位于广西壮族自治区，范围包括桂林市、百色市、河池市等地区。该区主要是峰林平原、丘陵盆地，地形切割较强，降水量丰富，是崩塌和地面塌陷高易发区。

该区防治重点是能源基地和大型水利水电工程区的崩塌、滑坡、地面沉降灾害。

8. 浙闽赣丘陵山地群发性滑坡重点防治区

该区位于华东地区，包括浙江、福建和江西省丘陵地区。该区以构造侵蚀中低山为主，山高坡陡，地形地貌复杂，受台风影响明显，多年平均降水量在1 800～2 200mm之间，是滑坡高、中易发区。

该区防治重点是浙闽赣丘陵地区的群发性滑坡、崩塌灾害。

9. 陕北晋西黄土滑坡崩塌重点防治区

该区位于陕西省和山西省北部，是国家重要能源基地。该区在地貌上为黄土丘陵区，属黄土高原的一部分。黄土盖层厚，沟谷切割深，是滑坡、崩塌高易发区。

该区防治重点是居民区和矿区的黄土滑坡、崩塌灾害。

10. 黄土高原西南滑坡泥石流重点防治区

该区位于我国中、西部，范围主要包括陕西省宝鸡、咸阳、西安、铜川和甘肃省的兰州、天水等地区。

该区为黄土高原西南缘，以垄、岗、梁、峁地貌类型为主，新构造运动活跃，黄土节理发育，是黄土滑坡、泥石流高易发区。

该区防治重点是重要城市、交通干线两侧和居民居住区的黄土滑坡、崩塌、泥石流灾害以及西安等城市的地面沉降和地裂缝灾害。

11. 陇南陕南秦巴山地泥石流滑坡重点防治区

该区位于我国中西部，范围包括陕西省南部和甘肃省南部。该区山高谷深，地形起伏大，山体岩石破碎，斜坡稳定性差，是泥石流、滑坡高易发区。

该区防治重点是交通干线两侧、城镇和农村地区的泥石流及滑坡。

12. 新疆伊犁滑坡泥石流重点防治区

该区位于新疆维吾尔自治区西部，包括伊宁市和伊宁、霍城、特克斯、巩留、尼勒克等县，以及察布查尔锡伯族自治县。该区70%以上为山地，地势起伏不平，是滑坡、泥石流中易发区。

该区防治重点是公路和转场牧道两侧以及农牧民居住区的滑坡、泥石流灾害。

13. 珠江三角洲地面沉降地面塌陷重点防治区

该区位于广东省，范围包括珠江三角洲的广州、深圳、江门、惠州等市区和四会、高要等县（市）。该区地势低洼，地表是淤泥类软土和砂性土，深部普遍分布承压含水层，是地面沉降、地面塌陷高、中易发区。

该区防治重点是河口三角洲地面沉降和深圳等地的地面塌陷灾害。

14. 长江三角洲地面沉降重点防治区

该区位于长江三角洲，范围包括上海、苏锡常（苏州、无锡、常州）、杭嘉湖（杭州、嘉兴、湖州）等地区。该区地表主要为细、粉砂及淤泥质黏土、砂质黏土等，承压含水层分布广泛，是地面沉降高易发区。目前，苏锡常、杭嘉湖及上海市累积沉降超过200mm的面积近1万km^2，并在区域上有连成一片的趋势。严重威胁该区国家重大基础工程设施和城市生命线工程安全。

该区防治重点是上海、苏锡常、杭嘉湖地区的地面沉降和地裂缝灾害。

15. 华北平原地面沉降重点防治区

该区位于我国华北地区，范围包括北京市、天津市、河北省沧州市及山东省德州市等城市和农业区。该区地势平坦，发育巨厚的黏性土和砂性土，是地面沉降高易发区。

该区防治重点是北京、天津和沧州等地区的地面沉降与地裂缝灾害。

16. 东北中俄界河河岸崩塌重点防治区

该区位于我国东北部边界，范围包括中俄界河—黑龙江、乌苏里江界河段，我国一侧总长2 379km。该区有98处总长454km的江段河岸崩塌灾害严重。

该区防治重点是黑龙江、乌苏里江河岸崩塌灾害。

第二节　我国地质灾害防治工作的成绩与问题

地质灾害防治关系到人民群众生命财产安全，关系到经济社会全面协调可持续发展。经过各方面多年的共同努力，全国地质灾害防治工作全面推进，在减少人员伤亡和经济财产损失方面取得了显著成绩。自1998年以来，全国共成功避让地质灾害6 300多起，成功避免了33万人的伤亡，减少经济财产损失60多亿元，防灾减灾效果明显。

1. 我国地质灾害防治工作进入了规范化、法制化的轨道，防治工作法规规章制度体系初步建立

2004年是《地质灾害防治条例》颁布施行的第一年，作为我国第一部关于地质灾害防治的行政法规，《地质灾害防治条例》的出台和实施标志着我国地质灾害防治工作从无法可依向有法可依转变。其“预防为主、避让与治理相结合，全面规划、突出重点”“谁引发，谁治理”“统一管理、分工协作”的原则，地质灾害调查、预报、危险性评估等制度，以及国家建立地质灾害监测网络和预警信息系统等措施，至今仍发挥着重要作用。目前，全国已有29个省（自治区、直辖市）颁布了与地质灾害防治有关的地方性法规或规章。

2011年《国务院关于加强地质灾害防治工作的决定》（以下简称《决定》）颁布，《决定》

明确了今后一段时期地质灾害防治工作的指导思想、原则、主要任务和保障措施，使地质灾害防治成为维护社会公共安全、保障经济协调持续发展的一项全局性工作。《决定》将“以人为本”的理念贯穿于地质灾害防治工作的各个环节，以保护人民群众生命财产安全为根本，通过顶层设计，以建立健全地质灾害调查评价体系、监测预警体系、综合治理体系、应急救援体系为核心，提出了全面开展隐患调查和动态巡查、加强监测预报预警、有效规避灾害风险、综合采取防治措施、加强应急救援工作、健全保障机制六大措施；同时提出坚持属地管理、分级负责，预防为主、防治结合，专群结合、群测群防，谁引发、谁治理，统筹规划、综合治理五项原则。《决定》实现了理念、体制、机制、手段措施的全方位创新，着力协调责任、整合资源、统筹兼顾，构建全社会共同参与的地质灾害防治工作格局，有效规避灾害风险。

《地质灾害防治条例》以及相关地方性法规或规章、《国家突发地质灾害应急预案》陆续颁布和出台，各省（自治区、直辖市）和大部分易发区的县（市）均发布实施了应急预案和防治规划，资质管理、信息报送和应急响应等均有章可循。国土资源部和各省（自治区、直辖市）全面开展了地质灾害防治规划的编制工作，以国家、省（自治区、直辖市）、县（市）三级地质灾害防治规划为框架的地质灾害防治规划体系初步形成，促进了地质灾害防治工作从无序到有序的转变。

2. 基本摸清了全国地质灾害多发区的地质灾害发育分布规律

从1999年开始，国土资源部门在全国地质灾害多发区的县（市）开展了地质灾害调查与区划，迄今完成了2 020个县（市）的地质灾害调查与区划工作，使防治工作做到了“心中有数”。

三峡移民工程、地震灾区恢复重建，以及青藏铁路、西气东输等国家重点工程的地质灾害评估取得了较大的实效。

3. 我国地灾防治体系建设、基础建设等方面取得了一系列重要进展

建立起1个国家级地质环境监测院、32个省级监测总站、233个市级监测分站和166个县级监测站与一只30多万人的群测群防监测员队伍；已建成866个“十有县”，“万村培训行动”和“县、乡、村干部国土资源法律知识宣传教育”培训了300多万人，基层“五到位”宣传活动培训了10万人；完成汶川、玉树地震次生灾害排查等多次重大地质灾害的应急抢险工作；中央和地方财政都大幅增加了地质灾害防治资金投入。

4. 大幅度提高了全社会防灾减灾意识

近年来，国土资源部把大量精力投向提高全社会防灾减灾意识工作上来。从几年前的万村培训，到“十有县”“五条线”“五到位”的建设，地质灾害防治的理念逐渐深入人心。目前，全国“十有县”总数达到1 337个，覆盖了95%以上的地质灾害高易发区、中易发区。特别是群测群防监测员队伍的建立、发展和壮大，让地质灾害防治彻底实现了从单纯的专业性、技术性工作到社会性工作的转变。而发放通俗易懂的地质灾害防治挂图、地质灾害防治明白卡等，已经成为地质灾害防治工作的优良传统。

近年来，国土资源部提出对威胁学校、医院、村庄、集市等人员密集场所的重大隐患点，要于每年汛期前至少组织一次应急避险演练。2011年，全国有上百万人参与了2 000多次地灾防治应急演练。

通过这些工作，地质灾害防治的理念和知识真正进入了寻常百姓家。

5. 积极采用高科技手段开展防灾减灾

国土资源部着力加强地质灾害防治学科研究，为地质灾害防灾减灾发挥了重要的科技支撑作用。地质灾害监测预警试验基地建设、地震扰动重大滑坡泥石流等地质灾害防范与生态修复、重大地质灾害监测预警及应急救灾关键技术研究、汶川地震带科学钻探等一批科研项目的开展，为防灾减灾发挥了重要的科技支撑作用。在全国推广安装地质灾害监测报警器，目前，全国已安装数十万套裂缝报警器和滑坡预警伸缩仪，监测效率和预警水平比以往明显提高。在地质灾害防范和应急处置中运用无人驾驶小飞机、三维激光扫描仪、探地雷达等高精高尖设备、卫星远程视频会商系统、航空遥感等设备和技术手段，有效地提高了防灾减灾效率。

我国地质灾害防治工作取得了举世公认的成绩，然而，仍有很多问题亟待解决，比如地质灾害防治工作仍然缺乏全面系统的基础调查资料，调查数据得不到及时更新；地质灾害监测体系薄弱，只有103个县（市）进行了监测预报预警系统建设试点，绝大部分地区仍局限于较低水平的群测群防，尚不能做到预警及时、反应迅速、转移快捷、避险有效；地质灾害防治长期以来经费投入严重不足，历史欠账多，许多重大地质灾害隐患点亟待采取工程措施；社会公众防灾减灾知识需要进一步普及提高，地质灾害防治工作管理队伍人员数量、水平远不能满足实际需求；地质灾害防治的信息化程度低。此外，重庆鸡尾山、贵州关岭、甘肃舟曲等重大地质灾害的形成与运动过程复杂，充分暴露了科学技术水平对地质灾害防治工作的支撑明显滞后于社会经济发展的迫切需求，急需加强有关科学研究，全面提升防灾减灾科技水平。

第三节　我国地质灾害防治工作的特色

1. 落实责任，中央与地方、部门与部门形成防灾合力

地方党委政府的重视，是地质灾害防治工作顺利开展的重要推动力。十年来，国土资源部不断强化地质灾害防治领导责任制，明确分管责任，落实工作责任，抓实直接责任。有些省还实行了省级领导包市、市级领导包县、县级领导包乡、乡干部包村、村干部包组、党员骨干包户的“六包”制度。同时，通过在重要隐患点设立警示牌和防灾责任公示牌、在媒体上公开防灾责任人和监测人信息等方式，将灾害信息和防灾责任制向社会公开。目前，国土资源部建设完成的涵盖全国20多万处地质灾害隐患点防灾信息的群测群防信息系统已投入使用。

曾几何时，不能带来直接经济效益的地质灾害防治工作备受冷落。这种情况在2011年《国务院关于加强地质灾害防治工作的决定》(以下简称《决定》)出台后得到改善。《决定》提出，地灾防治的责任主体是地方政府。到2011年，全国已有24个省（自治区、直辖市）明确了地质灾害应急管理机构，27个省（自治区、直辖市）明确和成立了地质灾害应急技术指导机构，223个市及近1 000个县加强了机构建设，山东、陕西、甘肃、北京等省（自治区、直辖市）已将地质灾害防治工作纳入领导干部年度考核内容。2011年省级财政累计投入资金50多亿元，是2010年的2.1倍。同时，各地大力开展防治知识宣传与培训，四川省在汛期培训群众200

多万人，浙江省组织专家深入基层对1万多名群测群防监测员开展了培训。

此外，国土资源部还与相关部门形成防灾合力。从2003年起，国土资源部与气象部门合作，除国家和30个省（自治区、直辖市）开展地质灾害预警预报工作外，253个地（市、州）、1 265个县（市）也在各自区域内开展了地质灾害气象预警预报；与建设、交通、铁道等部门联合发文，做好相关区域的地质灾害防治工作。2010年，国土资源部两次邀请10多个部委联合召开地质灾害防治视频会，并共同开展汛期检查。

2. 地质灾害防治工作“五条线”建设

“行政管理、事业支撑、应急处置、专家咨询、中介服务”是国土资源部在2009年提出的地质灾害防治工作“五条线”建设的具体内容。“五条线”建设不断深化，全方位推动着地质灾害防治工作向前发展。《国务院关于加强地质灾害防治工作的决定》的出台，标志着我国地质灾害防治工作迈入了新的发展时期。贯彻落实《决定》精神，构建地灾防治体系，切实保护人民群众生命财产安全，“五条线”建设至关重要。

2009年以来，短短几年时间，我国许多地方地灾防治健全了体制、机制，加强了机构、队伍，充实了经费，更新了设备——“五条线”建设工作取得了长足进步。

地灾防治的责任主体是各级地方政府，这项原则在《决定》中再次被强调。行政管理机构是否健全，行政管理是否到位，是地灾防治工作能否深入开展的决定性因素。从统计数据看，目前我国省级和地（市）级政府部门都设有专门的地质环境管理部门，并配有相应的工作人员，但在县（市）级仍有部分地区没有建设到位。

开展地灾防治工作，需要专业的机构和队伍，因而，事业支撑是“五条线”建设的又一重要因素。目前，全国共有省级地质环境监测机构32个，建设率达103%，从业人员3 168人；地（市）级地质环境监测机构245个，建设率为73%，从业人员1 719人；县级地质环境监测分站206个，从业人员752人。显而易见，事业支撑同行政管理遭遇了同样的问题——越到基层，建设越不到位。地质灾害多发生在偏远地区，而在这些直接受地灾威胁的地区，却缺乏强有力的专业队伍开展调查评价工作，帮助百姓避险救灾。统计数据显示，目前全国只有10个省（自治区、直辖市）在县一级设立了地质环境监测站。

突发性是地质灾害的显著特点，有效的应急处置在临灾避险和抢险救灾中尤为重要。目前，全国已建成或在建省级地质灾害应急中心16家，多数为环境监测机构加挂地质灾害应急中心的牌子，只有宁夏、江西、河南等省（自治区、直辖市）单独成立了省级地质灾害应急中心。

此外，在专家咨询方面，全国大部分省（自治区、直辖市）建有省级专家库，但县（市）一级的专家库很少。

在中介服务方面，协会作为地质灾害防治工作中重要的中介机构，还只能算是新生事物，目前只有湖北、广东、贵州、陕西、甘肃五省设立，而地质灾害防治相关资质机构并不少，全国共有4 338家。

3. “群专结合”是中国地质灾害防治工作的重要特色

除了30多万名群测群防监测员，全国还有2 500名地质灾害应急专家分布在各省（自治区、直辖市）指导防治工作，3 520家地质灾害防治资质机构共计10多万人承担着地质灾害危险性评估及勘查、设计、施工、监理等工作。2011年累计有4.1万名专业技术人员参与地质灾害排查巡查核查、应急处置宣传培训工作。

4. 组建协会，地灾防治行业走向规范

十年来，我国地质灾害防治工作不断深入，取得了可喜成绩，但成绩背后仍存隐忧。当前，我国地质灾害防治形势仍然非常严峻，地质灾害高发频发的状况将在相当长的一段时期内继续存在，与此同时，防治体系还不健全，局部地区防范意识不强、防范措施不足，全社会共同开展地质灾害防治的局面尚未形成。

痛定思痛，才能对症下药。2012 年 6 月 19 日，中国地质灾害防治工程协会筹备工作发起人会议在北京召开。国土资源部党组成员、副部长、中国地质调查局局长汪民在会上指出，我国地灾防治业还存在一些亟待解决的重大问题，主要包括：行业监管和自律组织建设滞后，缺乏行业认同感、责任感和行业凝聚力；规范市场、拓展市场的交流与合作不够；职业行为不规范，恶性竞争时有发生；从业机构开展工作的独立性不高；工作质量和水平不高；从业人员整体业务素质不高，责任心不强；从业机构缺乏交流合作，人员培训教育欠缺，服务质量管理不严等。

要完善地质灾害防治行业管理制度，全面提高我国地质灾害防治水平，就必须成立地质灾害防治工程行业协会。这既是我国地质灾害防治形势的需求，更是行业发展的要求。就完善地质灾害防治行业管理制度而言，业内人士指出，一要理清职责，转变职能。国土资源主管部门履行地质灾害防治管理职能，协会要协助政府做好有关行业自律性工作。二要完善机制，严格管理。政府和协会要互相监督，形成更加公正、诚信、生动的工作局面。三要深化改革，完善服务，进一步建立统一、竞争、开放、有序的地灾防治市场。

有理由相信，地质灾害防治工程行业协会的成立，将给我国地质灾害防治行业带来一次洗牌，而我国地质灾害防治水平也将因此得到质的提升。

第四节　群测群防——中国特色的防灾减灾道路

特殊的自然条件，使我国成为世界上受地质灾害威胁人口最多的国家之一。在经济技术条件有限的情况下，寻找一条最有效的防灾减灾之路，是一代代地质灾害防治工作者的不懈追求。群测群防成为理性的选择。1999 年至今，我国初步建立了以群测群防为主的地质灾害监测网络体系，35.5 万名群测群防监测员在汛期看守着 20 多万处隐患点，在最困难、最危险的环境中执行着崇高的使命。实践证明，群测群防是我国地质灾害防治工作的一大创举，在预警预报、减少伤亡方面发挥了巨大的作用。1999—2011 年，依靠群测群防，我国成功避让了地质灾害 6 781 起，转移受威胁群众 36.5 万人。2011 年全国成功避让了地质灾害 403 起，避免了 3.5 万人伤亡。

群测群防的成功，说明地灾防治不仅是一项技术性工作，更是一项社会性工作，只有防灾减灾意识深入民心，在全社会形成未雨绸缪、防灾减灾的氛围，地质灾害防治工作才算做到位。但要实现群测群防，让防灾减灾知识走进千家万户，让防灾减灾意识深入民心，任务还很艰巨！

群测群防是我国目前最有效的防灾减灾手段，是中国地质灾害防治的一大特色，而在其中起关键作用的是基层的群测群防员。

2004 年 3 月 1 日，中国国务院颁布的《地质灾害防治条例》开始实施。其中第六条规定："县级以上人民政府应当组织有关部门开展地质灾害防治知识的宣传教育，增加公众的地质灾害防治意识和自救、互救能力。"第十五条规定："地质灾害易发区的县、乡、村应当加强地质灾害的群测群防工作。在地质灾害的重点防范期内，乡镇人民政府、基层群众自治组织应当加强地质灾害险情的巡回检查，发现险情及时处理和报告。"因此，研究、推动与实施地质灾害群测群防是具有法律依据的。

近十几年来，每年我国地质灾害多发群发，灾情异常严重，但以群测群防为主的监测预警体系在地质灾害防治中发挥了重要作用，防灾减灾效益十分显著。2010 年，在中国成功预报与避让的 1 163 起地质灾害中，超过 90%是由群测群防员发现险情、及时报告、果断预警，并及时组织群众转移避让的，这是一个令人惊叹的事实。实践证明，群测群防是地质灾害防治的一项基础工作，是行之有效的防灾手段，做好群测群防工作，加强网络建设，显得尤为重要。

"十二五"期间，我国地质灾害防治工作将迈上新台阶，深入查，全面防，重点治，其中最基础的是群测群防。国土资源部将着力推进建立地质灾害调查评价体系、监测预警体系、综合防治体系和应急救援体系，编制实施地质灾害防治规划，全面提高我国地质灾害防治总体水平。其内容包括广泛发动群众，保证群测群防员必要待遇，进一步完善群测群防体系；全面推进基层国土资源所评估、巡查、预案、宣传、人员的"五到位"，行政管理、事业支撑、应急处置、专家咨询、中介服务"五条线"，有组织、有经费、有规划、有预案、有制度、有宣传、有预报、有监测、有手段、有警示的地质灾害防治"十有县"建设；进一步加大地质灾害科学普及和宣传培训，通过多种形式全面普及预防、辨别、避险、自救等地质灾害防治应急知识，提高群众的临灾自救和互救能力。

一、群测群防简介

地质灾害群测群防工作是地质灾害易发区内广大人民群众和地质灾害防治管理人员直接参与地质灾害点的监测和预防，及时捕捉地质灾害前兆、灾体变形、活动信息，迅速发现险情，及时预警自救，减少人员伤亡和经济损失的一种防灾减灾手段。

群测群防的主要做法是，汛期前根据地质灾害隐患点的变形趋势，确定地质灾害监测点，落实监测点的防灾预案，发放防灾明白卡和避险明白卡。同时，县、乡、村层层签订地质灾害防治责任状，从县、乡政府的管理责任人一直落实到村（组）和具体监测责任人，从而形成了一级抓一级、层层抓落实的管理格局。

通过这种责任制形式，明确了隐患点的具体责任人和监测人，保证各隐患点的变形特征能及时被捕捉，有效地指导了当地政府和受威胁群众防灾避灾工作。

群测群防的主要任务如下。

（1）查明地质灾害发育状况、分布规律及危害程度，确定纳入监测巡查范围的地质灾害隐患点（区），编制监测巡查方案。

（2）明确地质灾害防灾责任，建立防灾责任制。

（3）确定群众监测员，开展监测知识及相关防灾知识培训。

（4）编制年度地质灾害防治方案和隐患点（区）防灾预案，发放地质灾害防灾工作明白卡和避险明白卡，建立各项防灾制度。

（5）通过实时监测和宏观巡查，掌握地质灾害隐患点（区）的变形情况，在出现灾害前兆时，进行临灾预报和预警。

（6）建立辖区内地质灾害隐患点排查档案、隐患点监测原始资料档案及隐患区宏观巡查档案，并及时更新。

（7）组织实施县级突发地质灾害应急预案。

二、地质灾害群测群防体系构成与职责

地质灾害群测群防体系由县、乡、村三级监测网络和监测点构成。以单个地质灾害隐患点为监测预警基本单元，按照县、乡、村三个层次，对地质灾害群测群防实施分层管理、上下互动（图 3－2）。

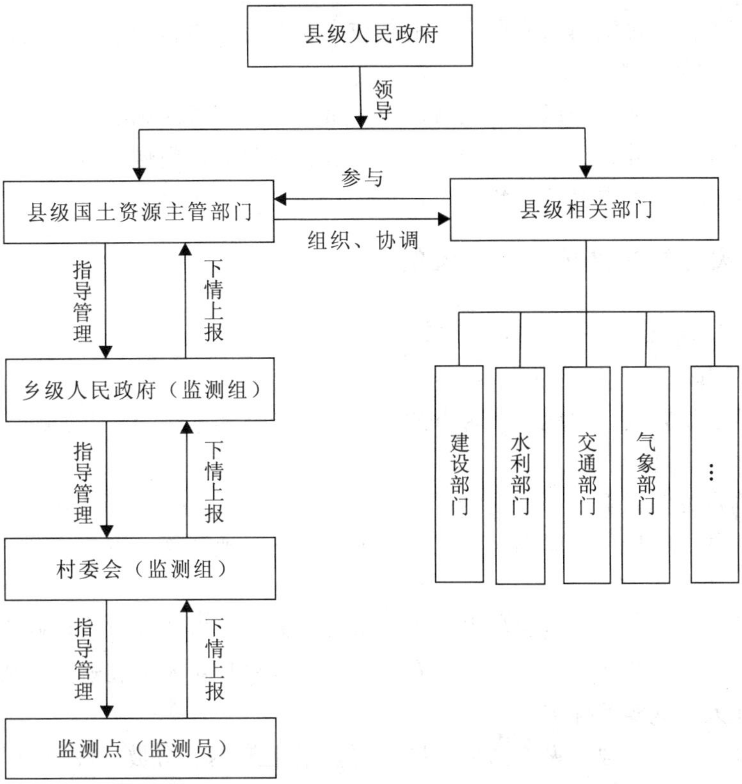

图 3－2　地质灾害群测群防体系架构图

1. 县级

县级人民政府成立地质灾害防治领导小组，分管县长任总指挥长，国土资源局局长任常务副指挥长，国土资源局指派业务干部任办公室主任负责日常工作。领导小组成员应当包括建设、水利、交通、气象等相关部门有关负责人。

县级人民政府负责本辖区内群测群防体系的统一领导，组织开展防灾演习、应急处置和抢险救灾等工作，负责统筹安排辖区内群测群防体系运行经费。县级国土资源主管部门具体负责全县群测群防体系的业务指导和日常管理工作，组织辖区内地质灾害汛前排查、汛中检查、汛后核查，宣传培训，指导乡、村开展日常监测巡查及简易应急处置工作，负责组织专

业人员对下级上报的险情进行核实，负责组织指导辖区内群测群防年度工作总结。

2. 乡级

成立地质灾害监测组，由分管乡长任组长，国土资源管理所所长任常务副组长并负责日常工作。

在县级人民政府及其相关部门的统一组织领导下，乡级人民政府具体承担本辖区内隐患区的宏观巡查，督促村级监测组开展隐患点的日常监测。协助上级主管部门开展汛前排查、汛中检查、汛后核查，应急处置，抢险救灾、宣传培训，防灾演习。做好本辖区内群测群防有关资料汇总、上报工作，完成辖区内群测群防年度工作总结。

3. 村级

位于地质灾害隐患区的村或有隐患点的村成立监测组，由村长任监测责任人，并选定灾害点附近的居民作为监测人。

监测人参与本村地域内隐患区的宏观巡查，负责地质灾害隐患点的日常监测，并做好记录、上报。一旦发现危险情况，及时报告，并配合各级政府部门做好自救、互救工作。配合上级有关部门完成辖区内群测群防年度工作总结。

三、地质灾害群测群防体系建设的主要工作

1. 地质灾害隐患点（区）的确定与撤销

1）地质灾害隐患点（区）的确定

通过专业队伍调查辖区内地质灾害点的分布、稳定性和危害等情况，划定易发区，这是确定隐患点（区）的基础。

隐患点的确定方法如下。

（1）由专业队伍对滑坡、崩塌、泥石流、地面塌陷、地裂缝等主要类型的地质灾害点进行调查的基础上确定。

（2）对群众通过各种方式报灾的点，由技术人员或专家组调查核实后确定。

（3）由日常巡查和其他工作中发现的有潜在变形迹象且对人员和财产构成威胁的地质灾害体，须经专业人员核实后确定。

隐患区的确定重点在地质灾害高易发区内可能发生崩塌、滑坡、泥石流的地段，包括：①居民点房前屋后高陡边坡的坡肩及坡脚地带；②居民点邻近自然坡度大于25°的斜坡及坡脚地带；③居民点上游汇水面积较大的沟谷及沟口地带；④有居民点的江、河、海侵蚀岸坡的坡肩地段，其他受地质灾害潜在威胁的地带。

已经确定的地质灾害隐患点（区）由县级人民政府在当年的地质灾害年度防治方案中纳入地质灾害群测群防体系。当年新发现并确定的点（区），由县级人民政府国土资源部门明确并纳入下年度的年度防治方案。

对确定的地质灾害隐患区，以周期性地面调查、巡视为主。在县级人民政府及其相关部门的统一组织领导下，乡级人民政府具体承担本辖区内隐患区的宏观巡查。

2）地质灾害隐患点（区）的撤销

已经工程治理、搬迁、土地整治的地质灾害群测群防点（区），应当报经原批准机关批准撤销。

2. 地质灾害群测群防责任制的建立

明确县、乡、村群测群防职责，落实责任，协同工作，保证地质灾害群测群防体系正常运行。

1）建立组织体系

县成立领导小组，分管县长任总指挥长，国土资源局局长任常务副指挥长，国土资源局指派业务干部任办公室主任。

乡成立乡级监测组，分管乡长任组长，国土资源管理所所长任常务副组长。

村成立村级监测组，村长任监测责任人，灾害点附近的居民为监测人。

2）明确各级职责

县级人民政府的职责如下。

(1) 统一领导。

(2) 组织开展防灾演习。

(3) 组织应急处置和抢险救灾。

(4) 负责统筹安排体系运行经费。

县级国土资源主管部门的职责如下。

(1) 确定群测群防点。

(2) 制订年度地质灾害防治方案。

(3) 组织"三查"。

(4) 组织培训和宣传。

(5) 组织指导日常监测和巡查。

(6) 组织专业人员核实险情。

(7) 管理地质灾害群测群防信息。

(8) 组织指导年度工作总结。

乡级职责如下。

(1) 编制隐患点（区）防灾预案。

(2) 协助填写"两卡"，建立两卡档案。

(3) 承担隐患区的宏观巡查。

(4) 督促村级监测组开展隐患点的日常监测。

(5) 协助上级工作。

(6) 汇总上报资料。

(7) 完成年度工作总结。

村级职责如下。

(1) 参与隐患区的宏观巡查。

(2) 负责隐患点的日常监测和数据上报。

(3) 上报险情。

(4) 配合自救和互救工作。

3）落实责任机制

(1) 确定责任单位和责任人。县、乡两级人民政府和村（居）民委员会为地质灾害群测群防责任单位，其相关负责人为地质灾害群测群防责任人。

(2) 签订防灾责任状。防灾责任应以责任状的形式明确。县（市）人民政府与乡镇人民政府（街道办事处）签定地质灾害群测群防责任状；乡镇人民政府（街道办事处）与村（居）民委员会签定地质灾害群测群防责任状。此外，地质灾害防灾工作明白卡和地质灾害防灾避险明白卡中应明确相应责任人。

地质灾害群测群防责任制应列入各级行政管理层级的年度考核指标，并在年度县级地质灾害防治方案和突发地质灾害应急预案中加以明确。

4) 建立各项制度

制度是防灾工作落到实处的重要保障，必须制定相应的规章制度如下。

(1) 预案及“两卡”发放制度。防灾预案包括年度地质灾害防治方案和隐患点（区）防灾预案。“两卡”指地质灾害防灾工作明白卡和地质灾害避险明白卡。

年度地质灾害防治方案编制由县级国土资源部门会同水利、交通、建设、气象等相关部门编制，报县人民政府批准并公布实施。

隐患点（区）防灾预案由隐患点（区）所在地乡（镇）国土所会同隐患点所在村编制，要报乡（镇）人民政府批准并公布实施。

由县级人民政府国土资源部门会同乡镇人民政府组织填制地质灾害防灾明白卡和地质灾害避险明白卡。地质灾害防灾明白卡由乡镇人民政府发放防灾责任人，地质灾害避险明白卡由隐患点所在村负责具体发放，并向所有持卡人说明其内容及使用方法，再对持卡人进行登记造册，建立两卡档案。

(2) 监测和“三查”制度。监测制度的主要内容是规定监测方法、监测频次、监测数据记录和报送等。重点开展隐患点日常监测及开展隐患区定期巡查，做到“人员到位，范围到位，时间到位，内容到位，通知到位。”

隐患点（区）监测周期如下。

a. 非汛期简易监测和宏观巡查，一般为 10 天或半个月一次，雨后增加观测一次。

b. 汛期监测，为每 5 天监测一次。

c. 若发现监测点有异常变化和在暴雨期、暴雨后，应根据具体情况加密观测次数。

注意日常监测与当地地质灾害气象预警结合，同时针对降雨天气，尤其持续降雨或暴雨，县级国土资源主管部门应组织专人分组分片，对所辖地质灾害易发区进行险情巡查。

汛期乡级人民政府组织村级干部，依靠并发动群众，对房前屋后斜坡、沟谷等地进行巡回观察，遇有险情及时报告。重点对交通干线、人口聚集区、工矿企业、山区沟谷等进行巡查，观察斜坡、沟谷状况，及时发现地质灾害险情。

隐患区巡查内容如下。

a. 房前屋后高陡边坡是否变形开裂、掉土块。

b. 村庄、民房后山斜坡上的水利设施是否渗漏。

c. 建筑物墙、地面是否开裂、下错或变形加剧。

d. 沟谷河水浑浊度（泥沙含量）、颜色变化。

e. 降雨量是否大于常年同期水平。

f. 民房后山斜坡上泉水浑浊度（泥沙含量）、颜色、水量变化。

“三查”制度的主要内容是规定在辖区内组织汛前排查、汛中检查、汛后核查范围、方法和发现隐患后的处理方法等。

汛前排查由县级国土资源主管部门组织，其主要内容如下。

a. 确定地质灾害隐患点（区），落实责任和制度。

b. 出现危险区域和地段，划定危险区，设置警示标志。

c. 排查地质灾害类型包括山体滑坡、崩塌、泥石流、地面塌陷等。

d. 编制排查报告，报当地人民政府以及相关部门。排查报告内容主要包括地质灾害隐患点（区）位置，危害对象及范围，地质灾害类型，规模及基本特征，地质灾害引发因素及发展趋势，已采取的防治措施及防治工作建议。

汛中检查的主要内容如下。

a. 县、乡两级群测群防组织加强本辖区内的汛中检查。重点检查责任制是否落实，宣传培训是否到位，各项防灾措施部署，监测人员上岗等情况。

b. 编制检查报告，报当地人民政府以及相关部门。检查报告内容主要包括群测群防体系运行情况、存在的问题及整改建议。

汛后核查的主要内容如下。

a. 县、乡两级群测群防组织在汛期结束后，对年度地质灾害防治方案、地质灾害隐患点（区）防灾预案执行情况进行一次全面核查。

b. 编制核查报告，报当地人民政府以及相关部门。核检查报告内容主要包括年度地质灾害防治方案执行情况，地质灾害隐患点（区）防灾预案执行情况、存在的问题及工作建议。

(3) 值班制度。主要是规定在地质灾害高发期、多发期和紧急状态下，各级防灾责任人值班的地点、时间、联系方式和任务等。

(4) 地质灾害预报及响应制度。其主要内容是规定预报的时间、地点、范围、等级以及预警产品的制作、会商、审批、发布等。地质灾害预报一般情况下由县级国土部门会同气象部门发布，紧急状态下可授权监测人发布。

(5) 灾（险）情报告制度。其主要内容是规定发生不同规模地质灾害灾（险）情的报告程序、时间和责任。

(6) 宣传培训制度。主要规定县（市）级以上人民政府每年组织有关部门开展地质灾害防治知识的宣传培训的期次、内容、对象，使培训人员达到“四应知”“四应会”的要求。

(7) 档案管理制度。县、乡、村级组织应当建立档案管理制度。其主要内容是规定年度防灾方案、隐患点防灾预案、突发性应急预案、“两卡”、各项制度及对相关文件进行汇编，对各项基础监测资料和值班记录实施分类、分年度建档入库管理。

(8) 总结制度。县、乡、村级组织应当建立群测群防年度工作总结制度。定期对体系运行情况、防灾效果、存在的问题进行总结和分析，提出下一步的工作建议，并对作出突出贡献的单位和个人进行表彰。

3. 群众义务监测员

1) 群众义务监测员的选定

(1) 群众义务监测员的选定条件如下。

a. 具有一定文化程度，能较快掌握简易测量方法。

b. 责任心强，热心公益事业。

c. 长期生活在当地，对当地环境较为熟悉。

(2) 群众义务监测员具备的基本技能如下。

a. 能够掌握监测方法。

b. 能够分析监测数据。

c. 能够识别灾害前兆。

d. 能够开展应急自救。

(3)“四应知”的内容如下。

a. 应知灾害点具体地点、灾害规模、影响户数与人数。

b. 应知灾点的转移路线和具体应急安置地点。

c. 应知灾害点发生变化时如何上报。

d. 应知各监测阶段的时间与次数。

(4)“四应会”的内容如下。

a. 应会在灾害点设置监测标尺和标点，实施监测。

b. 应会简易监测法，利用简易监测工具进行测量。

c. 应会记录、分析监测数据，并作出初步判断。

d. 应会采取措施进行临灾时的应急处置。

2）群众义务监测员的培训

由县级人民政府组织进行定期或不定期培训，培训主要内容是地质灾害防治基本知识，简易监测方法、巡查内容及记录方法，灾害发生前兆识别，各项防灾制度和措施的掌握等。

3）简易监测及预警设备的配备

配备卷（直）尺、手电、雨具、口哨（话筒、锣）、电话等工具。

4. 信息系统建设

县级人民政府应当建立地质灾害群测群防管理信息系统，将地质灾害防治工作机构及群测群防网络数据、防灾责任人和监测人及监测点基本信息、监测数据和年度地质灾害防治方案及隐患点（区）防灾预案、“两卡”等信息纳入计算机平台，方便监测数据录入、更新、查询、统计、分析等，实现群测群防体系相关信息的动态管理和共享。

四、工作阶段划分

地质灾害群测群防工作可划分为六个阶段，具体体现为“六个自我”，即“自我识别、自我监测、自我预报、自我防范、自我应急和自我救治”，突出强调应实现防灾减灾的实时性，避免贻误减灾战机，努力把灾害损失降低到最低限度。

1. 自我识别

采用编制科普教材、挂图、音像制品，办防灾减灾知识培训班、辅导站和开展广播电视宣传教育等，引导公民自觉认识自己的生存环境，不断提高识别地质灾害隐患的能力，以便通过巡回检查，及时发现险情。组织村长和村民讨论滑坡、泥石流的灾害形态、发生情景、危险雨量判断与正确撤离路线，进而将话题延伸到爱护林草水土、土地限制利用和经常性的斜坡维护等方面。

2. 自我监测

落实县、乡、村基层群众组织的防灾责任人，确定监测方法与要求，如配发简易雨量筒、木桩、砂浆贴片和固定标尺等，人工巡视滑坡体内的微地貌、地表植物和建筑物标志的各种细微变化。以定期巡查测量和汛期强化监测相结合的方式进行。以纸介质记录监测数据并注意灾害发展趋势，必要时按程序逐级报告。

在重大的地质灾害危险区应建立警示牌，并简要说明灾害类型、发生条件、威胁范围和避让方法。

3. 自我预报

要使用尽可能简单的、易于理解、易于接受的语言或方式发布预警，包括书面报告或通知、无线电通讯、电视、手机短信、广播系统、信号旗、扬声器、警报器和通讯员等。对泥石流可采用注意、警戒和警报三级。例如，以累积降雨量或日降雨量为预警判据，如我国东南丘陵区日降雨量 50～60mm 为注意级，60～130mm 为警戒级，达到 130mm 为警报级，当日累积降雨量小于 25mm 时则解除警报。

注意同一流域或同一区域的呼应联动，及时了解或吸收相邻监测预警点的动态。

4. 自我防范

无论是农村社区，还是城镇社区，自我防范首要的是注意训练社区居民防灾的警觉性、应变能力和心理素质。提醒出入山坡地警戒区的居民及游客，留心周围环境的异常现象及天气变化，注意保障自身安全。

对有危险、危害性的地质灾害点进行监测和重点预防，划定地质灾害危险区，确定危险点的监测预防责任人、预警信号与等级、人员和财产转移路线。危险区的划定主要考虑地质灾害体的规模、特点和危害对象及历史灾情等。一般在专业技术人员指导下具体确定危岩崩塌、滑坡、泥石流和地面塌陷（地裂缝）灾害的危险区，并根据具体情况及时调整。

5. 自我应急

当发现重大险情时，除立即上报上一级政府主管部门外，县、乡、村有关责任人应立即进行防灾应急的组织准备和物质准备。组织准备包括成立工作机构（领导小组及监测预警组、抢险救灾组、治安组、安置组、医疗救护组等），组织动员居民保持高度警觉，按照确定的避灾路线进行疏散等。物质准备包括集体大宗物资和家庭防灾应变包，应变包一般内装通讯设备、医疗用品、随身衣物、贵重物品、照明设备、逃生用品（绳索、刀具）和方便食品等。

6. 自我救治

一旦发生地质灾害，县、乡、村三级机构应临危不乱，沉着应对，一方面应立即报告上一级政府，申请人力、物力和财力方面的紧急救助和支持；另一方面要积极自觉地进行抗灾救灾，充分认识这是减少财产损失尤其是人员伤亡的关键因素和宝贵时机。自我救治要把握以下几点。

（1）自觉组织对失踪人员的搜救工作，妥善安置遇难人员并对其亲属进行安抚。

（2）对受伤人员组织救治，使其尽快康复。

（3）及时组织转移疏散有可能受威胁的人员。

（4）加强监测预警，保证抢险救灾人员的安全。

（5）安排好灾民的衣、食、住、行，组织群众开展生产自救，制定方案，积极筹划家园重建工作，确保灾区社会稳定。

五、技术支撑

1. 地质调查

地质灾害调查与区划是开展地质灾害群测群防的工作基础。调查工作“以人为本”，查明对城镇、厂矿、村组（分散居民点、短期居住地）、重要交通干线、重要工程设施具有潜在威胁的地质灾害隐患点的分布及其与危害对象的空间位置关系。

地质灾害隐患点主要是指威胁人民生命、财产和重要工程设施安全，可能发生滑坡、崩塌、泥石流、地面塌陷和地裂缝甚至严重地面沉降的地点或地段，目前可能是以老滑坡、危岩体、变形斜坡、松散堆积体、地下空洞、厚层软弱土体或快速下降的地下水降落漏斗区等形式存在。

地质灾害调查与区划一般由专业地质调查研究队伍完成。

2. 地质灾害气象预报

国家、省及有条件的县（市）在汛期开展的地质灾害气象预警预报工作，可以指导地方政府的防灾减灾工作，提高地质灾害群测群防工作的针对性和持续性。鉴于目前局地气象预报准确率和地质环境调查评价研究水平均较低，应特别鼓励地质灾害群测群防人员注意观测总结本地爆发崩塌、滑坡、泥石流灾害的降雨量经验值，逐渐形成本区域灾害发生的临界过程降雨量、日降雨量和降雨强度判据，从而减少盲目性或“预警过度”现象。

3. 培训指导

国家与省级政府职能部门应定期组织对群测群防工作人员进行地质灾害防治知识培训，重点进行灾害识别、监测方法、预案编制和应急处置等方面的培训，使受训人员有能力对地质灾害多发区的公民进行防灾减灾知识的宣传，填写防灾“明白卡”，强化防灾应变意识，快速选择最有效的避灾方法等，并推动不同地区的经验交流。积极推行防灾志愿者制度，及时培训防灾监测员，在小学选拔小小解说员，适时进行野外现场讲解。经常举办防灾科技成果展，汛期“宣讲”车流动工作，进行 3D 动画和实地防灾避难路线演习。通过上述工作，使公众社会经常保持减灾意识的高水平。

第四章 地质灾害调查与评价概论

我国是地质灾害最严重的国家之一，地质灾害已经成为我国除偶发特大地震外的第一大自然灾害，根据中国国土资源部公布数据，1998 年以来的 10 多年间，中国发生的 32 万多起地质灾害造成了近 14 000 人死亡失踪，直接财产损失超过 600 亿元人民币。2003 年国务院颁布《地质灾害防治条例》以后，各级政府、各相关部门采取了一系列措施手段，加强调查评价，开展监测预警和群测群防，实施重大地质灾害隐患避让搬迁和工程治理项目，加强汛期等重点时段和三峡库区、汶川地震灾区等重点地区防治工作，取得明显成效。但受脆弱的地质环境和复杂的地质条件所限，我国地质灾害历来多发、频发，加之近年来受气候变化、极端天气事件、地震、人为活动等因素影响，地质灾害防治依然面临着十分严峻的形势。特别是 2010 年，我国极端天气事件频繁，部分地区前旱后雨，瞬时暴雨，持续强降雨，导致崩塌、滑坡、泥石流等地质灾害多发、频发、群发，灾情之大、伤亡人数之多、损失之惨重为历史罕见。

2011 年 6 月 1 日，国务院第 157 次常务会议审议并通过了《国务院关于加强地质灾害防治工作的决定》(以下简称《决定》)，《决定》从顶层设计的高度，提出了今后一段时期地质灾害防治工作的指导思想、基本原则和主要目标；针对当前地质灾害防治存在的薄弱环节，在隐患调查评估、监测预报预警、综合防治措施和加强应急救援等方面全面提出了有针对性的任务和措施。在内容上，注重加强与近年来党中央、国务院制定的中小河流治理、山洪地质灾害防治、病险水库除险加固等政策措施、工作规则的衔接。在工作推进上，注重地质灾害防治与其他灾害防范应对、生态环境治理的统筹协调，以利于整合资源，综合治理。

从总体定位方面来讲，《决定》一是明确提出要深入贯彻落实科学发展观，把“以人为本”的理念贯穿于地质灾害防治工作各个环节，以建立健全地质灾害调查评价体系、监测预警体系、综合治理体系、应急救援体系为核心，科学规划，突出重点，整体推进，全面提高我国地质灾害防治水平；二是提出了坚持属地管理、分级负责，预防为主、防治结合，专群结合、群测群防，谁引发、谁治理，统筹规划、综合治理五项原则；三是明确提出了“十二五”及到 2020 年的工作目标，到 2020 年要全面建成地质灾害调查评价体系、监测预警体系、防治体系和应急体系，基本消除特大型地质灾害隐患点威胁，使灾害造成的人员伤亡和财产损失明显减少。从防治措施方面来说，一是围绕“四大体系”建设，提出了全面开展隐患调查和动态巡查、加强监测预报预警、有效规避灾害风险、综合采取防治措施、加强应急救援工作、健全保障机制六大措施；二是在六大措施里面，提出了若干具体措施，内容比较细，有较强的可操作性。从改革创新方面来讲，《决定》一是理念创新，提出将“以人为本”的理念贯穿于地质灾害防治工作的各个环节，以保护人民群众生命财产安全为根本；二是体制创新，主要是要求地质灾害防治必须坚持属地管理、分级负责，明确地方政府的防灾主体责任，相关部门要按照职责分工，做好相关领域地质灾害防治工作的组织实施，做到政府组织领导、部门分工协作、全社会共同参与，构建全社会共同参与的地质灾害防治工作新格局；三是机制创新，主要是要求地质灾害易发区地方政府建立健全与本地区地质灾害防治需要相适应的专业监测、应急管理和技术保障队伍，加大资源整合和经费保障力度，设立国家特大型地质灾害防治专项资金，要求将地质灾害防治费用和群测群防人员补助资金纳入地方财政保障范围、鼓励和吸引社会资金投入地质灾害防治工作，把地质灾害防治与扶贫开发、生态移民、新农村建设、小城镇建设、土地整治等有机结合，统筹各方资源抓好地质灾害防治、矿山地质环境治理恢复、水土保持、山洪灾害防治、中小河流治理和病险水库除险加固、尾矿库隐患治理、易灾地区生态环境治理等各项工作，切实提高地质灾害综合治理水平；四是手段措施创新，在监测预警方面，提出建设气象、水利、国土三位一体的监测预警信息共享和发布平台，建立预警联动机制，在加强监测预警基础上，更加突出建设规划和建设项目的地质灾害危险性评估，通过开展搬迁避让和临灾避险，有效规避灾害风险。

《决定》是继2006年国务院出台《关于加强地质工作的决定》之后，专门针对地质灾害防治工作出台的国土资源领域又一纲领性文件，表明了党中央、国务院带领全国人民加强地质灾害防治工作，确保人民群众生命财产安全和经济社会安全稳定发展的坚强决心，是我们做好新时期地质灾害防治工作的行动指南。

地质灾害防治“四大体系”建设工作中，地质灾害调查评价是一项基础性、公益性、战略性的工作，是实施地质灾害监测预警和防治工程的重要基础，“组织开展本行政区域内的地质灾害调查，划定地质灾害易发区，确定地质灾害隐患点”是各级国土资源部门的重要职责。

第一节　地质灾害调查

一、地质灾害调查的分类

2003年11月24日中华人民共和国国务院令第394号发布的《地质灾害防治条例》第十条规定：国家实行地质灾害调查制度。国务院国土资源主管部门会同国务院建设、水利、铁路、交通等部门结合地质环境状况组织开展全国的地质灾害调查。县级以上地方人民政府国土资源主管部门会同同级建设、水利、交通等部门结合地质环境状况组织开展本行政区域的地质灾害调查。

地质灾害调查是各级政府编制地质灾害防治规划的基础。国务院国土资源主管部门会同国务院建设、水利、铁路、交通等部门，依据全国地质灾害调查结果，编制全国地质灾害防治规划，经专家论证后报国务院批准公布。县级以上地方人民政府国土资源主管部门会同同级建设、水利、交通等部门，依据本行政区域的地质灾害调查结果和上一级地质灾害防治规划，编制本行政区域的地质灾害防治规划，经专家论证后报本级人民政府批准公布，并报上一级人民政府国土资源主管部门备案。

我国自20世纪90年代初才逐渐开展全国范围内的系统性的地质灾害调查工作，先后开展的调查工作类型如下。

1. 地质灾害概略调查

1991年由原国家计划委员会国土司与地质矿产部环境司共同组织的“全国地质灾害现状调查”工作，是以全国地质灾害为主的1∶50万区域环境地质调查，在一定程度上查明了我国地质灾害的形成原因、发育分布规律和危害特征等，为实施地质灾害的监测、预警预报及防治工程奠定了基础。全国地质灾害现状调查取得了如下重要成果。

(1) 建立了全国 1∶50 万环境地质调查成果演示系统。

(2) 综合研究了我国环境地质问题或地质灾害的现状、分布、危害、影响因素与发展趋势，提出了防治对策。

(3) 初步完成“全国 1∶50 万环境地质调查系统集成及综合研究成果报告”。

(4) 统计出崩塌 1.22 万个、滑坡 5.46 万个、泥石流沟 1.67 万条，55 个城市地面沉降比较严重，总沉降面积达 2.5 万 km^2，地裂缝 1 200 条，岩溶地面塌陷面积大于 400km^2，塌陷处 2 400 个，塌陷坑 4 万个，采空塌陷 180 处以上，塌陷坑超过 1 995 个，塌陷面积大于 1 150km^2，岩土侵蚀面积约为 255 万 km^2，土地沙漠化面积为 167.29 万 km^2，盐渍化土地约为 23.87 万 km^2。

2. 地质灾害普查［县（市）地质灾害调查与区划］

县（市）地质灾害调查是国土资源部和中国地质调查局从 1999 年开始部署的一项旨在查明我国地质灾害严重地区地质灾害隐患，最大限度地减少地质灾害所造成的生命、财产和经济损失的地质灾害调查项目。调查工作以县（市）为单元开展，在各调查县（市）圈定地质灾害易发区，建立地质灾害群测群防网络，编制重大地质灾害防治预案，建立县级地质灾害信息系统，编制县级地质灾害防治规划建议。在此基础上，建立全国地质灾害信息系统，为有计划地开展地质灾害防治提供依据。

本次开展的县（市）地质灾害调查工作，是继 1991 年“全国地质灾害现状调查”工作之后，针对性更强、更全面、重点更加突出的新一轮调查。尤其值得指出的是，县（市）地质灾害调查特别强调贯彻“以人为本”的原则，强调充分依靠各级地方政府的支持，以地质灾害防治专业队伍为主，发动各乡村知情群众参与，对已有地质灾害点和潜在地质灾害点，无论大小，凡是对生产建设设施特别是居民生命财产安全可能形成危害的，均逐一调查、填表和建档，向县乡政府解释清楚，并在各乡、村培训群测群防人员，落实群测群防责任制度。这项工作标志着我国地质灾害的防治和地质环境管理与保护更进一步细致完善，逐步进入规范化和制度化轨道。

在国土资源部地质环境司统一部署和指导下，县（市）地质灾害调查工作自 1999 年开始试点开展，截至 2008 年底，中国地质环境监测院组织完成了 2 020 个山区丘陵县 1∶10 万地质灾害调查与区划工作，覆盖国土面积约为 700 万 km^2，发现地质灾害及隐患点达 24 万多处；开展了以县为单元的地质灾害易发区划和防治规划，协助地方政府建立了群测群防网络。

地质灾害普查分两个阶段。第一阶段是在 1999—2005 年，完成了全国 700 个县（市）地质灾害调查任务，覆盖面积达 208 万 km^2，涉及人口 4.4 亿，占全国山区丘陵面积的 27%，调查地质灾害点近 10 万处，确定地质灾害隐患点 11 万处，对其中隐患较为严重的点建立了群测群防点。建立了 700 个县（市）地质灾害调查数据库，汇总集成 110 025 组数据。第二阶段是在 2006—2008 年，完成了全国 1 320 个县（市）地质灾害调查任务，覆盖面积达 498 万 km^2，占全国山区丘陵面积的 73%，确定地质灾害隐患点 13 万处。

地质灾害普查工作取得了如下主要成果。

(1) 初步查明了中国山地丘陵地区地质灾害的分布规律、成灾特点以及危害范围，发现地质灾害隐患点 24 万余处，为防灾减灾、保障人民生命财产安全提供了重要支撑，并广泛服务于国土资源管理和社会经济发展。

(2) 不仅初步查清了这些地区的地质灾害隐患情况，而且针对查出的重要隐患点，建立了县、乡、村三级责任制的群测群防、群专结合的监测体系。对重要地质灾害隐患点编制了防灾预案，提出了县（市）地质灾害防治对策及建议。

(3) 在各县（市）调查成果的基础上，开展综合研究和信息集成，开发了相应的信息系统建设软件，初步建立了县（市）地质灾害调查数据管理系统，开发研制了触摸屏等形式的全国县（市）地质灾害调查与区划成果演示系统，对地质灾害气象预报预警提供了技术支撑，为编制全国地质灾害防治规划奠定了重要基础，对指导各地地质灾害群测群防工作有着非常重要的现实意义。

(4) 对县（市）提交的地质灾害分布及易发程度分区图和成果报告进行了系统地整编，编制了地质灾害分布与易发区图、地质灾害防治规划图等系列图件。利用县（市）调查综合数据库建立评价模型，借助 MAPGIS 的空间分析功能，编制了以已调查县（市）为基本评价单元的地质灾害发育程度图、地质灾害损失现状评价图、地质灾害隐患点发育程度图、地质灾害隐患点灾害损失预测评价图等反映地质灾害现状和未来趋势的系列图件。编制了1∶400万全国滑坡崩塌泥石流易发程度评价图、全国滑坡崩塌泥石流人口风险评价图和全国滑坡崩塌泥石流财产风险评价图。

目前这些成果已成为各县（市）乃至各级政府制定防灾减灾、经济建设布局以及地质环境监督管理工作的重要依据。

3. 地质灾害详细调查

中国地质调查局从 2005 年开始地质灾害详细调查试点，截至 2013 年 6 月共部署并验收了 146 个地质灾害详细调查项目，完成调查面积约 62 万 km^2，共计调查地质灾害点 35 000 多处，其中滑坡 19 000 多处，崩塌 5 000 多处，泥石流沟近 4 000 条，受威胁人口达 198 万，将调查成果及时提交地方政府，服务于防灾减灾工作。

地质灾害详细调查以已发生的滑坡、崩塌、泥石流、地面塌陷，潜在的地质灾害隐患点及其形成的地质条件调查为核心，这是与之前 1∶10 万调查最大的区别之一。这次调查将充分发挥遥感技术优势，将各项数据逐一填卡建档，提高调查精度和工作效率；实现村村到达，除了明确要求的每平方千米控制的点数以外，村村到达这个规定将在调查中被不折不扣地贯彻执行到位。

地质灾害详查以专业队伍调查为主，通过群众排查报告与专业队伍实地核查相结合的方式进行，并且采取传统方法与物探、钻探、遥感解译等先进调查手段相结合，进一步查明详查县（市）已发生的地质灾害和潜在的地质灾害隐患点，摸清地质灾害防治现状，查清全县滑坡、崩塌、泥石流、地面塌陷等主要地质灾害隐患分布、形成条件、稳定状态，分析评价其危害程度及发展趋势，划定地质灾害易发区和危险区。详查成果将为科学指导防灾减灾、编制防灾预案、完善和建立省、市、县三级地质灾害数据库和预警预报平台提供基础数据和技术依据。

通过开展地质灾害详细调查工作，编制了《1∶5 万崩塌滑坡泥石流调查规范》，形成了相对完善的地质灾害调查评价技术方法体系，培养锻炼了地质灾害详细调查队伍，为在全国省级层面部署开展地质灾害详细调查相关工作奠定了基础。目前已有山东、贵州、北京等16 个省（自治区、直辖市）正在组织开展 1∶5 万地质灾害详细调查工作。

根据《四川省“5·12”特大地震灾后恢复重建地质灾害防治专项规划（2008—2011年）》相关要求，四川省国土资源厅于 2009 年开展第一批 39 个县（市）地质灾害详细调查与区划，以（区）县为单元查明“5·12”特大地震后地质灾害的类型、分布、形成条件、危害及发展趋势，为灾区恢复重建规划和全面修订地质灾害防治规划提供地质依据。

地质灾害调查与监测预警工程项目工作成果为《地质灾害防治条例》的出台，《全国地质灾害防治规划》《全国突发性地质灾害应急预案》的编制，地质灾害易发区工程建设项目地质灾害危险性评估制度的实施，地质灾害群测群防体系建设，汛期地质灾害应急处置和地质灾害防治工作规范化、标准化，提升全国地质灾害气象预警预报科学技术水平，减轻地质灾害造成的人员伤亡和经济损失，促进地质灾害防治工作的规范化和科学化等方面起到了重要的作用，取得了显著的社会效益、经济效益和环境效益，受到了各级领导和广大人民群众的支持和赞誉。

二、地质灾害调查的技术方法

地质灾害调查的方法主要包括遥感解译、地面调查、物探、钻探、原位及室内实验分析、长期动态观测等。

1. 遥感解译

地质灾害调查是基于遥感图像，利用人机交互目视解译方式和 GIS 定量计算来获取地质灾害相关信息的技术方法。该技术的应用可追溯到 20 世纪 70 年代末，日本利用航空遥感图像编制了 1∶5 万比例尺的全国地质灾害分布图。我国地质灾害遥感调查起步于 20 世纪 80 年代初，在二滩水电开发前期论证中，采用了航空遥感进行库区滑坡分布、规模及发育环境调查。虽然起步较晚，但我国地质灾害遥感调查技术在服务于众多的山区大型工程建设过程中得到了快速发展。国土资源大调查工作开展以来，应用地质灾害遥感调查技术，航遥中心先后完成了长江三峡库区、青藏铁路沿线、喜马拉雅山地区、川东缓倾斜坡地区等近 40 万 km^2 的滑坡、泥石流等的分布及发育环境调查。2008 年以来，在应对和处理“5·12”汶川地震灾害、“6·5”重庆武隆铁矿乡鸡尾山崩塌灾害、“4·14”玉树地震灾害、“6·28”关岭滑坡灾害、“8·7”甘肃舟曲泥石流灾害等过程中，地质灾害遥感调查技术起到了非常重要的作用（图 4-1～图 4-3）。尤其是“5·12”汶川地震灾区完成的“次生地质灾害航空遥感调查”项目，调查获取的震后首张航空图像和映秀镇—汶川沿线航空图像，被抗震救灾前线指挥部的同志称赞为是对抗震救灾的“伟大贡献”，调查成果为指挥抗震救灾、防范次生地质灾害、开展灾后重建等工作提供了重要的科学依据，在救灾与灾后重建决策中发挥了重要的作用。

地质灾害遥感调查技术的应用范围包括以下几个方面。

(1) 地震次生灾害遥感应急调查和监测。通过遥感图像的数字制图、人机交互目视解译及自动识别等，提取地震灾区房屋毁损、道路破坏、河流堵塞、地质灾害（崩、滑、流）、次生地质灾害及潜在地质灾害等信息，制作灾区遥感图像和地质灾害分布图。

(2) 区域及个体崩塌、滑坡、泥石流、塌陷的详细调查。以滑坡为例，在遥感图像上，利用滑坡表现出来的形态、色调、纹理等直接解译标志和地形地貌、水系等间接解译标志，结合其他非遥感资料，对已发生的滑坡进行调查，获取滑坡特征信息及其地质环境信息，分析其形成的条件，从而预测、圈定滑坡地质灾害的易发区。

(3) 突发性地质灾害应急调查和监测。在突发性地质灾害发生后，利用灾害前后的遥感图像对比分析，通过人机交互目视解译提取灾害的范围、受灾房屋损毁、道路破坏等信息，

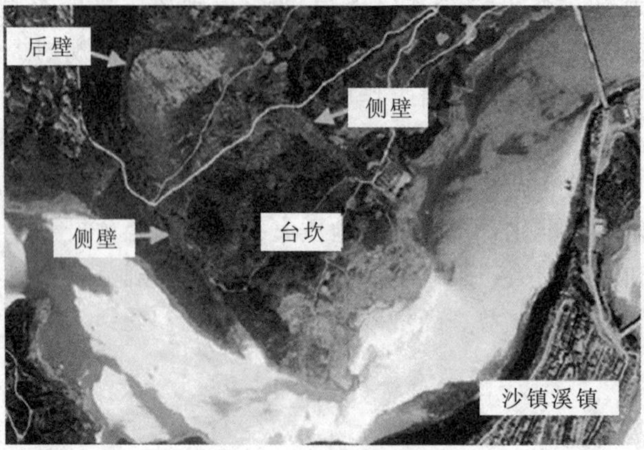

图 4-1 湖北千将坪滑坡 2009 年航片

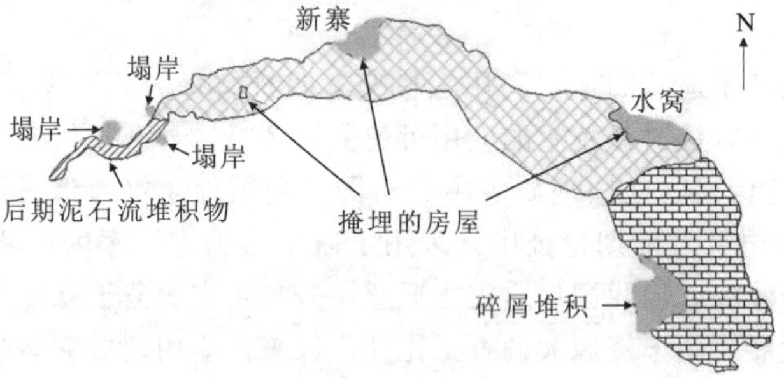

图 4-2 贵州关岭“2010.6.28 大寨—永窝滑坡”灾害区遥感解译图

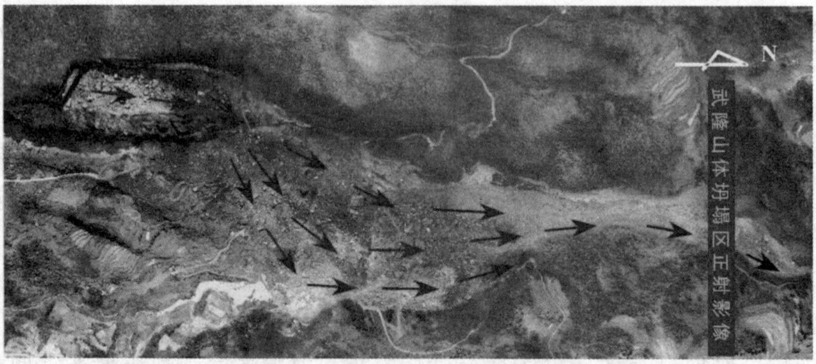

图 4-3 重庆武隆鸡尾山崩滑灾害特征遥感解译影像图

结合其他资料综合分析与研究，进行突发性地质灾害分析及灾损评估。

（4）土地退化和荒漠化调查与监测（石漠化、水土流失、沙漠化、盐渍化、沼泽化等）。利用遥感图像提取与土地退化和荒漠化特征、范围及变化等密切相关的影响因素，如地表温度、土地利用类型、地形（坡度、坡向、坡位）、土壤（类型、质地、盐碱含量、含水率）、植被（盖度、分布）及沟壑密度、盐碱斑占地率等，进行区域土地退化和荒漠化分布及程度调查与监测。

遥感解译具有时效性好、宏观性强、信息量丰富等特点。但也存在一定缺点，即：人们对遥感技术比较陌生，使得遥感技术在环境地质调查中难以发挥应有的作用；环境地质遥感调查工作需要多时相的实时或准实时的遥感信息源，而这种信息源价格昂贵；当前常用的遥感信息源空间分辨率较小，难以满足环境地质的详细调查工作，这使得遥感技术仅在宏观调查中应用广泛，而在微观上应用较少。虽然具有以上缺点，该调查方法已经逐渐成为环境地质调查的主要方法之一，应用广泛。如目前对青藏高原、青藏交通线等方面的环境地质调查研究都采用了该方法。

2. 常规野外调查

充分利用已有基础地质资料，补充必要的野外调查。重点调查研究区地质环境条件及其演化规律、主要环境地质问题、人类工程活动的类型及其环境地质效应等，同时验证遥感影像资料的解译成果，该方法是对遥感解译的较好补充。

3. 地球物理勘探

根据研究区特点和有待查明的环境地质问题，有的放矢地采用先进适用的技术方法开展物探方法调查工作，注意做好物探成果的综合解译与查证。地球物理勘探方法包括航空物探、地面物探和测井（硐探）等；从物理原理上讲，有电法、地震法、重力法和磁法等。目前正在发展的“3S”成像在环境地质调查中已发挥了重要的作用。

4. 钻探

主要用于区域性控制和对专门问题的查证，以及地质环境监测点的布设。

5. 原位及室内实验分析

为分析研究地质环境演变规律，在地面调查阶段，采集水体、土壤和岩石等样品，利用古地磁、热释光、同位素年龄、孢粉、微体古生物、原子吸收光谱法、离子色谱法、超声波和流变仪等测试技术开展原位实验分析及实验室测试分析，获得环境地质评价所必须的数据资料。

6. 动态监测

根据工作区地质环境条件和需要解决的问题，确定监测项目、监测网点布置原则、布设位置、监测内容与要求、监测工作量等。如用于观测地震、活动断裂、地下水、危岩体或滑坡的长期动态观测可为环境地质问题的发生、发展提供重要数据，监测手段有地面位移（三角控制测量、微震台网和短基线测量等）、深部位移（多层移动测量计、测斜仪和磁标志法等）、热红外跟踪摄影与现场声发射（AE）自动记录仪和 GPS 等。为确保监测周期，控制性的监测点应在工作初期布设并运行。

7. 地球化学勘探

地球化学勘探在查明活动断裂分布与活动性以及地裂缝、地下岩溶发育程度等方面具有重要的作用，它通过探测汞、钍、铀和氡等放射性或挥发性元素的含量，分析评价不同区域的环境地质条件。

8. 环境地质信息系统建设

以建立环境地质空间数据库系统和评价、预警与综合整治计算机辅助决策系统为目标，实现环境地质评价数据标准化和监测数据采集的自动化，评价、预测和综合防治研究的模型化、可视化与人工智能化。

9. 低空无人飞行器遥感技术

地质灾害绝大部分发生在山区，灾区山高坡陡，交通和通讯极不发达，如何解决地质灾害的日常监测和灾后抢险以及灾情评估，提高抢险效率，这些都给地质灾害防治带来了很多困难。

电动无人机航测系统则很好地解决了这一难题，电动无人机航测系统是一种短距、手抛、弹射起降自动驾驶无人飞行器系统，可用于执行地理信息测绘，资料搜集、协调指挥、搜索、测量、通讯、监测、侦查等多种空中飞行任务。其特点表现为：机动快速的响应能力，数据快速获取和处理能力，飞机起降受场地和限制小，安全性和稳定性高，转场容易等，具有突出的实用性和性价比。小型无人机携带非常方便，到达一定区域后将其放飞，人员可以在安全地域内操控其飞行，并进行相关信息的实时采集、监控，在灾时快速获取受灾区域的影像资料，为抢险救灾提供实时、准确的第一手信息。使用飞行器对现场灾情从空中进行调查监测，拓展地质灾害应急调查人员视野，同时利用远程会商指挥系统把灾害现场情况实时传到后方指挥部供专家领导进行决策和研判。

无人机航测系统主要构成包括：①飞行器系统，即无人驾驶飞机、飞行控制系统、无线电遥测遥控系统、发射回收系统；②任务载荷系统，即遥感传感器及自动控制系统、DGPS/INS及稳定平台；③数据处理系统，即传感器检校定标、全数字摄影测量系统。

马泽忠等（2010）应用无人飞行器低空遥感技术对重庆城口滑坡地质灾害进行监测，分析了无人飞行器低空遥感技术在复杂地形及气象条件下数据获取与数据处理的技术流程和方法，并对无人飞行器低空遥感技术在滑坡地质灾害灾情评估和灾损评价中的应用方面进行了探索。结果表明，无人飞行器低空遥感技术在困难地区完成遥感数据的获取与处理、三维建模和应用分析等方面具有明显优势；无人飞行器低空遥感技术生成的数字正射影像图和数字高程模型数据可以为地质灾害发生后的抢险救灾、灾情评估和灾后重建提供准确、直观、详实的基础数据和统计分析数据；采用无人飞行器低空遥感进行地质灾害监测可以有效弥补传统遥感技术的不足，为地质灾害遥感监测提供技术保障。

三、地质灾害调查的相关术语

在地质灾害调查的相关规范中，有大量的名词概念、分类标准，本节根据下列规范初步作了归纳：县（市）地质灾害调查与区划基本要求，DZ/T 0218—2006 滑坡防治工程勘查规范，DZ/T 0220—2006 泥石流灾害防治工程勘查规范，DD 2008－02 滑坡崩塌泥石流灾害调查规范（1∶5万）。

1. 地质灾害隐患

地质灾害隐患指可能危害人民生命和财产安全的不稳定斜坡、潜在滑坡、潜在崩塌、潜在泥石流和潜在地面塌陷，以及已经发生但目前还不稳定的滑坡、崩塌、泥石流、地面塌陷等。

2. 灾情和险情（表4－1）

灾情为地质灾害的危害性，包括地质灾害造成的人员伤亡和直接经济损失。地质灾害灾情按照人员伤亡、经济损失的大小，分为四个等级。

表 4-1　地质灾害灾情和险情分级标准

级别＼标准	死亡人数（人）	受威胁人数（人）	直接经济损失（万元）	潜在经济损失（万元）
小型	<3	<100	<100	<500
中型	3～10	100～500	100～500	500～5 000
大型	10～30	500～1 000	500～1 000	5 000～10 000
特大型	≥30	≥1 000	≥1 000	≥10 000

注：1. 灾情分级——灾情采用“死亡人数”和“直接经济损失”栏指标评价；
　　2. 险情分级——险情采用“受威胁人数”和“潜在经济损失”栏指标评价。

（1）特大型。指因灾死亡 30 人以上或者造成直接经济损失 1 000 万元以上的。

（2）大型。指因灾死亡 10 人以上 30 人以下或者造成直接经济损失 500 万元以上 1 000 万元以下的。

（3）中型。指因灾死亡 3 人以上 10 人以下或者造成直接经济损失 100 万元以上 500 万元以下的。

（4）小型。指因灾死亡 3 人以下或者造成直接经济损失 100 万元以下的。

险情为地质灾害隐患的潜在危害性，包括地质灾害隐患威胁的人数和威胁财产数（潜在经济损失）。地质灾害险情按照威胁程度分为四个等级。

（1）特大型。指受灾害威胁，需搬迁转移人员在 1 000 人以上或者可能造成经济损失 1 亿元以上的。

（2）大型。指受灾害威胁，需搬迁转移人员在 500 人以上 1 000 人以下或者可能造成经济损失 5 000 万元以上 1 亿元以下的。

（3）中型。指受灾害威胁，需搬迁转移人员在 100 人以上 500 人以下或者可能造成经济损失 500 万元以上 5 000 万元以下的。

（4）小型。指受灾害威胁，需搬迁转移人员在 100 人以下或者可能造成经济损失 500 万元以下的。

3. 古（老）滑坡野外识别标志（表 4-2）

表 4-2　古（老）滑坡识别标志

标志		内容
类别	亚类	
形态	宏观形态	圈椅状地形、双沟同源、坡体后部平台出现洼地，与周围河流阶地、构造平台或风化差异平台不一致的大平台地形、不正常河流弯道，“大肚子”斜坡等
	微观形态	后倾台面地形、小台阶与平台相间、马刀树、坡体前方或侧边出现擦痕或镜面、表层坍滑广泛
	老地层	明显的产状变动、架空、松弛、破碎、大段孤立岩体掩覆在新地层之上、大段变形岩体位于土状堆积物之中
	新地层	变形或变位岩体被新地层掩覆、山体后部洼地出现局部湖相地层、变形或变位岩体上覆湖相地层、上游方出现湖相地层
变形等		古墓或古建筑变形、构成坡体的岩土结构零乱或强度低、开挖后易坍滑、斜坡前部地下水呈线状出露、古树等被掩埋
历史记载、访问材料		关于滑坡或变形的记载和口述

4. 各类地质灾害的规模划分标准（表 4－3～表 4－5）

表 4－3　滑坡、崩塌（危岩体）、泥石流规模级别划分标准

级别	滑坡（万 m^3）	崩塌（万 m^3）	泥石流（万 m^3）
特大型（巨型）	≥1 000	≥100	≥50
大型	100～1 000	10～100	20～50
中型	10～100	1～10	2～20
小型	＜10	＜1	＜2

表 4－4　地裂缝规模分级标准

级别	规模
巨型	地裂缝长＞1km，地面影响宽度＞20m
大型	地裂缝长＞1km，地面影响宽度为 10～20m
中型	地裂缝长＞1km，地面影响宽度为 3～10m；或长≤1km，宽 10～20m
小型	地裂缝长＞1km，地面影响宽度为 3m；或长≤1km，宽＜10m

表 4－5　地面塌陷分级标准

级别	塌陷或变形面积（km^2）
巨型	≥10
大型	1～10
中型	0.1～1
小型	＜0.1

5. 滑坡、崩塌、塌陷体、土洞的稳定性

滑坡的稳定性分为三级，即稳定性好、稳定性较差、稳定性差。滑坡和崩塌稳定性野外判别标准分别见表 4－6、表 4－7。岩溶地面塌陷体的稳定性分为稳定性好、稳定性较差、稳定性差三级。塌陷体和土洞稳定性评价标准分别见表 4－8～表 4－10。

表 4－6　滑坡稳定性野外判别

滑坡要素	稳定性差	稳定性较差	稳定性好
滑坡前缘	滑坡前缘临空或隆起，坡度较陡且常处于地表径流的冲刷之下，有发展趋势并有季节性泉水出露，岩土潮湿、饱水	前缘临空，有间断季节性地表径流流经，岩土体较湿	前缘斜坡较缓，临空高差小，无地表径流流经和继续变形的迹象，岩土体干燥
滑体	滑体平均坡度＞40°，坡面上有多条新发展的滑坡裂缝，其上建筑物、植被有新的变形迹象	滑体平均坡度在 25°～40°之间，坡面上局部有小的裂缝，其上建筑物、植被无新的变形迹象	滑体平均坡度＜25°，坡面上无裂缝发展，其上建筑物、植被未有新的变形迹象
滑坡后缘	后缘壁上可见擦痕或有明显位移迹象，后缘有裂缝发育	后缘有断续的小裂缝发育，后缘壁上有不明显的变形迹象	后缘壁上无擦痕和明显位移迹象，原有的裂缝已被充填
滑坡两侧	有羽状拉张裂缝或贯通形成滑坡侧壁边缘裂缝（详细调查、排查无此栏）	形成较小的羽状拉张裂缝，未贯通（详细调查、排查无此栏）	无羽状拉张裂缝（详细调查、排查无此栏）

表 4－7　崩塌（危岩体）稳定性野外判别

环境条件	稳定性差	稳定性较差	稳定性好
地形地貌	前缘临空甚至三面临空，坡度＞55°，出现“鹰咀”崖，顶底高差＞30m，坡面起伏不平，上陡下缓	前缘临空，坡度＞45°，坡面不平	前缘临空，坡度＜45°，坡面较平，岸坡植被发育
地质结构	岩性软硬相间，岩土体结构松散破碎，裂缝裂隙发育切割深，形成了不稳定的结构体、不连续结构面	岩体结构较碎，不连续结构面少，节理裂隙较少，岩土体无明显变形迹象，有不规则小裂缝	岩体结构完整，不连续结构面少，无节理、裂隙发育，岸坡土堆较密实，无裂缝变形
水文气象	雨水充沛，气温变化大，昼夜温差明显，或有地表径流、河流流经坡角，其水流急，水位变幅大，属侵蚀岸	存在大—暴雨引发因素	无地表径流或河流水量小，属堆积岸，水位变幅小
人类活动	人为破坏严重，岸坡无护坡，人工边坡坡度＞60°，岩体结构破碎	修路等工程开挖形成软弱基座陡崖，或下部存在凹腔，边坡角为 40°～60°	人类活动很少，岸坡有砌石护坡，人工边坡角＜40°

表 4－8　斜坡稳定性野外判别

斜坡要素	稳定性差	稳定性较差	稳定性好
坡角	临空，坡度较陡且常处于地表径流的冲刷之下，有发展趋势，并有季节性泉水出露，岩土潮湿、饱水	临空，有间断季节性地表径流流经，岩土体较湿，斜坡坡度在 30°～45°之间	斜坡较缓，临空高差小，无地表径流流经和继续变形的迹象，岩土体干燥
坡体	平均坡度＞40°，坡面上有多条新发展的裂缝，其上建筑物、植被有新的变形迹象，裂隙发育或存在易滑软弱结构面	平均坡度在 30°～40°之间，坡面上局部有小的裂缝，其上建筑物、植被无新的变形迹象，裂隙较发育或存在软弱结构面	平均坡度＜30°，坡面上无裂缝发展，其上建筑物、植被没有新的变形迹象，裂隙不发育，不存在软弱结构面
坡肩	可见裂缝或明显位移迹象，有积水或存在积水地形	有小裂缝，无明显的变形迹象，存在积水地形	无位移迹象，无积水，也不存在积水地形
岩层	中等倾角顺向坡，前缘临空，反向层状碎裂结构岩体	碎裂岩体结构，软硬岩层相间，斜倾视向变形岩体	逆向和平缓岩层，层状块体结构
地下水	裂隙水和岩溶水发育，具多层含水层	裂隙发育，地下水排泄条件好	隔水性好，无富水地层

表 4－9　塌陷体稳定性定性评价

稳定性分级	塌陷微地貌	堆积物性状	地下水埋藏及活动情况	说明
稳定性差	塌陷尚未或已受到轻微充填改造，塌陷周围有开裂痕迹，坑底有下沉开裂迹象	疏松，呈软塑至流塑状	有地表水汇集入渗，有时见水位，地下水活动较强烈	正在活动的塌陷，或呈间歇缓慢活动的塌陷
稳定性较差	塌陷已部分充填改造，植被较发育	疏松或稍密，呈软塑至可塑状	其下有地下水流通道，有地下水活动迹象	接近或达到休止状态的塌陷，当环境条件改变时可能复活
稳定性好	已被完全充填改造的塌陷，植被发育良好	较密实，主要呈可塑状	无地下水活动迹象	进入休亡状态的塌陷，一般不会复活

表 4-10 土洞稳定性定性评价

稳定性分级	土洞发育状况	土洞顶板埋深 H（m）或其与安全临界厚度之比 H/H_0	说明
稳定性差	正在持续扩展		正在活动的土洞，因促进其扩展的动力因素在持续作用，不论其埋深多少，都具有塌陷的趋势
	间歇性地缓慢扩展		
稳定性较差	休止状态	$H<10$ 或 $H/H_0<1.0$	不具备极限平衡条件，具有塌陷趋势
		$10<H<15$ 或 $1.0<H/H_0<1.5$	基本处于极限平衡状态，当环境条件改变时可能复活
		$H\geqslant 15$ 或 $H/H_0\geqslant 1.5$	超稳定平衡状态，复活的可能性较小，一般不具备塌陷趋势
稳定性好	消亡状态		一般不会复活

6. 泥石流稳定性及易发程度判别（表 4-11～表 4-14）

表 4-11 泥石流灾害分期及稳定性判定

发育阶段	发育期	旺盛期	衰退期	停歇期
形态特征	山坡以凸型为主，形成区分散，并见逐步扩大，流通区较短，扇面新鲜，淤积较快	山坡从凸型坡转为凹型坡，沟槽堆积和堵塞现象严重，形成区扩大，流通区向上延伸，扇面新鲜，漫流现象严重	山坡以凹型为主，形成区减少，流通区向上延伸，沟槽逐渐下切，扇面陈旧，生长植物，植被较好	全沟下切，沟槽稳定，形成区基本消失，逐渐变为普通洪流，植被良好
山坡块体运动	发展明显，多见新生沟谷，有少量滑坡、崩塌等	严重发育，供给物主要来自崩塌、滑坡、错落等，片蚀、侧蚀也很发育	明显衰退，坍塌渐趋稳定，以沟槽搬运及侧蚀供给为主	山坡块体运动基本消失
塌方面积率（%）	1～10	≥10	10～1	<1
单位面积固体物质储量	1～10	≥10	10～1	<1
充淤性质与趋势	以淤为主，淤积速度增大	以淤为主，淤积值大	有冲有淤，淤积速度减小	冲刷下切
危害程度	较大	最大	较大	小
稳定性	稳定性较差	稳定性差	稳定性较差	稳定性好

表 4-12 泥石流沟堵塞程度分级

堵塞程度	特征
严重	沟槽弯曲，河段宽窄不均，卡口、陡坎多；大部分支沟交汇角度大；形成区集中，沟槽堵塞严重，阵流间隔时间长
中等	沟槽较顺直，河段宽窄较均匀，卡口、陡坎不多；主支沟交角多数小于 60°；形成区不太集中，河床堵塞情况一般
轻微	沟槽顺直均匀，基本无卡口、陡坎；主支沟交汇角小；形成区分散，阵流间隔时间短而少

表 4－13　泥石流沟严重程度（易发程度）数量化表

序号	影响因素	权重	量级划分							
			严重（A）	得分	中等（B）	得分	轻微（C）	得分	一般（D）	得分
1	崩塌滑坡及水土流失（自然和人为的）的严重程度	0.159	崩塌滑坡等重力侵蚀严重，多深层滑坡和大型崩塌，表土疏松，冲沟十分发育	21	崩塌滑坡发育，多浅层滑坡和小型崩塌，冲沟发育	16	有零星崩塌、滑坡和冲沟存在	12	无崩塌、滑坡、冲沟或发育轻微	1
2	泥沙沿程补给长度比（%）	0.118	＞60	16	30～60	12	10～30	8	＜10	1
3	沟口泥石流堆积活动程度	0.108	河形弯曲或堵塞，大河主流受挤压偏移	14	河形无较大变化，仅大河主流受挤压偏移	11	河形无变化，大河主流在高水位偏移，低水位不偏移	7	无河形变化，大河主流不偏移	1
4	河沟纵坡（°或%）	0.090	＞12°或＞21.3%	12	6°～12°或10.5%～21.3%	9	3°～6°或5.2%～10.5%	6	＜3°或＜5.2%	1
5	区域构造影响程度	0.075	强抬升区，6级以上地震区	9	抬升区，4～6级地震区，有中小支断层或无断层	7	相对稳定区，4级以下地震区，有小断层	5	沉降区，构造影响小或无影响	1
6	流域植被覆盖率（%）	0.067	＜10	9	10～30	7	30～60	5	＞60	1
7	河沟近期一次变幅（m）	0.062	2	8	1～2	6	0.2～1	4	0.2	1
8	岩性影响	0.054	软岩、黄土	6	软硬相间	5	风化和节理发育的硬岩	4	硬岩	1
9	沿沟松散物储量（万 m^3/km^2）	0.054	＞10	6	5～10	5	1～5	4	＜1	1
10	沟岸山坡坡度（°或%）	0.045	＞32°或＞0.062 5%	6	25°～32°或0.046 6%～0.062 5%	5	15°～25°或0.028 6%～0.046 6%	4	＜15°或＜0.028 6%	1
11	产沙区沟槽横断面	0.036	V型谷、谷中谷、U型谷	5	拓宽U型谷	4	复式断面	3	平坦型	1
12	产沙区松散物平均厚度（m）	0.036	＞10	5	5～10	4	1～5	3	＜1	1
13	流域面积（km^2）	0.036	0.2～5	5	5～10	4	0.2以下或者10～100	3	＞100	1
14	流域相对高差（m）	0.030	＞500	4	300～500	3	100～300	3	＜100	1
15	河沟堵塞程度	0.030	严重	4	中等	3	轻微	2	无	1

表 4－14　泥石流易发程度分级

易发程度	总分
高易发（严重）	＞114
中易发（中等）	84～114
低易发	40～84
不易发	≤40

第二节　地质灾害评价

地质灾害对区域可持续发展的影响表现为地质灾害的直接破坏和深远危害。直接破坏主要包括对人类生命、健康的破坏，对工程设施、物资、物品等各种财产的破坏，对农业、工业、交通运输等产业活动的破坏；深远危害主要包括对土地、水、生物等资源和生态环境的破坏。这两个方面的破坏作用除了危害区域社会经济的现实发展水平外，还从深层次上削弱区域可持续发展的基础能力。地质灾害对可持续发展的影响是这两个方面危害的综合体现。

地质灾害的直接破坏作用和深远危害作用主要取决于三个方面的条件：①地质灾害的危险性，地质灾害的活动条件越充分，地质灾害活动规模（或强度）越大、频次越高，危险性越大，危害越严重；②评价区社会经济易灾性，主要取决于人口分布、财产分布、产业结构以及资源条件、环境条件，这些受灾对象越脆弱，对灾害的抗御能力越差，区域易灾性越高，灾害的危害越严重；③评价区减灾能力，防灾工程越薄弱，救灾、重建能力越低，灾害的危害越严重。

由不同方面、不同层次、不同类型的地质灾害评价组成的整体称为地质灾害评价体系。一次地质灾害事件或一个地区的地质灾害评价由危险性评价、易损性评价和破坏损失评价组成。根据地质灾害评价的范围和精度，分为点评价、面评价和区域评价；根据地质灾害评价时间分为灾前预测评价、灾中跟踪评价、灾后总结评价。各种评价虽然目的、要求不尽相同，但基本内容和技术方法基本相近，它们组合在一起，构成地质灾害评价体系。

目前，我国地质灾害调查与评价工作主要涉及以下内容。

1. 地质灾害危险性评价

又称地质灾害灾变评价。在查清地质灾害活动历史、形成条件、变化规律与发展趋势的基础上进行的危险性评价主要是对地质灾害活动程度和危害能力的分析评判。反映地质灾害活动程度的基本指标是地质灾害的活动强度（活动规模）、活动频次（地质灾害的发展速率）、活动范围以及延续时间等。不同地质灾害的具体指标不同：如崩塌、滑坡等地质灾害活动程度指标为灾害体体积和一定时间内灾害发生的频次；地面沉降、海水入侵等累进性地质灾害为灾害范围、强度（地面沉降的累计沉降量、海水入侵的氯离子含量等）、发展速率。反映地质灾害危害能力的基本标志是地质灾害事件的危害范围与危害强度，对于一个地区来说，则是不同强度危害区的分布情况。地质灾害危险性分为历史灾害危险性和潜在灾害危险性。历史灾害危险性是指已经发生的地质灾害的危险性，通过对历史灾害的调查分析确定。潜在灾害危险性是指那些可能发生的地质灾害的危险性，在调查历史地质灾害规律和地质灾害活动条件的基础上分析确定。通过地质灾害危险性评价，确定地质灾害活动参数，圈定地质灾害危害范围，划分危害强度，编制地质灾害危险性分区图。其目的是为评价地质灾害破坏损失程度以及规划、部署、实施地质灾害防治工作提供科学依据。

2. 县（市）地质灾害易发性分区评价

地质灾害易发性评价是地质灾害调查评价的一项重要任务，在政府部门制定一个地区的地质灾害防治规划时，必须根据实际情况划定地质灾害易发区。

进行县（市）地质灾害易发性分区评价，获得区域地质灾害易发性分布区划图，是为了有针对性地指导地质灾害多发区域的聚落搬迁、人口分布和防灾减灾管理等工作。在近十年的地质灾害调查工作中，地质灾害易发性分区评价工作才刚起步，在易发单元、易发性级别的确定以及评价方法等方面还有待进一步的理论研究和探讨。

3. 地质灾害风险评价

地质灾害风险可定义为：地质灾害发生并导致一定损失水平的可能性。

1999 年，我国开始国土资源专项大调查，将地质灾害调查列于重要地位，全国确定了1 530余个县（市）作为重点调查对象，最终建立县（市）地质灾害防治规划，为政府防灾减灾决策提供依据。在现有执行的“国家地质灾害——县（市）地质灾害调查与区划基本要求”（国土资源部，2006）规范中，地质灾害防治规划的依据是地质灾害易发性区划，但忽视了灾害的易损性区划在地质灾害区划中的影响，调查时虽然已经把历史灾害的损失及潜在的威胁调查清楚，在规划中却无法加以综合分析区划，导致依据现有的地质灾害易发性区划形成的地质灾害防治规划与真正在实际中的应用尚存在一定距离。因此，综合地质灾害易发性与易损性的地质灾害风险评价研究应运而生，地质灾害风险评估是一项极具现实意义的重要研究课题和减轻灾害损失的非工程性重要措施，成为 21 世纪防灾减灾的主要研究方向之一。

近年来，地质灾害风险研究在我国得到了广泛关注，众多学者主要集中从地质灾害属性特征、风险构成、易损性及其在灾害风险评价中的地位方面及评估理论与方法方面进行研究，尚未形成系统完善的科学体系。综合国内外有关地质灾害风险评价研究成果，基本达成的共识就是风险评估依据风险度（R）＝危险度（H）%×易损度（V）来进行评估是合理的。

地质灾害风险评价是对风险区发生不同强度地质灾害活动的可能性及其可能造成的损失进行的定量化分析与评估。主要包括危险性、易损性及期望损失分析这三方面的研究。目前使用较多的方法有层次分析法、经验模型法、数理统计模型法、神经网络法、信息模型法、模糊评判模型法、灰色模型法、模式识别模型法和非线性模型法等。此外，还派生出了多种方法结合的评价方法，如模糊聚类综合评价、灰色聚类综合评价、物元模型综合评价等方法。整个系统分析一般采用层次分析法。

整个风险评价包括的内容主要有地质灾害调查、地质灾害信息系统建设、地质灾害因子分析及在此基础上进行的危险性评价、易损性评价、风险评价等。

地质灾害风险评价在国民经济发展中具有重要的作用，可以为国土资源规划，重大工程选址以及地质灾害治理、监测、预报及制定救灾应急措施和保护环境提供科学依据。目前，我国已相继开展了全国和区域性的风险评价与区划；开展了部分地区——多发县（市）的地质灾害调查与危险性评价；部分建设用地的危险性和风险性评价；重大工程（如三峡水库、青藏铁路等）的危险性和风险性评价。

（1）为国土资源规划和重大工程选址提供依据。通过对地质灾害进行全国和区域性的风险评价与区划，可以为各种重大工程建筑的选址、合理利用土地资源和环境保护提供依据。各种工程活动和土地开发利用，都必须以可持续发展为前提。各种重大工程建筑应建在地质灾害风险程度较低的地区。

（2）为防治地质灾害提供依据。通过对地质灾害进行危险性评价、易损性评价，可以为地质灾害的防治提供依据；对发生规模不同的地质灾害采取不同的防治措施进行治理或综合治理。如果地质灾害危险性低、易损性小，则宜采用工程防治措施；如果地质灾害危险性高、易损性大，则应采用躲避或搬迁措施；在无法躲避、无合适搬迁地址或不允许搬迁时，则宜采用高标准的工程措施。

（3）为地质灾害监测、预报、预警提供依据。通过对地质灾害危险性评价、期望损失分析，可以为建立地质灾害监测站的选点提供依据。对重点地区的地质灾害进行实时监测并及时对各种地质灾害信息进行分析，作出预报、预警，使损失降低到最低程度。

（4）为地质灾害的应急措施提供依据。根据地质灾害危险性评价、易损性评价、风险评价，提出在发生不同规模地质灾害时的应急方案，并为灾后重建提供依据。

（5）为环境保护和可持续发展提供依据。地质灾害除受自然因素控制外，主要是由于人类不合理的开发利用资源环境而引起，因此，合理开发利用资源环境、控制地质灾害的发生或减小地质灾害损失是保证国民经济可持续发展的基础。

地质灾害风险评价是风险管理和减灾管理的基础。针对不同目的实施不同种类的地质灾害风险评价，包括点评价、面评价和区域评价。根据地质灾害风险评价的结果中风险程度的不同，管理部门可以制定出相应的减灾政策，部署实施减灾工程，使减灾管理做到有的放矢。风险评价成果可以为国土资源规划，重要工程选址，地质灾害治理、监测、预报及制定救灾应急措施和保护环境提供科学依据。

4. 建设用地地质灾害危险性评估

建设用地地质灾害危险性评估是指对工程建设可能诱发、加剧地质灾害和工程建设本身可能遭受地质灾害危害程度的估量。建设用地地质灾害危险性评估制度的建立，是 1998 年国土资源部组建以来，强调地质矿产、土地等部门有机融合，在强化土地审批行政执法手段方面的一项重要举措。

1）建设用地地质灾害危险性评估的法律依据

1999 年 3 月 2 日，国土资源部第 4 号部长令《地质灾害防治管理办法》中第十五条明确规定："城市建设、有可能导致地质灾害发生的工程项目建设和在地质灾害易发区内进行工程建设，在申请建设用地之前必须进行地质灾害危险性评估。评估结果由省级以上地质矿产行政主管部门认定。不符合条件的，土地行政主管部门不予办理建设用地审批手续。"

1999 年 11 月国土资发 392 号文《关于实行建设用地地质灾害危险性评估的通知》规定："从 1999 年 12 月 1 日起，城市建设、地质灾害易发区内进行工程建设及其他有可能导致地质灾害发生的工程项目建设，在项目选址阶段必须进行地质灾害危险性评估。评估结果由省级以上地质矿产行政主管部门认定，并作为该建设项目用地审查报批的必备条件之一。不符合条件的，土地行政主管部门不予办理建设用地预审及审批手续。"

2001 年 7 月 25 日，国土资源部第 7 号部长令《建设项目用地预审管理办法》中第六条规定："单独选址的建设项目，拟占用地质灾害防治规划确定的地质灾害易发区内土地的，还应当提供地质灾害危险性评估报告。"

2001 年 5 月 12 日，国务院办公厅转发的国土资源部和建设部《关于加强地质灾害防治工作的意见》（国办发［2001］35 号）规定："对城市规划区内地质情况尚不清晰的，必须加强和补充建设用地地质灾害危险性评估。城市规划行政主管部门在审批建设时，必须充分考虑建设用地条件；凡没有进行建设用地地质灾害危险性评估或者未考虑建设用地条件而批准使用土地和建设的，要依法追究有关人员的责任。"

2001 年 11 月 3 日，国务院办公厅《转发国土资源部关于进一步治理整顿矿产资源管理秩序意见的通知》（国办发［2001］85 号）中规定："新办矿山要严格执行环境影响评价制度，必须进行地质灾害危险性评估。"

2004 年国土资源部下发了《关于加强地质灾害危险性评估的通知》（国土资发［2004］69 号），对开展和加强地质灾害危险性评估工作提出了明确具体的要求。

以上这些规定，为我们进行建设用地地质灾害危险性评估提供了法律法规保障。

2）地质灾害危险性评估制度的意义

（1）有助于政府管理部门和建设单位的科学决策，最大限度地降低建设工程风险和维护费用。众所周知，随着人类科技的进步和经济的发展，人类改造自然的能力越来越强，人类工程活动已成为巨大的地质营力，广泛而深刻地影响着地质环境，并诱发了各种各样的地质灾害和地质环境问题。来自国土资源部的信息表明，目前我国各类人为因素诱发的地质灾害已占地质灾害总数的 50%，在地质灾害多发区还超过了这一比例。1995 年 11 月 10 日，时任国务院总理的李鹏在考察巴东滑坡时指示："在移民迁建过程中，无论是工厂还是居民点，都要考虑地质情况，考虑滑坡体的问题，应该搬迁到地基条件比较好的地方。""不讲科学要吃大亏的。"原国务院总理朱镕基在 1998 年 12 月 28—30 日考察三峡工程和库区时，针对库区沿岸的地质滑坡问题指出："一定要切实搞好库区地质环境的调查评价，加强地质工程勘察工作，预防各类地质灾害发生。"我们国家实行建设用地地质灾害危险性评估的实践证明，凡思想重视、认真执行建设用地地质灾害危险性评估制度的，都会取得明显的效果，如浙江省沪瑞国道主干线衡州到窑上公路工程评估，在对常上港大桥岩溶地面塌陷问题进行充分分析论证后，建议进一步补充勘探，并适当调整桥桩位置，尽可能避开岩溶发育地段，以确保大桥安全使用，此建议得到建设单位高度重视，从而避免了有可能产生桥位下沉的不良后果；安徽省合肥至黄山高速公路庐铜段，建设用地地质灾害危险性评估使预选线避开了软土地段，避免了压覆重要矿床；界首至蚌埠高速公路二期评估中，关于地面沉降对工程建设的危害性评价引起设计部门的重视，将原设计的刚性混凝土路面改为柔性柏油沥青路面，提高了抗灾能力。在这方面，反面的例子和教训还是有的，如福建省屏南龙虎岔水电站，由于有关单位事先没有作地质灾害危险性评估，只顾眼前的利益（即选择龙虎岔地段可以增加几百万平方米的水库库容，经济效益可观），而不顾该地段地质等有关情况，结果工程上马后，滑坡等地质灾害频发，严重威胁电站的安全，造成隐患；福州的龙腰新村建设，是榕新房地产开发公司 1997 年开发的项目，该新村所在地本来是一个山坡，当初建新村时开发商没有作地质灾害危险性评估，而是简单地将山坡的一边铲成一块平地建设新村，建成后新村第 1、2、3 幢楼房东侧距斜度约 85°、高约 35m、没有防护墙的山体仅有 6m 之遥，由于山坡土质是白砂土，比较疏松，山体容易滑坡，新村建成后，该山坡也就成了新村居民的安全隐患。

由此可见，作好建设用地地质灾害危险性评估是十分重要的，它可以保障建设项目的安全和投资决策正确，防止地质灾害发生，从而在源头上把好建设用地的审批关。当前我国正值经济高速发展时期，一大批工程项目都即将要上马，我国又是一个地质灾害较为严重的国家，大量的工程建设势必对地质环境造成较大影响，工程建设地质灾害危险性评估一定要紧紧跟上，从而避免不必要的损失，保证工程建设投资准确。

（2）有助于维护人民生命财产安全，实现地质灾害防治“关口”前移。我国由于自然与人为作用形成地质灾害形势非常严峻，地质灾害已经成为影响经济健康发展和社会稳定的制约因素。因此，在确保我国社会经济健康发展的同时，依法预防和治理地质灾害，保护人民生命财产安全，保护地质生态环境，对于实现资源的合理开发利用、维护社会稳定和促进经济可持续发展具有重要的战略意义。而作好建设用地地质灾害危险性评估，我们就能够从源头上消除地灾隐患，使地质灾害防治工作“关口”前移，使老百姓的生命财产安全免受由于地质灾害造成的损失。

（3）有助于扩大地质工作服务领域，促进地勘单位改革发展。当前，我国的地质事业正处于与市场经济转型期间，中国地质事业的历史告诫我们：地质工作与国家的发展息息相关，只有服务于国民经济与社会发展，才能获得不断发展的动力。地质工作与社会进步紧密相联，必须在不同的历史发展阶段及时加以调整，才能随着社会的进步与时俱进。早在1994年，原国务院副总理朱镕基就指出：“地质队伍要逐步划分为‘野战军’和‘地方部队’。‘野战军’吃中央财政，精兵加现代化设备，承担国家战略任务。‘地方部队’要搞多种经营，分流人员，逐步走向企业化。”根据党中央、国务院的要求，2001年11月30日，国土资源部在京召开了中国地质调查局成立大会，会议提出了新时期我国地质工作的指导思想是：以邓小平理论和江泽民同志“三个代表”重要思想为指导，积极推进地质工作的根本转变，更加紧密地与国家经济建设和社会发展相结合，坚持资源与环境并重的方针，开展区域性、基础性、公益性地质调查和战略性矿产勘查，为国土资源规划、管理、保护与合理利用的政府职能服务，为满足社会各界日益增长的地学知识与信息需求服务，为经济与社会可持续发展服务。会上，原国土资源部副部长寿嘉华在代表中国地调院作报告时指出：“新世纪国家地质工作的内容包含四个方面，其中之一就是要为国家重大工程建设与宏观决策开展的前期地质工作，要为诸如三峡工程、青藏铁路、南水北调、西气东输、国土整治等重大工程建设开展超前性、预见性的基础地质调查和评价，加强工程建设的地质环境调查与监测，为政府宏观决策提供科学、详实的地质依据。”2001年12月21日，原国务院副总理温家宝在第七次李四光地质科学奖颁奖大会上讲话指出：“地质科学研究和地质工作要更加紧密地与经济和社会发展相结合，更加主动地为经济和社会发展服务。”许多地勘单位经过深入改革，逐步进入市场，实行企业化经营，通过激烈的市场竞争闯出了一条“生路”。因此，不断扩大地质工作服务领域，促进地勘单位改革发展是新时期地质工作发展的需要，是国土资源部门一项重要的工作任务。开展建设用地地质灾害危险性评估，加强工程建设的地质环境调查与监测，为政府宏观决策提供地质依据，可以拓宽地质队伍的服务领域，使地质工作走向社会、走向市场，保持其旺盛的生命力。

3）地质灾害危险性评估的作用

地质灾害危险性评估是近几年国土资源部在申请建设用地方面的一项新的规定，但其作用决不仅仅是征地报批的一个例行手续，其重要作用还表现在以下诸方面。

（1）为政府决策提供依据。地质灾害是地质作用对受灾对象造成严重影响的结果。没有受灾对象，构不成灾害。这就存在工程选址问题。对重大工程，政府对如何选址必须作出决策。地质灾害危险性评估中建设用地适宜性评价就是用地审批的重要依据，也是政府决策的一个方面。因选址不当造成严重损失的例子很多。三峡工程所在地巴东县城地处水库淹没区，需要搬迁。经勘查，选择距离县城不远的黄土坡作为县城新址，1984 年开始建设。1995 年新县城开始连续发生滑坡，造成了巨大的损失。经地质矿产部门勘查，该黄土坡是一个古滑坡群。此事当时在社会上引起了很大的反响，这也是国土资源部作出地质灾害危险性评估规定的一个原因。

（2）为建设单位防治地质灾害提供依据。大部分建设工程受各种因素制约，是无法完全避开地质灾害的。因此，必须对地质灾害进行治理。地质灾害危险性评估的一个重要内容就是要为建设单位提出防灾建议和合理的治理措施，并作为建设单位治理地质灾害的依据。2002 年，西北民族学院新建学生楼的场地选在了兰州市皋兰山山麓地带，新开挖的边坡存在诱发滑坡的可能。因此，地质灾害危险性评估报告提出了必须进行加固处理的建议。建设单位采纳了这一意见，并及时采取了治理措施，使学生楼的安全有了保障。

（3）为金融机构投资风险估算提供依据。地质灾害损失的特点之一是不可预见性。金融机构在对一个项目进行投资时，都希望得到稳定的投资回报，因此要求建设单位提供详细的建设方案，以确定投资风险。而地质灾害损失的不确定性则增加了这种投资风险，因此，地质灾害危险性评估是金融部门进行风险分析的重要技术文件。国内不乏这样的例子：某工程建设初期预计的投资规模较小，而在建设过程中遇到了难以治理的地质灾害，使投资规模不断增加，让建设单位骑虎难下，金融机构投资回收也遥遥无期。

（4）是保障公众知情权的必要程序。地质灾害危险性评估是政府行政审批程序的一部分，政府行政工作要逐步实行公开化，评估报告及认定结果也要在互联网上向社会公开。其目的一是使公民知晓本区域将要建设的工程有可能诱发何种地质灾害，应采取什么措施，体现公民的知情权；二是使建设单位和政府管理部门处于公众的监督之下。

除上述外，地质灾害危险性评估还是区域地质环境研究评价的重要资料；也是界定人为诱发地质灾害责任的法律依据文件。随着地质灾害防治工作的加强，地质灾害危险性评估工作的技术水平将不断提高，也必将在防灾工作中发挥越来越重要的作用。

总之，地质灾害危险性评估工作是一项具有法律效力和高度责任约束力的技术成果性文件。承担单位、业主和主管部门都必须严肃认真地把好质量关，为确保人民生命财产和国家财产免受损失，尽到应尽的责任和义务。

第二篇　地质灾害调查

第五章　地质灾害应急调查

第一节　我国地质灾害应急体系建设

我国的《国家突发公共事件总体应急预案》将突发公共事件分为四类：自然灾害、事故灾难、公共卫生事件和社会安全事件。地质灾害是主要的自然灾害之一，而防治地质灾害工作就是国土资源工作的重点之一。

为了更加科学、系统、有效地应对地质灾害多发、频发事件，我们必须立足防大灾、应大急的理念，加快建设地质灾害应急工作体系，全面提升突发地质灾害的应急响应能力。

在 2009 年 3 月全国地质环境管理工作会议上，国土资源部明确了六大举措，着力提高地质灾害的防治能力和水平，其中之一，就是要成立地质灾害应急机构，制定应急工作规则，加强应急值守，依靠科技，提高应急处置能力。2009 年汛期，中国地质环境监测院先后制定的重庆云阳凉水井滑坡、重庆忠县黄金镇滑坡、兰州九州开发区滑坡、重庆武隆山体垮塌、四川德格边坡坍塌、四川宣汉樊哙镇滑坡、汶川地震科学钻探场地泥石流、云南省凤庆县正义村滑坡和四川省康定县泥石流等重大地质灾害事件的应急响应方案，为国土资源部领导和专家了解灾情、作出决策、提出处置建议提供了重要的技术支持和服务。

一、地质灾害应急工作现状及存在的问题

近年来，我国地质灾害应急工作取得了巨大成绩，在组织体系建设、地质灾害预防和预警机制、应急响应、应急保障、预案编制与管理方面都得到了明显的提升。但总体来看，我国地质灾害应急工作还存在不少的问题亟待解决，主要表现在以下几个方面。

(1) 组织机构不健全，专业应急队伍力量薄弱。在国家级层面，虽然成立了国土资源部地质灾害应急办公室和应急中心，但只能针对大型、特大型突发地质灾害开展应急或指导地方开展应急工作，应急中心专家和技术人员难以在第一时间抵达现场开展应急处置工作。在省级层面，地质灾害应急工作的组织实施主体是各级政府国土资源管理部门（厅、局）的地质环境管理机构，但因人员编制太少，未能成立专门管理的应急办公室，多数省份的地质灾害应急响应技术支撑队伍尚未建立，已经成立的省级地质灾害应急中心还很不健全。绝大多数县（市）国土资源局没有专职地质环境管理人员，没有支撑地质灾害应急响应工作的专业队伍，无法承担突发性地质灾害的应急响应工作。

(2) 应急工作经费投入严重不足。一是地质灾害调查经费投入不足。先期部署的县（市）地质灾害调查项目经费一个县（市）20 万元，不能对宏观判断的地质灾害隐患投入勘察工作量进行稳定性评价和趋势分析，调查程度较低。二是应急监测预警、应急处置与评估

的技术方法研究不够深入。目前的地质灾害应急工作多是专家在现场根据经验进行分析判断，有针对性的应急监测、处置和评估方法研究很少，需要投入一定的技术力量和经费开展相关理论方法研究。三是群测群防队伍工作经费没有保证。地质灾害大多分布在贫困山区，地方财政经费承担群测群防员工资费用的能力差，监测设备也十分落后；财政经费没有能力保证，靠行政命令部署群测群防工作，极大地影响了群测群防员的工作积极性和工作成效。四是应急培训演练不够，应对突发地质灾害能力亟待提高，需要投入经费开展各种训练。

（3）应急装备能力建设需进一步加强。地质灾害应急工作装备刚刚起步，虽然在国家层面已经开发组装了车载应急监测和远程会商系统，卫星遥感、无人机等设备也在逐步到位，但在省级以下各级地质灾害应急工作中，装备配置比较弱。应尽快编制、分级提出地质灾害应急装备标准，推进省（自治区、直辖市）、县（市）各级地质灾害装备建设，改进群测群防员的监测设备和手段，提升地质灾害应急装备保障能力。

（4）统一协调、反应灵敏的应急管理体制尚未形成。目前，地质灾害灾情速报制度已经形成并得到有效执行，但国家—省—地—县分级应急值守还没有形成灵敏的联动机制，针对某一特大型地质灾害灾情险情，国家级、省级和地市级的应急响应仍未形成统一指挥、综合协调、有序高效的运行机制。

二、应急体系建设的主要内容

1. 专业化应急队伍建设

以全国地质环境监测体系为基础，立足现有条件，着眼近期需求，统筹优化资源，平战结合，分级分区建设一专多能、反应灵敏、协调运转的地质灾害应急处置队伍，建实建强国家地质灾害应急中心，逐步建成西南、西北、中部、东南、东北和三峡库区六个国家级地质灾害应急分中心，促进和带动各省（自治区、直辖市）建立省级地质灾害应急工作队伍。充分发挥中国地质环境监测院在地质环境监测与地质灾害防治工作中的技术支撑作用，履行“国土资源部地质灾害应急中心”职责，适当扩充技术人员，精细选聘应急专家，合理调整业务结构，优化人力资源配置，形成国家级地质灾害应急工作队伍。同时，加快组建省级地质灾害应急处置队伍，建立省级应急专家组，加强基层应急处置能力，重点县（市）可相应地适度建设应急处置队伍。

2. 应急支撑平台建设

按照《国土资源部突发地质灾害应急响应工作方案》制定数字化应急预案，建设应急技术平台、配置完善的应急装备、建立应急培训与演练基地、编制应急响应技术标准规范，形成可支撑应急预案快速、高效运行的基础系统。其主要内容如下。

（1）应急技术平台建设。运用计算机技术、网络技术和通讯技术、GIS、GPS等高新技术手段，构建一个各级应急指挥机构、应急中心和相关部门互联互通的基础平台，形成满足国家应急响应协调指挥和应急管理需要的综合性应用技术系统，包括应急值守管理子系统、应急预案管理子系统、应急资源调度子系统、灾情险情分析子系统、应急决策专家支持子系统、应急培训与演练管理子系统、应急队伍评估子系统和专用数据库管理子系统等。

（2）应急装备建设。根据地质灾害应急技术工作的装备需求，制定地质灾害应急装备规划，分轻重缓急配置、改造或研发必要应急装备，建成基本满足专业队伍应急需求的装备系统。

（3）训练基地建设。根据国家级地质灾害应急指挥、保障、训练、会商和档案存储等需要，建设国家级地质灾害应急训练基地。在北京建设具有应急指挥、室内培训、后方保障、桌面推演、专家会商和档案存储等功能的后方培训基地；在三峡库区建设具有模拟不同灾情险情、启动应急响应预案、开展应急调查监测和远程会商、模拟避险撤离等功能的现场演练基地。

（4）技术标准规范。遵循通信、网络、数据交换等方面的相关国家或行业标准，规范网络互联、视频会议和图像接入等建设工作，采用国家有关部门发布的人口基础信息、社会经济信息、自然资源信息、基础空间地理信息等数据标准规范，按照电子政务建设相关标准规范和地方兼容中央、下级兼容上级的模式，形成全国应急响应平台在功能规范、业务流程、数据定义与编码、数据交换上的统一标准化体系。

3. 社会化应急网络建设

依托群测群防体系和社会应急资源，建立应急资源共享平台，广泛发动社会各界群众参与，推进地质灾害应急防灾减灾进社区，全面提高基层地质灾害应急能力，一旦突发地质灾害灾情、险情，可实现临灾反应、先期处置、就近支援和协作响应。

（1）辅助性应急网络。集成社会优势应急资源，尤其是国土资源系统优势技术资源，建立信息共享平台，在面临重大地质灾害的灾情、险情应急响应中，实现就近支援、协作响应，为重大地质灾害应急提供辅助应急支撑。

（2）普遍性应急网络。依托地质灾害群测群防体系，结合群测群防“十有县”建设，建设地质灾害应急减灾示范社区，探索建立地质灾害应急志愿者队伍，重点县（市）按需建设应急处置队伍，以点带面推进社会化应急处置网络建设。

4. 应急信息远程会商监控平台建设

以国家级地质环境监测网络为基础，以信息技术为手段，利用专项和公共信息，建设满足地质灾害应急需求的信息平台。

（1）远程会商系统。通过有线网络、卫星通讯网络，架构国土资源部、应急中心、灾害现场的远程通讯与信息传输，推进平灾兼容的全国地质灾害应急信息平台建设，为应急指挥、信息传输和远程会商等提供通讯与信息保障。

（2）远程监控系统。依托全国地质灾害隐患点监测网络和重点地区监测网络，基于调查、监测和治理工作成果，实现灾情速报与动态跟踪；通过有线或无线网络，架构灾害现场与后方应急中心的远程视频监控系统，为全国地质灾害及时反映及处理等提供视频值守平台。

除此之外，还要做好一些配套保障工作，例如，积极推进地质灾害应急相关法律法规建设；起草相关技术标准规范；争取多方支持，形成以财政为主导的多元化经费来源渠道，积极申报关键技术研究经费，支持关键领域科研和发展；开展地质灾害应急防治科学技术研究，注重成果转化、推广与应用；细化应急预案，统筹国土资源系统应急资源，综合社会专业资源，协调联动，为应急体系建设提供运行保障。

第二节　地质灾害应急调查的目的、意义

重大地质灾害应急响应分为险情应急和灾情应急。重大地质灾害应急响应系统建设是一

项跨阶段、高要求、大集成、快反映、求实效的综合行动，是提升地质灾害应急响应科技工作水平，使其从经验走向科学，从感性走向理性的重要举措。

重大地质灾害应急响应技术支撑程序包括响应启动、调查评价、监测预警、会商定性、防控论证、决策指挥、实施检验和总结完善八个环节。地质灾害应急响应平台建设包括一个基础平台（网络体系、远程视频会商系统、应急信息系统），一个应用系统（应急值守、决策支持、预案管理、资源调度、信息处理分析及发布系统）和上下左右的互联互通体系。

地质灾害应急调查评价是地质灾害应急响应体系中基础、重要的环节之一。

地质灾害应急调查是指在地质灾害发生后或地质灾害隐患点出现险情时，由国土资源管理部门组织有关技术单位对该地质灾害发生地点或地质灾害隐患点进行应急调查，查清地质灾害发生的原因、规模、影响和范围、发展趋势，有无继续发生灾害的可能以及需要采取的防治措施等调查活动。

地质灾害应急调查的目的是对灾情或险情现场数据进行搜集，为救援和相关处理工作提供实时、完整的参考信息。

地质灾害应急调查是针对突发地质灾害灾情或险情，立即采取获取地质信息，以减轻灾害后果或避免灾害发生的紧急行动过程，其意义主要是及时、准确地查清地质灾害发生的情况，给各级党委、政府及人民群众提供科学的避险方法及防治措施建议。

第三节　应急调查的技术要求

一、地质灾害应急调查的前期准备

地质灾害应急调查工作开展前应有所准备，并要对调查人员自身的安全问题有切实的了解。所作的准备及安全问题主要有以下五个方面。

（1）准备的工具。包括照相机、GPS、地质罗盘、量角器、三角板、卷尺或测距仪、图夹、野外记录本、铅笔。

（2）准备的装备。包括手机、登山鞋、背包、电筒、雨伞、防寒服、薄绒裤。

（3）准备的药品和干粮。包括腹泻、感冒、消炎、驱虫药，适量软包装食品。

（4）调查队在行进时的要求。包括不能离队，不掉队，不盲目涉水，不喝生水，现场调查要尽量寻求当地人员陪同。

（5）调查队在休息、住宿时的要求。包括宿营地应避开沟口、河床、高陡斜坡等易受地质灾害的危害地段。

二、地质灾害应急调查的技术要求

地质灾害应急调查主要有五个方面的技术要求。

1．确定位置

对照地形地质图或其他带地理底板的图件确定所处位置；应用简便的 GPS 测定灾点的地理坐标和高程、方向；应用地质罗盘确定坡面产状。

2．了解灾情及发灾过程

认真听取当地干部的汇报，搜集汇报材料，记录灾害损失情况、近期天气情况、灾害发生时间及过程、目前地质体的活动情况、灾害救援情况。

向当地灾民询问灾害损失、灾害发生时间及过程、灾害表现形式、有关成灾地质作用的表象、河流动态和降雨情况等。

现场调查核实灾害损失情况。通过灾害现场的观察，统计记录现场人员及财产损失的数量、毁坏程度，按照《地质灾害防治条例》第四条的标准确定灾害程度分级（表 4－1）。调查分析确定地质灾害类型。通过现场地质作用途径和痕迹、堆积体土石成分、结构的观测、堆积体规模的测量，确定地质灾害的类型、规模等级，掌握具体形态数据（如滑坡体的长、宽、厚度、体积）。

3. 调查地质灾害成因

1）地质环境条件

主要针对地质环境中导致灾害发生的脆弱性问题进行观测，确定地质灾害形成的不良地质环境因素（如高陡的斜坡、松散的岩土、暴雨活动情况、强烈的地表水流侵蚀等）。

调查内容：①地形地貌，崩塌陡崖地形地质特征，滑坡山体的地形地质特征，泥石流的流域地形地质特征；②岩体工程地质特征；③土体工程地质特征；④地质构造；⑤水文地质条件等；⑥地震活动情况。

2）人类活动的影响

调查内容：通过观测和访问，调查了解人类活动对地质环境的改造，以及由此带来的不良影响（如土地开垦、耕种，建筑、道路、水利工程建设的切坡和填土对地表径流的改变、增加坡体荷重，采矿活动，弃渣不合理堆放，地下水开采或疏排等）。

认真调查分析这些活动与成灾地质作用的关系，包括空间位置、时间上的关联，确定这些活动对地质灾害的影响。

3）地质灾害活动痕迹调查

调查内容：①崩积体的分布范围、高程、形态、规模、物质组成、分选情况、块度、架空情况和密实度，崩塌方式、崩塌块体的运动路线和运动距离；②滑体形态及规模，后缘滑坡壁的位置、产状、高度及其壁面上擦痕特征，滑坡两侧界线的位置与性状，滑动的方向、滑距等；③泥石流残留在沟道中的各种痕迹和堆积物特征，推断其活动过程、泥石流性质和规模等。

在上述调查的基础上综合分析整个地质作用过程。

4）引发因素确认

综合分析确定灾害发生的临界触发因素（如暴雨冲刷、潜蚀、软化、加载等，洪水侵蚀、掏空等，人为切坡或填土边坡过陡，地下采空区过大而塌落，爆破振动等）。

对触发机制取得一个基本的分析认识结论。表生动力地质作用机制就是该作用各构成要素之间的地质结构关系，运动过程、变化形式及其物理力学性质。

4. 初步判断地质灾害的发展趋势

一般成灾地质作用的发展阶段为孕育→发生→发展→调整→稳定。如一般柔性介质滑坡的变形活动阶段包括初始蠕变→加速变形→剧烈滑动→调整休止→再生固结。

在评估崩塌、滑动后斜（边）坡的稳定性，崩、滑堆积体的稳定性的基础上，结合降雨、洪水、地震、人为诱发因素的变化趋势，综合判断地质灾害的发展趋势。

5. 提出应急措施建议

结合地质灾害的诱发因素、危险性和危害程度，提出针对性的防灾措施建议。其主要内容包括：重点防治地段及重要建筑物的确认；抢险救灾措施及其合理性评估；临时避灾场地的选择和安全性评估；群测群防监测网点的布设及要求；重大地质灾害的应急勘查、监测与防治的建议；地质灾害防治管理要求等。

第四节　地质灾害应急调查的技术方法

一、滑坡应急调查

滑坡调查的目的是查明滑坡灾害的隐患，为滑坡灾害易发区区划、滑坡灾害信息系统和监测网络的建立以及滑坡灾害防治方案的制定提供详实的基础资料。

调查内容主要是查明滑坡灾害发生的危险性。

对于已发生的滑坡，主要调查滑坡发生时间、灾情，滑坡的形态、规模，物质组成及结构，运动形式、滑速、滑距，形成条件及诱发因素，稳定性状况及复活迹象，已有防治措施及今后防灾减灾建议。

对于有发生滑坡潜在危险性的斜坡，主要是调查斜坡的地层岩性、坡体结构、不连续面的性质及组合特征以及产状与斜坡倾向的关系，可能构成滑坡几何边界条件的结构面，坡体异常情况及附近人口、经济情况，以此判定滑坡发生的危险性及可能的影响范围。

对多年前发生目前并无运动迹象的滑坡（老滑坡或休眠滑坡），如果有迁建城镇、集中居民点或是重要工程设施如交通干线通过，也应对之进行调查以判定这些工程活动能否引起滑坡的整体或局部复活，并提出防治措施建议。调查中如何识别这类滑坡可以参照表 4 - 2 所提供的识别标志。

二、崩塌应急调查

（1）调查的范围应包括崩塌落石地点和可能崩落的陡坡区及其相邻地段，以便准确圈定崩塌落石的范围，查明其规模。

（2）调查崩塌落石区地形地貌和微地貌特征，植被情况以及崩塌类型、规模、范围、崩塌体的形态、大小和滚落方向和影响范围等。如裂缝宽度、深度、长度、产状均应量测准确；对边坡形态、坡度、高度以及陡坎、台阶的高度和宽度也应量测。

（3）查明地层岩性、软岩和硬岩的分布范围、风化程度和风化速度。对软硬岩层相间的高陡边坡，因风化速度的差异，是否有风化凹槽和突出的悬岩均应查清。

（4）查明地质构造，岩体结构类型，岩体结构面的产状和裂隙性质、特征（力学性质、裂隙宽度、间距、延伸长度、深度、充填物的情况等），必要时对岩体结构面进行统计，并绘制结构面统计图，还应查明结构面的组合情况，及可能崩落体的形态和大小。

（5）查明地表水和地下水对崩塌落石的影响。对地表水应查清汇集和流动情况、渗入崩塌体的部位、在崩塌体内流动的途径，以及对潜在崩塌体稳定性的影响。对地下水应查清水量、出露位置、补给来源，特别是应查清在陡坡上出露的地下水情况。

（6）调查访问崩塌前的迹象、发生发展的历史，分析崩塌产生的原因，形成条件、影响因素（如与地貌、岩性、构造、地震、采矿爆破、温差变化、水的活动等关系，发展阶段及发展趋势）；预测因工程活动或其他不利因素能否导致崩塌落石，以及可能崩塌的范围、数量、岩块大小，滚落方向和影响范围等。对巨大的崩塌体还应预测在崩塌时是否会产生破坏性的冲击气浪。

（7）搜集本地区的气象（重点是大气降水）、地震、水文（与河流冲刷旁蚀有关的）资料及防治崩塌的经验。

三、泥石流应急调查

泥石流调查应以地面调查为主，辅以访问、现场测试、采样室内分析、剖面研究和泥石流沟谷断面测量等方法，搜集地形地貌、地质、水文气象、植被、泥石流发育特征、运动特征和堆积特征等实物资料，为泥石流的发育历史、爆发规模、危害程度的分析和防治措施的制定奠定基础。

调查范围应包括沟谷至分水岭的全部地段和可能受泥石流影响的地段，具体工作内容及任务要求如下。

（1）调查冰雪融化和暴雨强度、前期降雨量、一次最大降雨量，平均及最大流量，地下水活动情况。

（2）调查地层岩性、地质构造、不良地质现象、松散堆积物的物质组成、分布和储量。

（3）调查分析沟谷的地形地貌特征，包括沟谷的发育程度、切割情况、坡度、弯曲、粗糙程度，并划分泥石流的形成区、流通区和堆积区及圈绘整个沟谷的汇水面积。

（4）调查形成区的水源类型、水量、汇水条件、山坡坡度、岩层性质及风化程度。查明断裂、滑坡、崩塌、岩堆等不良地质现象的发育情况及可能形成泥石流固体物质的分布范围、储量。

（5）调查流通区的沟床纵横坡度、跌水、急弯等特征。查明沟床两侧山坡坡度、稳定程度，沟床的冲淤变化和泥石流的痕迹。

（6）调查堆积区的堆积扇分布范围，表面形态、纵坡、植被、沟道变迁和冲淤情况；查明堆积物的性质、层次、厚度、一般粒径以及分布规律。判断堆积区的形成历史、堆积速度、估算一次最大堆积量。

（7）调查泥石流沟谷的历史，历次泥石流的发生时间、频数、规模、形成过程、爆发前的降雨情况和爆发后产生的灾害情况，并区分正常沟谷或低频泥石流沟谷。

（8）调查开矿弃渣、修路切坡、砍伐森林、陡坡开荒及过度放牧等人类活动情况。

（9）调查当地防治泥石流的措施和经验。

四、地质灾害应急调查报告的编制

地质灾害应急调查报告要紧凑简练，既注重时效性又注重实用性，必须包含以下几个方面的内容，反应这些内容的实际材料必须在应急调查时搜集齐全。

地质灾害应急调查报告提纲及内容情况可参考如下。

（1）前言。简述灾害信息来源、应急调查组织及工作情况。

（2）基本灾情。包括灾害点发生的位置、发生的时间、灾害类型、规模（长、宽、厚）、伤亡人数、已造成直接经济损失及可能造成的经济损失、潜在危害（威胁人员、工程及财产）等。

（3）地质灾害类型和规模。包括地质灾害类型划分；各灾种的分布、特征；灾度等级划分等。

（4）地质灾害成灾原因。灾害形成原因分析，包括自然因素和人为因素分析。其中自然因素包括地形地貌、气象与水文特征；地层岩性、地质构造、地震活动情况；岩土体类型划分与基本特征，山体形态、地质结构与稳定性；含水层组划分与基本特征，地下水补给、径流、排泄条件及特征，动态。人为因素包括人类活动的方式、强度，对地质环境的破坏作用。

（5）发展趋势预测。根据灾害目前活动迹象、发育特征、影响因素及以后各因素的发展趋势，观测分析总结地质灾害发育特征、活动阶段及引发因素的变化，对灾害体的稳定性和发展趋势作出正确的发展趋势评价与预测。

（6）已经采取的应急措施。包括已经采取的应急救灾、防范措施及其效果，存在的问题或不足之处。如监测布置、搬迁方案、防灾预案的制定及落实，已实施工程治理措施的效果，对已制定防御预案的，应附防御预案表。

（7）今后的防治工作建议。包括应急治理的地质灾害及治理方案建议；危险性较大的地质灾害勘查、监测与防治的建议；群测群防监测网点的布设及要求；地质环境管理及有关经济社会管理的建议等。

（8）附图与附件。包括反映地质灾害位置及形成条件的大比例尺平面、剖面图；反映地质灾害全貌和主要特征的现场照片。

第六章　县（市）地质灾害调查和区划

为了减少地质灾害造成的损失，查清我国地质灾害的发育分布规律，国土资源部从1999年开始，在地质灾害严重的县（市），陆续部署开展了县（市）地质灾害调查与区划工作。要开展县（市）地质灾害调查和区划，须由县（市）人民政府向所在省地质矿产行政主管部门提出申请，由省地质矿产行政主管部门根据灾害严重程度和资金可能分轻重缓急提出建议，再由国土资源部审批列入年度计划。

县（市）地质灾害调查的重点是滑坡、崩塌、泥石流、地面沉降、地面塌陷和地裂缝六种地质灾害类型。据调查数据显示，其中滑坡占灾害总数的51%，崩塌占17%，泥石流占8%，地面塌陷占5%，地裂缝占3%，不稳定斜坡占16%。由此可以看出，斜坡灾害（崩塌、滑坡、泥石流、不稳定斜坡）是我国主要的地质灾害类型。因此，我国地质灾害的防治形势十分严峻，防治任务十分繁重。

第一节　总则

一、调查目的

调查目的是查明我国地质灾害严重县（市）的地质灾害隐患，划定地质灾害易发区，健全群专结合的监测网络，有计划地开展地质灾害防治，建立地质灾害信息系统，减少灾害损失，保护人民生命财产安全，开展县（市）地质灾害调查与区划。

二、调查的主要任务

（1）“以人为本”，对城镇、厂矿、村庄、风景名胜区、重要交通干线和重要工程设施分布区不稳定斜坡（变形斜坡）、泥石流潜在发育区以及潜在地面塌陷区进行调查，并对其稳定程度和潜在危害（险情）进行初步评价。

（2）对已发生的滑坡、崩塌、泥石流、地面塌陷、地裂缝、地面沉降等地质灾害点进行调查。查清其分布范围、规模、结构特征、影响因素、引发因素等，并对其稳定性、危害性（灾情）及潜在危害性（险情）进行评价。

（3）划定地质灾害易发区。

（4）协助当地政府建立地质灾害群测群防网络和编制特大型、大型地质灾害隐患点的防灾预案。

（5）结合调查成果，对所属县（市）有关人员进行地质灾害防灾减灾知识培训，指导地质灾害的监测与预警工作。

（6）开展地质灾害防治区划。

（7）建立地质灾害信息系统。

三、调查的基本要求

调查工作紧密结合防灾需要，突出“以人为本”，以突发性地质灾害为重点，不按比例尺定额平均布设调查点，而围绕有受灾危险的居民点及重要设施进行调查。通过走访每一个城镇及行政村，结合地质环境条件确定调查对象。重点调查可能产生崩塌、滑坡、泥石流而对居民点安全造成威胁的斜坡、沟谷以及对村镇有威胁的地面塌陷、地裂缝隐患，同时兼顾公路、铁路、河流沿线地质灾害危险性调查。

（1）地质灾害调查应在充分搜集、利用已有资料的基础上进行。搜集资料的内容包括与地质灾害形成条件相关的气象水文、地形地貌、地质构造、区域构造、第四纪地质、水文地质条件、生态环境以及人类活动与社会经济发展计划等。

（2）地质灾害调查的主要内容包括不稳定斜坡、滑坡、崩塌、泥石流、地面塌陷、地裂缝、地面沉降。根据工作区实际情况，可以增加其他种类的地质灾害调查内容。

（3）地质灾害调查应充分发动群众，采取有关部门和群众报险与专业人员调查相结合的方式进行。对于前人文献已有记载的以及当地群众和有关部门报告的地质灾害点，必须逐一进行现场调查；对于主要的居民点，无论有无地质灾害分布，都必须进行现场调查；对于据地质条件判断可能遭受地质灾害威胁的一般居民点，也必须进行现场调查。

（4）地质灾害调查必须做到“一点一卡”。按照卡片要求的内容逐一填写，对地质灾害的主要要素的描述不得遗漏。

（5）地质灾害调查必须按照统一的格式要求建立相应的信息系统。

（6）列入年度计划的县（市），承担调查任务的单位须编制调查设计书。经省（自治区、直辖市）国土资源行政主管部门审批后开展调查工作。

（7）县（市）地质灾害调查与区划成果资料（含文字报告、图件、附件、附表和有关原始资料等）均以纸介质和电子文档（光、磁盘）两种形式汇交。所汇交的资料均应严格按照有关规定、标准复制。光（磁）盘数据资料，必须与纸介质成果资料内容一致。

（8）每个县（市）地质灾害调查工作应在一年内完成。

四、调查方法

在充分搜集已有资料的基础上，进行较为详细的地面调查，不安排钻探，必要时可适当进行少量坑、槽探。

五、调查工作的组织形式

（1）成立由县（市）政府领导、承担调查任务的地勘单位领导及有关部门成员参加的项目协调领导小组，负责组织和协调项目的实施。

（2）在协调小组的领导下，由承担调查任务的地勘单位和县（市）国土资源主管部门组成若干联合调查组开展工作。

（3）每个县（市）调查组专业技术人员不应少于 2 人。其中，具有中、高级技术职称并且有经验的专业人员不应少于 1 人。

（4）在开展调查工作前，专业调查组应协助当地政府举办地质灾害调查基层干部培训班。

六、质量监控

(1) 县（市）地质灾害调查与区划项目应由具备地质灾害防治工程勘查资质的单位承担。

(2) 项目承担单位必须按照审批后的设计书要求组织实施，如需要对设计进行较大变更、调整，应报原审批部门备案或重新审批。

(3) 项目承担单位应按时开展对项目实施阶段的自检、互检、专检的质量控制措施。

(4) 在项目实施过程中，省及当地国土资源主管部门应组织有关专家对调查工作进行野外抽查和验收。质量不合格者，必须返工，直至质量合格。

(5) 项目承担单位提交的成果报告送审稿，经省（自治区、直辖市）国土资源行政主管部门组织有关专家评审通过并经审批后，方可提供当地政府使用，并按规定进行资料归档。

第二节　调查设计的编制

一、基本要求

(1) 设计书应充分搜集前人资料，尤其是搜集省（自治区、直辖市）、市（州）、县三级地质灾害年度防治预案和应急防灾减灾工作资料，并进行综合研究，使设计书有充分的依据和可操作性，确保调查成果的质量。

(2) 设计书应充分了解地方国民经济建设与社会发展情况，以及对地质灾害防灾减灾的需求和要求，使工作目的明确，针对性强。

(3) 设计书应符合有关标准、规范、规定、条例及要求，内容完整，重点突出，附图、附表齐全。

二、设计书提纲

设计书提纲应包括如下内容。

前言

　一、目的任务

　二、工作区范围和自然地理概况

　三、以往工作程度及评述

第一章　区域环境地质条件和地质灾害现状

　第一节　区域环境地质条件

　第二节　地质灾害现状

　第三节　影响地质灾害易发程度的地质条件分析

第二章　工作部署及进度安排

　第一节　工作部署原则

　第二节　工作部署

　第三节　工作量与工作进度

第三章　工作方法及技术要求

　第一节　工作方法

第二节　技术要求
第四章　组织管理
第一节　组织管理部门
第二节　项目组人员与分工
第五章　保障措施
第一节　项目全面质量管理措施
第二节　安全及劳动保护措施
第六章　经费预算
第七章　预期成果
第一节　成果报告
第二节　成果图件
第三节　附件
第四节　提交成果时间
附图　地质灾害调查与区划工作部署图，比例尺为1∶10万。

第三节　野外调查

县（市）地质灾害调查主要是调查发生地质灾害的危险性。包括已发生的崩塌、滑坡、泥石流、地面塌陷等的形成条件、发育特征、已造成的损失、复活的危险性、危害性以及潜在的崩塌、滑坡、泥石流、地面塌陷等对居民点及重要设施的威胁。

一、调查要点

1. 不稳定斜坡调查要点

对斜坡，主要是调查斜坡的地层岩性、坡体结构、结构面组合特征、可能构成崩塌、滑坡的边界条件、坡体异常情况及附近人口、经济状况等，以此判断斜坡发生崩塌、滑坡、泥石流灾害的危险性及可能影响的范围。调查的内容如下。

（1）构成斜坡的地层岩性、风化程度、厚度、软弱夹层岩性及产状；断裂、节理、裂隙发育特征及产状；风化残坡积层岩性、厚度；山坡坡型、坡度、坡向和坡高；岩土体中结构面与斜坡坡向的组合关系。

（2）不稳定斜坡与建筑物的平面关系（如房屋与高陡边坡的距离）。

（3）调查斜坡周围，特别是斜坡上部暴雨、地表水渗入或地下水对斜坡稳定的影响、人为工程活动对斜坡的破坏情况等。

（4）对可能构成崩塌、滑坡的结构面的边界条件、坡体异常情况等进行调查分析，以此判断斜坡发生崩塌、滑坡、泥石流等地质灾害的危险性及可能影响的范围。

有下列情况之一者，应视为该斜坡具备失稳条件。

（1）各种类型的危岩体。

（2）斜坡岩体中有倾向坡外、倾角小于坡角的结构面存在。

（3）斜坡被两组或两组以上结构面切割，形成不稳定棱体，其底棱线倾向坡外，且倾角小于斜坡坡角。

(4) 斜坡后缘已产生拉裂缝。

(5) 顺坡走向卸荷裂隙发育的高陡斜坡或凹腔深度大于裂隙带。

(6) 岸边裂隙发育、表层岩体已发生蠕动或变形的斜坡。

(7) 坡足或坡基存在缓倾的软弱层。

(8) 位于库岸或河岸水位变动带，渠道沿线或地下水溢出带附近，工程建成后可能经常处于浸湿状态的软质岩石或第四系沉积物组成的斜坡。

(9) 其他根据地貌、地质特征分析或用图解法初步判定为可能失稳的斜坡。

斜坡稳定性调查表（附录1.2）中有关栏目填写要求如表6-1所示。

表6-1 斜坡稳定性调查表的填写说明

条目	填写内容
名称	以距离调查点最近的地名命名
地理位置	详细到乡、村、组（社），地理坐标以调查范围的中心点为准，在地形图上量取
野外编号	以所在县（市）名称汉语拼音的声母加上调查表的顺序号作为野外编号。如巴东县BD1，BD2，…攀枝花市PZH1，PZH2，…
室内编号	按邮政编码方式（地质灾害信息系统建设数据编码要求）编码
成因时代	第四系地层时代代号加成因代号，如第四系全新统坡积物代号为Q^{dl}；基岩标注到组，如侏罗系蓬莱镇组代号为J_3p
产状	用倾向、倾角表示，如将倾向125°、倾角30°，表示为125°∠30°
地震烈度	可用国家地震局1990年编制的50年内超越概率为10%的地震烈度区划数据
微地貌	>60°为陡崖，25°～60°为陡坡，8°～25°为缓坡，≤8°为平台
坡形	指斜（边）坡剖面形态，分为凸形、凹形、线形、阶状等形态
坡向	指主体坡面倾向，用方位角表示
构造部位	指与调查点附近主要构造的关系，如某断层的上盘、下盘或断裂带上；某背斜、向斜的某翼、轴部或倾伏端等
土地使用	填写调查点及其附近的土地使用现状
结构类型	分为块体状、块状、层状和软弱基座四种基本类型；层状斜坡结构根据岩层（或其他结构面）倾角大小及与坡面的关系可再分为顺向坡、逆向坡、斜向坡、横向坡和近水平岩层斜坡五个亚型；顺向坡还可再细分为缓倾顺向坡和陡倾顺向坡
控滑结构面类型	分为层理面、片（劈）理面、节理裂隙面、松散盖层与基岩接触面、泥化夹层、层内错动带、构造错动带、断层、老滑坡面等
密实度	分为密实、中密、稍密、松散四级

2. 滑坡调查要点

滑坡调查主要调查滑坡发生时间、灾情，物质组成、外形及规模、运动形式、滑速、滑距、诱发因素、复活迹象，已有防治措施并提出今后防灾减灾建议。

(1) 调查的范围应包括滑坡区及其邻近稳定地段，一般包括滑坡后壁外一定距离（滑坡滑动会影响和危害的区域），滑坡体两侧自然沟谷和滑坡舌前缘一定距离或江、河、湖水边。

（2）注意查明滑坡的发生与地层结构、岩性、断裂构造（岩体滑坡尤为重要）、地貌及其演变、水文地质条件、地震和人为活动因素的关系，找出引起滑坡或滑坡复活的主导因素。

（3）调查滑坡体上各种裂缝的分布特征，发生的先后顺序、切割和组合关系，分清裂缝的力学属性，如拉张、剪切、鼓胀裂缝等，藉以作为滑坡体平面上分块、分条和纵剖面分段的依据，分析滑坡的形成机制。

（4）通过裂缝的调查，藉以分析判断滑动面的深度和倾角大小。滑坡体上裂缝纵横，往往是滑动面埋藏不深的反映；裂缝单一或仅见边界裂缝，则滑动面埋深可能较大；如果基础埋深不大的挡土墙开裂，则滑动面往往不会很深；如果斜坡已有明显位移，而挡土墙等依然完好，则滑动面埋深较深；滑坡壁上的平缓擦痕的倾角，与该处滑动面倾角接近一致；滑坡体的差速裂缝两壁也会出现缓倾角擦痕，同样是下部滑动面倾角的反映。

（5）对岩体滑坡应注意调查缓倾角的层理面、层间错动面、不整合面、假整合面、断层面、节理面和片理面等，若这些结构面的倾向与坡向一致，且其倾角小于斜坡前缘临空面倾角，则很可能发展成为滑动面。对土体滑坡，则首先应注意土层与岩层的接触面构成的滑带形态特征及控制因素，其次应注意土体内部岩性差异界面。

（6）调查滑动体上或其邻近的建、构筑物（包括支挡和排水构筑物）的裂缝，但应注意区分滑坡引起的裂缝与施工裂缝、填方基础不均匀沉降裂缝、自重与非自重黄土湿陷裂缝、膨胀土裂缝、温度裂缝和冻胀裂缝的差异，避免误判。

（7）调查滑带水和地下水情况，泉水出露地点及流量，地表水自然排泄沟渠的分布和断面，湿地的分布和变迁情况等。

（8）判断是首次滑动的新生滑坡还是再次滑动的古（老）滑坡。古（老）滑坡的识别标志见表 4－2。

（9）调查当地整治滑坡的经验和教训。

（10）调查滑坡已经造成的损失，滑坡进一步发展的影响范围及潜在损失。

3. 崩塌调查要点

崩塌调查包括危岩体调查和已有崩塌堆积体调查。

危岩体调查应包括下列内容。

（1）危岩体位置、形态、分布高程、规模。

（2）危岩体及周边的地质构造、地层岩性、地形地貌、岩土体结构类型、斜坡组构类型。岩土体结构应初步查明软弱（夹）层、断层、褶曲、裂隙、裂缝、临空面、侧边界、底界（崩滑带）以及它们对危岩体的控制和影响。

（3）危岩体及周边的水文地质条件和地下水赋存特征。

（4）危岩体周边及底界以下地质体的工程地质特征。

（5）危岩体变形发育史。历史上危岩体形成的时间，危岩体发生崩塌的次数、发生时间，崩塌前兆特征、崩塌方向、崩塌运动距离、堆积场所、崩塌规模、引发因素，变形发育史、崩塌发育史、灾情等。

（6）危岩体成因的动力因素。包括降雨、河流冲刷、地面及地下开挖、采掘等因素的强度、周期以及它们对危岩体变形破坏的作用和影响。在高陡临空地形条件下，由崖下硐掘型采矿引起山体开裂形成的危岩体，应详细调查采空区的面积、采高、分布范围、顶底板岩性结构，开采时间、开采工艺、矿柱和保留条带的分布，地压现象（底鼓、冒顶、片帮、鼓帮、开裂、压碎、支架位移破坏等)、地压显示与变形时间，地压监测数据和地压控制与管理办法，研究采矿对危岩体形成与发展的作用和影响。

(7) 分析危岩体崩塌的可能性，初步划定危岩体崩塌可能造成的灾害范围。

(8) 危岩体崩塌后可能的运移斜坡，在不同崩塌体积条件下崩塌运动的最大距离。在峡谷区，要重视气垫浮托效应和折射回弹效应的可能性及由此造成的特殊运动特征与危害。

(9) 危岩体崩塌可能到达并堆积的场地的形态、坡度、分布、高程、地层岩性与产状及该场地的最大堆积容量。在不同体积条件下，崩塌块石越过该堆积场地向下运移的可能性，最终堆积场地。

(10) 调查崩塌已经造成的损失，崩塌进一步发展的影响范围及潜在损失。

对已有崩塌堆积体调查应包括下列内容。

a. 崩塌源的位置、高程、规模、地层岩性、岩土体工程地质特征及崩塌产生的时间。

b. 崩塌体运移斜坡的形态、地形坡度、粗糙度、岩性、起伏差，崩塌方式、崩塌块体的运动路线和运动距离。

c. 崩塌堆积体的分布范围、高程、形态、规模、物质组成、分选情况、植被生长情况、块度、结构、架空情况和密实度。

d. 崩塌堆积床形态、坡度、岩性和物质组成、地层产状。

e. 崩塌堆积体内地下水的分布和运移条件。

f. 评价崩塌堆积体自身的稳定性和在上方崩塌体冲击荷载作用下的稳定性，分析其在暴雨等条件下向泥石流、崩塌转化的条件和可能性，并填写崩塌滑坡调查表(附录 1.1)。

4. 泥石流调查要点

泥石流沟谷在地形地貌和流域形态上往往有其特殊反映，典型的泥石流沟谷，形成区多为高山环抱的山间盆地。流通区多为峡谷，沟谷两侧山坡陡峻，沟床顺直，纵坡梯度大。堆积区则多呈扇形或锥形分布，沟道摆动频繁，大小石块混杂堆积，垄岗起伏不平。对于典型的泥石流沟谷，这些区段均能明显划分，但对不典型的泥石流沟谷，则无明显的形成区、流通区与堆积区。研究泥石流沟谷的地形地貌特征，可从宏观上判定沟口是否属泥石流沟谷，并进一步划分其区段。

泥石流调查范围应包括沟谷至分水岭的全部地段和可能受泥石流影响的地段，主要包括泥石流的形成区、流通区、堆积区。主要是调查沟谷中松散物源量、植被发育状况、降水特征及降水量、汇水面积、沟谷纵坡降、沟口地貌、新老泥石流扇地形关系、以往灾情判断沟谷发生泥石流的可能性。

(1) 冰雪融化和暴雨强度、前期降雨量、一次最大降雨量，一般及最大流量，地下水活动情况。

(2) 地层岩性、地质构造、不良地质现象、松散堆积物的物质组成、分布和储量。

(3) 沟谷的地形地貌特征，包括沟谷的发育程度、切割情况、坡度、弯曲、粗糙程度。划分泥石流的形成区、流通区和堆积区，圈绘整个沟谷的汇水面积。

(4) 形成区的水源类型、水量、汇水条件、山坡坡度、岩层性质及风化程度，断裂、滑坡、崩塌、岩堆等不良地质现象的发育情况及可能形成泥石流固体物质的分布范围、储量。

(5) 流通区的沟床纵横坡度、跌水、急湾等特征，沟床两侧山坡坡度、稳定程度，沟床的冲淤变化和泥石流的痕迹。

（6）堆积区的堆积扇分布范围、表面形态、纵坡，植被，沟道变迁和冲淤情况；堆积物的性质、层次、厚度、一般和最大粒径及分布规律。判定堆积区的形成历史、划分古泥石流扇和新泥石流扇，新泥石流扇的堆积速度，估算一次最大堆积量。

（7）泥石流沟谷的历史。历次泥石流的发生时间、频数、规模、形成过程、爆发前的降水情况和爆发后产生的灾害情况。区分正常沟谷和低频率泥石流沟谷。

（8）采矿弃渣、修路切坡、砍伐森林、陡坡开荒及过度放牧等人类活动情况。

（9）当地防治泥石流的措施和建筑经验。

（10）调查泥石流已经造成的损失，泥石流进一步发展影响的范围及潜在损失。要对泥石流沟堵塞程度进行分级（表 4 - 12）；并对泥石流综合评判部分各因素进行评分（表 4 - 13）；再根据综合评判总分确定易发程度级别（表 4 - 14）。

泥石流调查表（附录 1.3）中有关栏目填写要求见表 6 - 2。

表 6 - 2　泥石流调查表的填写说明

条目	填写内容
水系名称	指黄河、长江、珠江等入海河流或下游消失的内陆河流
泥石流沟泄入主河道名	指按所用地形图上的名称填写，地形图上无河名者按地方习惯名称填入
泥石流沟至主河道距离	现场直接量测或在地形图上量测，要注明河道水位标高
流域面积	在 1∶5 万地形图上量测
相对高差	在地形图上量测
山坡坡度	可在地形图上量测，但以现场实测为主
植被覆盖率	指林、灌木植被的覆盖率，通过现场调查或搜集资料获得
主沟纵坡	一般采用山口以上河段平均坡降，以现场实测为主，也可用近期航片或地形图上的量测资料；分段统计时按加权平均值计算
冲淤变幅	应在流通区或形成区实际量测
沟口扇形地状况	应现场实地调查判别，按山口扇形地特征规定调查的内容量测填表
补给段长度比	同一河段两岸同时存在几个不同补给源，只取其中最长的一段长度计入累计长度；泥沙沿程补给长度比主要按现场调查结果计算确定，也可根据航片资料确定
堵塞程度	根据现场调查确定
松散物储量	通过现场调查测算或用航片资料的计算成果
不良地质现象发育程度	一般按总储量划级
产沙区松散物平均厚度	现场调查量测

注：泥沙沿程补给长度比是指泥沙沿程补给长度与主沟长度之比，泥沙沿程补给长度是沿主沟长度范围内两岸及沟槽底部泥沙补给段（如崩坍、滑坡、沟蚀等）的累计长度。易发程度（严重程度）、综合评判总分确定见表 4 - 13。

5. 地面塌陷调查要点

地面塌陷主要调查岩溶地面塌陷和采空地面塌陷，包括发育在黄土等地区的土洞型地面塌陷。地面塌陷主要调查已有塌陷的发育特征，形成的地质环境条件及诱发因素，发展趋势，已造成的和今后可能发生的灾害情况，已采取的防治措施、效果，提出今后的防治建议。

我国岩溶地面塌陷90%以上发生在可溶岩上有松散土层覆盖的岩溶区。塌陷主要产生在土层中，所以也称为“土层塌陷”。一般下列地段易产生岩溶地面塌陷。

(1) 浅部岩溶发育强烈，可溶岩顶面起伏较大，并有洞口或裂口，岩溶洞穴空间无充填或充填物少，且充填物为砂、碎石和亚黏土的地段。

(2) 采、排地下水点附近和地下水位降落漏斗范围内（特别是地下水的主要补给方向上），以及地下水位变动明显的区域（浸没导致水位上升）。

(3) 构造断裂带，背、向斜轴部，可溶岩与非可溶岩的接触部位。

(4) 岩溶洼地、积水低地和池塘。

(5) 第四纪土层为砂、轻亚黏土、亚黏土，且厚度小于10m的地段。

因此，调查过程中首先要依据已有资料进行综合分析，在基本掌握区内岩溶发育、分布规律及岩溶水环境的基础上，查明岩溶地面塌陷的成因、形态、规模、分布密度、引发因素、土层厚度与下伏基岩岩溶特征。地表、地下水活动动态及其与自然和人为因素的关系。调查岩溶地面塌陷对已有建筑物的破坏损失情况，圈定可能发生岩溶地面塌陷的区段。

采空塌陷应通过搜集资料，调查访问等工作查明下列内容。

(1) 采空区和巷道的具体位置、大小、埋藏深度、开采时间和回填塌落、充水等情况。

(2) 矿层的分布、层数、厚度、深度、埋藏特征和开采层的岩性、结构等。

(3) 矿层开采的深度、厚度、时间、方法、顶板支撑及采空区的塌落、密实程度、空隙和积水等。

(4) 地表变形特征和分布规律。包括地表陷坑、台阶、裂缝等的位置、形状、大小、深度、延伸方向及其与采空区、地质构造、开采边界、工作面推进方向等的关系。

(5) 地表移动盆地的特征，划分中间区、内边缘和外边缘区，确定地表移动和变形的特征值。

(6) 采空区附近抽、排水情况及对采空区稳定的影响。

(7) 搜集建筑物变形及其处理措施的资料等，并填写地面塌陷调查表（附录1.4)。

6. 地裂缝调查要点

本调查所指地裂缝为区域性地裂缝，与滑坡、崩塌、地面塌陷相伴生的地裂缝不在此调查范围内中。

地裂缝主要调查单缝特征和群缝分布特征及其分布范围，地裂缝成因类型及其形成的地质环境和诱发因素，以及发展趋势预测，现有灾害评估和未来灾害预测，现有防治措施和效果，今后的防治建议。地裂缝调查内容主要如下。

(1) 单缝特征和群缝分布特征及其分布范围。

(2) 形成的地质环境条件（地形地貌、地层岩性、构造断裂等)。

(3) 地裂缝成因类型和引发因素。

(4) 发展趋势预测和现有灾害评估及未来灾害预测。

（5）现有的防治措施和效果。

在作了上述调查后，填写地裂缝调查表（附录 1.5）。

7. 地面沉降调查要点

主要调查由于常年抽汲地下水引起水位或水压下降而造成的地面沉降，不包括由于其他原因所造成的地面下降。主要通过搜集资料、调查访问来查明地面沉降原因、现状和危害情况，着重查明下列问题。

（1）综合分析已有资料查明第四纪沉积、地貌单元（特别要注意冲积、湖积和海相沉积的平原或盆地及古河道、洼地、河间地块等微地貌分布），第四系岩性、厚度和埋藏条件，特别要查明硬土层和软弱压缩层的分布。

（2）查明第四系含水层水文地质特征、埋藏条件及水力联系；搜集历年地下水动态、开采量、开采层位和区域地下水位等值线图等资料。

（3）根据已有地面测量资料和建筑物实测资料，同时结合水文地质资料进行综合分析，初步圈定地面沉降范围和判定累计沉降量，并对地面沉降范围内已有建筑物损坏情况进行调查。

在作了上述调查后，填写地面沉降调查表（附录 1.6）。

8. 其他

参照国家有关技术要求进行。

二、野外调查记录要求

（1）每个调查居民点、地质灾害点和地质灾害隐患点的地质环境条件、地质灾害特征，应根据设计书中规定的技术要求和布点的目的进行详细记录和填表。做到目的明确、内容全面、重点突出、数据无误、词语准确、字迹工整清楚。

（2）对各类地质灾害形成条件、影响因素、引发因素的描述应分清主次。特别是引发因素的分析，应用数据说明。若为降雨引发，应尽量搜集灾害发生前的降雨时间、雨量数据；若为人工切坡引发，应访问切坡的时间，测量切坡后的坡度、高度；若为采矿引发，应尽量搜集开采起始时间、年开采能力、矿石总产量、坑道位置、采矿工艺、采空区分布及面积等资料；若为抽、排水引发，应尽量搜集抽排井孔布置、抽排时间、抽排水量、抽排前后地下水位及变化等资料。

（3）各类地质灾害的规模划分标准，参照表 4－3～表 4－5。

（4）滑坡和斜坡的稳定性分为三级，即稳定性好、稳定性较差、稳定性差。滑坡和崩塌稳定性野外判别标准见表 4－6、表 4－7。岩溶地面塌陷体的稳定性分为稳定性好、稳定性较差、稳定性差三级。塌陷体和土洞稳定性评价标准见表 4－9、表 4－10。

（5）对已进行勘查与治理的地质灾害，应搜集勘查程度、治理措施、治理效果及效益相关资料。

（6）对重要的斜坡变形和地质灾害点，都必须绘出平面图、剖面图，必要时附素描图，并拍摄照片或录像。所有照片均应统一顺序编号，并注明在相应的观测点记录表上，如 BD1－2，表示巴东县第 1 卷第 2 张。

三、野外调查记录形式

（1）野外调查记录必须按规定的调查表认真填写，要用野外调查记录本作沿途观察记录，并附示意性图件（平面图、剖面图、素描图等）和影像资料等。对于调查的地质灾害点及地质灾害隐患点，填写相应灾种的野外调查表；对于调查的居民点，填写村（居民点）地质灾害调查情况统计表。

（2）灾情或险情以及规模属中型及其以上的地质灾害点必须进行详细调查；对灾情或险情以及规模属小型者可视具体特征和分布位置作控制性定点调查（表 4-2）。

（3）对属同一类型的地质灾害，不论灾害体规模大小、是单体还是群体，都应一点一表，不允许在同一灾害体上定两个以上的观测点，也不允许将相邻两个灾害体合定一个观测点。同一地点存在几种地质灾害或其他环境地质问题时，可以只定一点，但应分类填表。

（4）对于乡、镇及村委会，都应进行调查，如无地质灾害分布，可不布设观测点，但应做好访问记录；对于一般居民点，只要可能受到地质灾害危害，均应布设观测点进行调查评价。

（5）野外记录应采取图文互补方式进行调查记录，用图客观地反映出地形形态、滑坡裂缝、隆起等变形现象的空间展布，地下水出露或所测水位埋深等部位，人工边坡分布位置，受威胁对象与潜在灾害体相对位置，土体厚度、岩层节理断层产状测量位置，照像位置和镜头方向等。用文字客观地补充记录地形坡度、边坡高度、裂缝特征和形成时间、威胁户数人口等，保证野外记录客观全面。野外记录要严格注意区分主观判断客观存在的现象，并判断可能的成灾范围。

四、工作手图和清图填绘要求

（1）采用数字化地形地质或工程地质底图作为工作手图。在未获得上述图件的情况下，以 1∶5 万地形图作为工作手图，并据已有资料将各类地质灾害点及地质界线透绘到地形底图上供野外调查期间使用。

（2）工作手图上的各类观测点和地质界线，在野外应用铅笔绘制。转绘到清图上后应及时上墨。

（3）工作手图上观测点符号用×表示。灾害体若规模较小，无法表示其轮廓线时，用不依比例尺的符号表示。当规模较大，应依比例尺圈定其边界线。

（4）工作手图上观测点定位应遵循以下原则。滑坡点定在滑坡后缘中部，泥石流点定在堆积区中部，地面塌陷点定在塌陷中心点，地裂缝点定在主干裂缝的中点，斜坡、边坡点定在变形区中部。

（5）清图（比例尺一般采用 1∶10 万），各类地质灾害和地质界线应按规定图例绘制，不再表示观测点符号。

第四节　地质灾害群测群防网络建设

调查过程中和调查基本结束后，联合调查组要协助当地政府进行地质灾害群测群防预警体系建设。初步建立起群众监测网络和群专结合的预报预警系统。

一、群众监测网络建设

1. 监测点选定原则

（1）危险性大、稳定性差、成灾概率高，灾情严重的。

（2）对集镇、村庄、工矿及重要居民点人民生命财产安全构成威胁的。

（3）造成严重经济损失的。

（4）威胁公路、铁路、航道等重要基础设施的（由相关部门和业主负责实施）。

（5）威胁重大基础建设工程的（由相关部门和业主负责实施）。

2. 监测点的建设

根据上述原则确定需要监测的地质灾害隐患点后，调查组应及时提出监测方案报当地政府，同时协助搞好监测点的建设。

（1）监测范围确定。除对地质灾害隐患点和不稳定斜坡本身的变形迹象进行监测外，还应把该灾害点威胁的对象和可能成灾的范围纳入监测范围。

（2）监测方法与要求。对当前不宜进行治理及暂时不能进行治理的隐患点，危害大的应因地制宜，建立简易监测为主、结合宏观地面变形观察的群测网点。

（3）一般采用设桩、设砂浆贴片和固定标尺进行滑坡体地面裂缝相对位移监测，并结合人工巡视滑坡体内的微地貌、地表植物和建筑物标志的各种微细变化。对危害大的隐患点（属特大型）应建议纳入国家建立的监测网络，如有条件也可用视准线法测量监测点的位移变化动态，以定期巡测和汛期强化监测相结合的方式进行。定期巡测一般为半个月或每月一次，汛期强化监测将根据降雨强度，每天或24小时值班监测。

3. 监测网点的管理与运行

（1）监测责任落实到具体的单位与个人。被监测的地质灾害隐患点所在的乡、镇、村和有关单位为监测责任人，在他们的领导下，成立监测组，监测组由受危害、威胁的居民点或有关单位的群测人员组成。

（2）建立岗位责任制。县、乡（镇）、村应逐级签定责任书。

（3）宣传与培训。调查过程中，采取多种方式进行宣传与培训，教会监测责任人、监测组成员和群众如何监测、如何判断灾害可能发生的各种迹象和灾情速报及有关应急防灾救灾的方法。

（4）监测信息反馈与处理。县（市）国土资源主管行政部门负责监测资料与信息反馈的搜集汇总，上报到市（地、州）国土资源行政部门或地质环境监测站进行综合整理与分析，省国土资源厅地质环境处或省地质环境总站将上报的资料与信息录入省地质灾害空间数据库，进行趋势分析，同时对下一步监测工作提出指导性意见。

（5）经监测有重大险情发生时。当地政府和有关单位应立即采取应急防灾减灾措施，同时应立即报告省、市、县政府和国土资源厅主管部门，派出专业人员赴现场协助监测和指导防灾救灾。

（6）建立地质灾害速报制度。按国土资发［2004］86号文执行。

4. 监测数据

（1）监测数据包括地质灾害点基本资料、动态变化数据、灾情等。

（2）所有监测数据均应以数字化形式储存在信息系统中，同时，必须以纸介质形式备份保存。

（3）监测点必须进行简易定量监测，并须整理成有关曲线、图表等。应编制有关月报、季报和年报，同时，对今后灾害发展趋势进行预测。

(4) 监测数据应按有关程序逐级汇交。

(5) 加强监测数据的综合分析和对监测人员的培训，使监测资料得到及时的应用。

二、群专结合的预报预警系统建设

(1) 县（市）国土资源主管部门归口管理和指导群众监测网络建设，负责监测资料与信息反馈的搜集汇总。

(2) 县（市）国土资源主管部门的地质环境职能部门应根据气象、水文预报和监测资料进行综合分析，预测地质灾害危险点，并及时向有关乡镇、村和矿山及管理重要设施的部门发出预警通知。

(3) 县（市）国土资源主管部门负责组织各乡镇、矿山、重要设施主管部门编制汛期地质灾害防灾预案。编制全县（市）汛期地质灾害防灾预案，报同级人民地方政府批准后，负责组织实施。

(4) 县（市）国土资源主管部门负责组织地质灾害防治科普宣传活动和基层干部培训工作。

第五节　室内资料分析整理

一、基本要求

(1) 必须结合信息系统的建设进行，所有报告及图件必须数字化，并运用计算机编图。

(2) 地质灾害调查成果分析整理采用定性分析为主、定量化评价为辅的方法进行。阐明地质灾害分布规律、发育特征及危害，作出正确的评价与预测。

(3) 地质灾害调查成果主要为规划、决策人员服务，应力求通俗易懂、简洁美观，但必须体现地质规律。结合地方政府需求与经济社会发展规划，提出合理、有效的防治建议，体现调查工作的防灾减灾效益。

二、地质灾害易发区划分

地质灾害易发区指具备地质灾害发生的地质构造、地形地貌和气候条件，容易或者可能发生地质灾害的区域。地质灾害易发区主要依据地质环境条件，参考地质灾害现状和人类工程活动划定。地质灾害易发区分为高易发区、中易发区、低易发区三类。具体划分方法见第十章。

三、重点防治区的确定

地质灾害重点防治区根据地质灾害现状和需要保护的对象确定。

通过对地质灾害易发区内人口密集居住区（城市、集镇、村庄）、重要基础设施（交通干线、通讯工程、水利工程、电力工程）、重要经济区（支柱产业开发区、大中型工矿区）、风景名胜区（自然景点、文化遗存、地质遗迹）、重要农业区（基本农田保护区、特色农业区）等所涉及区域的调查，将存在危险的区域划定为地质灾害重点防治区。

四、成果图件编制

1. 实际材料图编制

以所属县（市）行政区划图为底图，将地质灾害野外调查的工作路线，已调查的学校、集镇、居民点、交通线、厂矿等调查点等投入的实物量标在图上。

2. 地质灾害分布与易发区图编制

一般采用1∶10万的比例尺。

该图是以区内地质灾害形成发育的地质环境条件为背景，主要反映地质灾害分布和地质灾害易发区划分及其危害等。其图面内容如下。

(1) 第一层次为主要表示简化地理、行政区划要素与地质灾害相关的地质环境要素。

(2) 第二层次为各类地质灾害的位置、类型、成因、规模、稳定性与危害性等，分门别类地用不同颜色的点状或面状符号表示，规模大者应以实际边界表示。

(3) 第三层次为各种地质灾害易发区分区等级及分区界线。

图面中应配置必要的镶图与说明表。镶图用于地质环境条件或地质灾害成因、引发因素的说明，如降水量等值线图、暴雨等值线图和地震烈度分区图等；说明表主要反映重要地质灾害隐患点的编号、地理位置、类型、规模、稳定性和危害性预测等。图面中应配置必要的地质灾害易发程度说明表，主要内容包括分区代号、分区名称、等级、位置、面积、地质灾害发育特征及危害等。

3. 地质灾害防治区划图编制

一般采用1∶10万的比例尺。

该图属防治对策性图件。其图面内容如下。

(1) 第一层次主要表示简化地理要素。简化行政区划要素，应表示到乡、镇及重要居民点（100人以上或20户以上）；标明风景名胜区及已建和拟建的重要建设工程，如城建工程、水利水电工程、矿业工程、交通工程、地下水供水工程等。

(2) 第二层次为防治分区类别及分区界线。依据地质灾害形成的地质环境条件、易发区特征，结合当地经济与社会发展规划等因素，进行综合分析，对遭受地质灾害威胁的上述区域划出重点防治区。

(3) 第三层次为防治措施，即所有地质灾害隐患点的防治措施（群测群防、专业监测、避让、治理等）。将特大型和大型地质灾害隐患点标为专业监测点，用不同颜色的点状、线状符号或代号表示。

图面中应配置必要的镶图与防治区划说明表。如有必要可做重点防治地段或重点防治城镇等的镶图，比例尺可适当放大。防治区划说明表主要反映重点防治区的名称、位置、面积，主要地质灾害类型、特征及危害、重点防治（包括应急治理）的地质灾害、防治对策、措施、方法等内容。

五、成果报告编制

1. 基本要求

地质灾害调查与区划报告是项目工作的最终成果，也是工作质量的全面体现。报告主要内容包括：调查情况、县（市）社会经济状况、地质环境条件、地质灾害分布与发育特征、易发区的划分、主要灾害隐患点危险性和危害性评价及监测预警和防治建议。报告编制须达到以下要求。

（1）综合利用、充分反映前人资料和调查所取得的成果。

（2）阐明地质灾害主要类型、分布规律、发育特征、主要控制影响因素及危害，作出正确的评价与发灾条件预测。

（3）结合地方政府需求与经济社会发展规划，提出合理、有效的防治建议，体现调查工作的防灾减灾效益。

（4）内容简明扼要、重点突出、依据充分、结论明确、附图规范、附件齐全，便于地方政府和主管部门阅读与使用。

（5）成果报告与附图均以纸介质和数字两种形式表示。

2. 报告的章节及主要内容

序言

主要内容：目的任务；交通位置与经济社会发展概况；地质灾害灾情；以往调查工作程度；本次调查工作部署、方法、完成的工作量及质量评述；附县（市）地质灾害调查情况统计表。

第一章　自然地理与地质环境

主要内容：地形地貌；气象与水文特征；地层岩性、地质构造；新构造活动与地震；岩土体工程地质基本特征，地下水类型与补、径、排特征；人类工程活动等（自然地理与地质环境的论述必须紧紧围绕地质灾害的成生条件）。

第二章　地质灾害分布与特征

主要内容：已发生的地质灾害发育类型、分布、规模、特征、危害程度、形成条件及影响因素。

第三章　地质灾害隐患点危险性评价

地质灾害隐患点的类型、分布、稳定状态、潜在危害程度；对于特大型和大型地质灾害隐患点进行危险性评价。

第四章　地质灾害易发区划分

主要内容：分区的原则、方法、要求和分区评价。

第五章　地质灾害经济损失评估

主要内容：评估原则、要求与方法；各灾种（或主要灾种）经济损失现状评估与预测评估；地质灾害及其隐患的灾情与险情分级评价。

现状评估是指对已发生地质灾害所造成的人员伤亡数和直接经济损失数的统计。直接经济损失评估采用统一价格折价法，即各省（直辖市、自治区）采用经访问的大部分县（市）物价的算术平均值作为本省（自治区、直辖市）经济损失评估的统一计算单价，据此进行统一计算。参与统计的经济因子包括土地（包括农田、林地、果地、牧场等），牲畜，房屋，公路、铁路、桥梁、管道、渠道、涵洞、输电线路，电站，厂矿，学校、机关及公共设施等。

预测评估要在概要论述地质灾害危险性初步评价的基础上，对各区地质灾害隐患点所威胁人数和潜在经济损失数进行分析预测。

第六章　地质灾害防治建议

主要内容：防治目标与要求（包括总体与分期）；防治分区的划分与评价；重点防治的灾害种类和重点防治的城镇、重要居民点及重要工程设施；地质灾害隐患点的监测、搬迁避让和治理的分期安排建议，特大型和大型地质灾害隐患点的专业监测建议；群专结合的群测群防系统建设与运行方案和地质灾害防治管理方面的建议等。

第七章　结论

主要内容：本次调查工作的主要成果；工作质量综述；防灾减灾效益评述；合理利用地质环境，防治地质灾害的措施建议；下一步的工作建议等。

六、报告附件

1. 地质灾害防治区划

地质灾害防治区划编制提纲如下。

第一章　地质灾害现状、发展趋势预测与防治工作进展

主要内容：地质灾害的分布、规模、数量、影响；地质灾害威胁的对象；未来一段时期地质灾害的发展变化规律；地质灾害防治工作取得的主要成绩和存在的突出问题。

第二章　地质灾害的防治原则和目标

主要内容：当地国民经济建设与社会发展对地质灾害防治的要求、防治原则、防治目标。

第三章　地质灾害易发区和重点防治区

主要内容：易发区划分的原则和方法，易发区分区评述；重点防治区划分原则和方法，重点防治区分区评述。

第四章　地质灾害防治方案

主要内容：总体部署和主要任务；地质灾害隐患点防治分期安排建议；宜避让搬迁的方案；需工程治理的方案；群测群防网络与专业监测建设方案；群测群防系统建设方案。

第五章　预期效果

主要内容：期望达到的地质灾害防灾减灾水平与效益。

第六章　实施防治规划的保证措施

主要内容：加强法制建设和行政管理工作；加强科普教育宣传工作；建立稳定的资金投入机制；坚持群专结合及采取综合防治措施等。

2. 地质灾害群测群防建设及特大型和大型地质灾害隐患点防灾预案（建议稿）

地质灾害群测群防建设包括以下内容。

（1）选点原则。

（2）网络总体情况。

（3）责任落实情况。

（4）宣传与培训情况。

（5）监测信息反馈渠道建设情况。

地质灾害隐患点防灾预案包括以下内容。

（1）灾害体基本特征。包括名称、位置、灾害类型、规模、环境地质条件、发展历史、稳定性分析、潜在危害等。

（2）监测方案。包括监测责任人、监测方法、监测周期、临灾状态预测等。

(3) 应急方案。包括报警人、报警方法、报警信号、人员撤离路线等。

(4) 防治建议。包括群测群防、专业监测、搬迁避让、工程治理等。

对每个预案点都需填写地质灾害隐患点防灾预案表（附录4)。

3. 地质灾害信息系统建设报告

4. 地质灾害调查表、有关照片和录像等

第六节　地质灾害信息系统建设

为建立统一的信息系统，在进行野外调查时，必须按统一要求填写各类调查表，由省地质矿产行政主管部门按部统一要求组织建立省级地质灾害信息系统。

《县（市）地质灾害调查与区划信息化成果技术要求》规定了县（市）地质灾害调查与区划空间数据库系统所包含的内容，并对空间图形库、地质灾害数据库的结构、数据格式、图层、视图工程文件的命名等作了规定。该要求适用于1∶5万、1∶25万地质灾害空间数据库的建立、地质灾害信息采集及空间数据库建设。也可供其他比例尺地质灾害数字化图件编制参考。

第七章　地质灾害详细调查

从 20 世纪 90 年代初开始，我国先后在全国有计划地开展了 1∶50 万环境地质调查、大江大河和重要交通干线沿线地质灾害专项调查工作。1999 年以来开展了约 700 个县（市）地质灾害调查与区划工作，初步摸清了我国地质灾害分布情况，划分了易发区和危险区，建立了群测群防体系，有效减轻了地质灾害损失。但随着我国社会经济迅速发展，滑坡、崩塌、泥石流等呈加剧趋势，严重危害人民群众生命财产安全和社会经济可持续发展，亟需系统详实、尤其是更大比例尺精度更高的调查资料。

国务院颁发的《地质灾害防治条例》和国土资源部《全国地质灾害防治规划》规定：我国将在全国地质灾害易发区开展地质灾害详细调查，进行环境工程地质条件区划，将针对影响人民生命、财产、生存环境和国家重大建设工程、重要矿山、国家级或省级旅游景区开展滑坡、崩塌、泥石流灾害详细调查工作（比例尺为 1∶5 万），为各级政府制定地质灾害防治规划和实施地质灾害预警工程提供基础依据。

为规范地质灾害详细调查评价工作，指导全国地质灾害高发区 1∶5 万地质灾害调查工作的开展，中国地调局组织制定《滑坡崩塌泥石流灾害详细调查规范（1∶5 万）》。该规范规定了滑坡、崩塌、泥石流及不稳定斜坡等地质灾害详细调查的内容、控制精度和基本调查方法，规定了灾害危险性评价的一般原则。

第一节　总则

一、目的

根据国务院《地质灾害防治条例》和国土资源部《全国地质灾害防治规划》要求，在开展全国县（市）地质灾害调查与区划基础上，提高调查精度，开展地质灾害严重区滑坡、崩塌、泥石流灾害详细调查与测绘，为防灾减灾提供基础地质依据。

二、任务

（1）开展地质条件调查，分析滑坡、崩塌、泥石流发生的岩土体结构条件，阐明其发育、分布规律及形成机理，评价和预测其发展趋势，进行环境工程地质条件区划。

（2）对已发生的滑坡、崩塌、泥石流等地质灾害点进行调查。了解其分布范围、规模、结构特征、影响因素和诱发因素等，并对其复活性和危险性进行评估。

（3）对城市、村镇、厂矿、重要交通沿线、重要工程设施、大江大河、重要风景名胜区和重点文物保护点等潜在的滑坡、崩塌、泥石流等地质灾害隐患点进行调查，并对其危险性和危害性进行评价。

（4）结合防灾规划，推荐应急搬迁避让新址，并进行地质灾害危险性和建设适宜性初步评估。

(5) 搜集气象水文资料，调查水文地质条件，分析降水等对滑坡、崩塌和泥石流的影响，进行地质灾害气象预警区划。

(6) 协助当地政府建立地质灾害群测群防网络和编制重要地质灾害隐患点防灾预案。

(7) 建立地质灾害信息系统，进行地质灾害分区评价，圈定易发区和危险区，编制地质灾害防治规划（建议）。

三、基本规定

(1) 应充分搜集、利用已有资料，包括气象水文、区域地质、第四纪地质、水文地质、工程地质、环境地质、植被，以及社会经济发展规划等。

(2) 调查灾害种类包括滑坡、崩塌、泥石流，根据现场实际，可以增加调查其他灾害种类。对危及人员及财产的潜在灾害点，如不稳定斜坡、泥石流流通区、采空区等，也须进行调查。

(3) 调查采用点、线、面相结合的专业调查为主的方式进行。

a. 点。指根据已掌握的资料和群众报险线索，对灾害点或出险点逐一进行现场调查。对县城、村镇、矿山、重要公共基础设施、主要居民点都须进行现场地质调查，不得漏查。在地质灾害高易发区，对所有的居民点须进行现场核查。

b. 线。指沿滑坡、崩塌、泥石流易发生的沟谷和人类工程活动强烈的公路、铁路、水库、输气管线等进行追索调查。

c. 面。指采用网格控制调查，对地质条件进行勘测，了解灾害形成演化的地形地貌、岩土体结构等地质背景条件；了解人类活动较弱地带滑坡、崩塌、泥石流等分布和发育规律；了解中、远程滑坡致灾的可能性。

(4) 调查应采用遥感调查、地面调查、测绘和勘查相结合的方式综合开展。运用遥感和地面网格控制调查方式了解滑坡、崩塌、泥石流发生和分布的地质条件与岩土体结构特征。

(5) 对危及县城、集镇、重要公共基础设施安全的灾害点，以及规模大且稳定性较差的灾害体应进行大比例尺地面测绘，可辅以必要的钻探、山地工程、物探等手段验证，提供必要的物理力学参数。

(6) 灾情与危害程度分级应符合表 4-2 的规定。

(7) 应按照统一格式要求建立相应的信息系统。

(8) 调查工作项目应以县（市）行政区划为单元进行部署，野外调查工作应以 1∶5 万或精度更高比例尺地形图为单元开展。

(9) 调查中发现滑坡、崩塌、泥石流以及不稳定斜坡隐患点时，应参照《县（市）地质灾害调查与区划基本要求》协助地方政府制定防灾预案，完善防灾预警系统。

(10) 滑坡、崩塌、泥石流灾害详细调查除符合《滑坡、崩塌、泥石流灾害详细调查规范（1∶5 万）》外，还应符合国家现行的有关强制性标准的规定。

四、调查分级

1. 危害对象的确定及等级划分

(1) 应根据滑坡、崩塌、泥石流所危及的范围确定其危害对象，有县城、村镇、主要居民点、矿山、重要公共基础设施等。

（2）应根据危害对象的重要性如表 7－1 所示划分危害等级。

表 7－1　危害对象等级划分

危害等级		一级	二级	三级
危害对象	城镇	威胁人数＞100 人，直接经济损失＞500 万元	威胁人数为 10～100 人，直接经济损失为 100～500 万元	威胁人数＜10 人，直接经济损失＜100 万元
	交通干线	一、二级铁路，高速公路及省级以上公路	三级铁路，县级公路	铁路支线，乡村公路
	大江大河	大型以上水库，重大水利水电工程	中型水库，省级重要水利水电工程	小型水库，县级水利水电工程
	矿山	大型矿山	中型矿山	小型矿山

2. 地质条件复杂程度划分

按地形地貌、地质构造、岩土体结构、人类工程活动等可将地质条件复杂程度综合划分为简单、中等和复杂三种地区类型（表 7－2）。

表 7－2　地质条件复杂程度划分

等级	地质条件复杂	地质条件中等	地质条件简单
地形地貌	极高山、高山，相对高度＞500m，坡面坡度一般＞25°的山地	中山、低山，相对高度为 200～500m，坡面坡度一般为 15°～25°的山地	高丘陵、低丘陵，坡面坡度一般＜15°
地质构造	褶皱、断裂构造发育，新构造运动强烈，地震频发，最大震级 Ms＞6 级或地震加速度 $a>0.1g$（g 为重力加速度）	褶皱、断裂构造较发育，新构造运动较强烈，地震较频发，4.5 级＜最大震级 Ms≤6 级或 $0.05g$＜地震加速度 $a\leq 0.1g$	地质构造简单，新构造运动微弱，活动断裂不发育，地震少，最大震级 Ms≤3 级或地震加速度 $a\leq 0.05g$
岩土体结构	层状碎屑岩体、层状碳酸盐岩夹碎屑岩体、片状变质岩体、碎裂状构造岩体、碎裂状风化岩体；淤泥类土、湿陷性黄土、膨胀土、冻土等特殊类土	层状碳酸盐岩体、层状变质岩体；粉土、黏性土	块状岩浆岩体；碎砾土、砂土
人类工程活动	大、中型水库，公路、铁路沿线边坡开挖量大，矿山开采活动强烈，城镇化建设速度快，城镇化率＞30％	小型水库，公路、铁路沿线边坡开挖量较大，矿山开采活动较强烈，城镇化建设速度较快，城镇化率为 20％～30％	无水库工程建设，公路、铁路沿线边坡开挖量小，矿山开采活动微弱，城镇化建设速度缓慢，城镇化率＜20％

3. 调查分级

按危害对象等级和地质条件复杂程度划分重点调查区和一般调查区（表 7－3）。

表 7－3　调查区分级

调查区分级		危害对象等级		
		一级	二级	三级
地质条件复杂程度	复杂	重点调查区	重点调查区	一般调查区
	中等	重点调查区	重点调查区	一般调查区
	简单	重点调查区	一般调查区	一般调查区

4. 调查基本工作量

(1) 重点调查区应采用点、线、面相结合，以遥感和野外调查结合的方式进行。每平方千米调查点数不应少于1个，观测路线间距为1～5km。对重大灾害隐患点进行大比例尺地面和剖面测绘，辅以必要的物探、钻探、山地工程等进行验证。

(2) 一般调查区可采用遥感调查和线路核实调查为主的方式进行。野外线路核实调查点数不应少于遥感解译总数的80%，核查路线间距宜为5～10km。对危及县城、集镇、重要公共基础设施安全的灾害点须全部核查，并进行大比例尺剖面测绘。

(3) 调查基本工作量参见表7－4。

表7－4 每千平方千米基本工作量表

危害分级	重点调查区	一般调查区
1∶5万遥感调查（km^2）	1 000	1 000
1∶1万遥感调查（km^2）	20～50	
1∶5万地质灾害测量（km^2）	1 000	
1∶5万地质灾害测量（简测或草测）（km^2）		1 000
1∶1万地质灾害测量（km^2）	10～30	0～10
观测点（点）	500～1 000	100～500
实测剖面	0～20条每5～10km	2～10条每1～5km
物探（m）	0～2 000	0～500
钻探（m）	200～400	0～100
浅井（m）	50～100	0～50

第二节 野外调查工作

一、区域地质环境条件调查

1. 一般规定

(1) 应对调查区成灾地质环境条件进行调查，并作好沿途观察与描述。

(2) 在调查中，应按规定要求定地质环境条件控制点，对各控制点的调查内容包括地形地貌、地质构造、岩土体工程地质、地表水和地下水、环境因素以及人类活动等。

2. 地形地貌

(1) 以资料搜集为主，并结合遥感影像，确定工作区地貌单元的成因形态类型。

(2) 调查与滑坡、崩塌、泥石流灾害相关的地形地貌特征，包括斜坡形态、类型、结构、坡度，以及悬崖、沟谷、河谷、河漫滩、阶地、沟谷口冲积扇等；微地貌组合特征、相对时代及其演化历史。

(3) 调查人工地形地貌形态、规模及其稳定性条件，包括人工边坡、露天采矿场、水库和大坝、堤防、弃渣堆等。

3. 地质构造

（1）以搜集资料为主，并结合遥感解译，分析区域构造格架，构造优势面及组合，主要构造运动期次和性质，以及新构造运动和地貌特征。

（2）应搜集区域断裂活动性、活动强度和特征，以及区域地应力资料，区域地震活动、地震加速度或基本烈度，分析区域新构造运动、现今构造活动，地震活动以及区域地应力场特征。

（3）核实调查主要活动断裂规模、性质、方向、活动强度和特征及其地貌地质证据，分析活动断裂与滑坡、崩塌、泥石流灾害的关系。

（4）调查各种构造结构面、原生结构面和风化卸荷结构面的产状、形态、规模、性质、密度及其相互切割关系，分析各种结构面与边坡几何关系及其对边坡稳定性的影响。

4. 岩土体工程地质

（1）区域地层以资料搜集为主，搜集调查区地层层序、地质时代、成因类型、岩性特征和接触关系。

（2）区域工程岩组以调查为主，包括岩体产状、结构和工程地质性质，并应划分工程岩组类型及其与滑坡、崩塌、泥石流灾害的关系，确定软弱夹层和易滑岩组，调查统计结构面产状、密度、规模，确定结构面分布与组合特征及其与滑坡崩塌灾害的关系，并进行岩土结构分类（附录8、附录9）。

（3）对于典型斜坡，应对其岩体结构和工程地质性质进行调查与测量，每个图幅须实测具代表性的综合剖面。

（4）应对岩体风化特征进行调查，调查风化层的分布、风化带厚度及其与岩性、地形、地质构造、水、植被和人类活动的关系，调查斜坡不同地段差异风化与滑坡、崩塌、泥石流灾害的关系。

（5）应对土体工程地质进行调查，包括土体分布、成因类型、厚度及其与斜坡结构和稳定性的关系，测试分析土体颗粒组分、矿物成分、密实度、含水率及渗透性。

5. 地表水和地下水

（1）地表水和地下水调查以资料搜集为主。

（2）应结合遥感解译等资料，核实调查地表水入渗情况、产流条件、分布、冲刷作用，以及地表水的流通情况。

（3）对威胁县城、村镇、矿山、重要公共基础设施、主要居民点的泥石流沟应进行小流域面积、流量、泥位核实评估，分析可能形成的灾害，并对行洪区、沟口和堆积区建筑物灾害风险进行评估。

（4）核实调查地下水基本特征，包括地下水类型、性质、水位及动态变化、流量、水化学特征，泉点、地下水溢出带、斜坡潮湿带等分布及动态情况。

（5）核实调查水文地质结构，包括含水层分布、类型、富水性、透水性、地下水位变化趋势，主要隔水层的岩性、厚度和分布。

（6）现场分析地下水的流向、径流和排泄条件、地下水与边坡稳定性的关系。

6. 环境因素

（1）环境因素调查以资料搜集为主，包括气候和植被等。

（2）气候因素应调查发生滑坡、泥石流时的前期和临界降水量值。

（3）植被调查应结合遥感解译，确定植被的分布、类型、覆盖率、历时变迁与原因，以及与地质灾害的关系。

（4）植被与坡耕地调查，主要包括植被种类、分布、覆盖率、风化层及饱水性、“马刀树”和“醉林”等斜坡变形指示植物，水田、鱼塘分布及渗水状况。

7. 人类工程经济活动

（1）人类工程经济活动以资料搜集和核实方式调查为主。

（2）了解区域社会经济活动，包括城市、村镇、乡村、经济开发区、工矿区、自然保护区的经济发展规模、趋势及其与地质灾害的关系。

（3）了解大型工程活动及其地质环境效应，包括水电工程、矿业工程、铁路工程、公路工程、地下工程与地质灾害的关系。

二、滑坡灾害调查

1. 基本要求

（1）滑坡分类应符合下列规定。

a. 根据滑坡体的物质组成和结构形式等主要因素，可按表 2－2 进行分类。

b. 根据滑坡体厚度、运移形式、成因、稳定程度、形成年代和规模等其他因素，可按表 2－3 进行分类。

（2）调查的主要内容包括滑坡区调查、滑坡体调查、滑坡成因调查、滑坡危害调查及滑坡防治情况调查。野外调查记录按附录 1.1 崩塌滑坡调查表逐一填写，不得遗漏滑坡主要要素。

A. 滑坡区调查的内容包括以下几点。

a. 滑坡所处的地理位置、地貌部位、斜坡形态、地面坡度、相对高度，沟谷发育、河岸冲刷、堆积物、地表水以及植被。

b. 滑坡体周边地层及地质构造。

c. 水文地质条件。

B. 滑坡体调查的内容包括以下几点。

a. 形态与规模。包括滑体的平面、剖面形状，长度、宽度、厚度、面积和体积。

b. 边界特征。包括滑坡后壁的位置、产状、高度及其壁面上擦痕方向，滑坡两侧界线的位置与性状，前缘出露位置、形态、临空面特征及剪出情况，露头上滑床的性状特征等。

c. 表部特征。包括微地貌形态（后缘洼地、台坎、前缘鼓胀、侧缘翻边埂等），裂缝的分布、方向、长度、宽度、产状、力学性质及其他前兆特征。

d. 内部特征。通过野外观察和山地工程，调查滑坡体的岩体结构、岩性组成、松动破碎及含泥含水情况，滑带的数量、形状、埋深、物质成分、胶结状况，滑动面与其他结构面的关系。

e. 变形活动特征。访问调查滑坡发生时间，目前的发展特点（斜坡、房屋、树木、水渠、道路、坟墓等变形位移及井泉、水塘渗漏或干枯等）及其变形活动阶段（初始蠕变阶段、加速变形阶段、剧烈变形阶段、破坏阶段、休止阶段），滑动方向、滑距及滑速，分析滑坡的滑动方式、力学机制和目前的稳定状态。

C. 滑坡成因调查的内容包括以下几点。

a. 自然因素。包括降雨、地震、洪水、崩塌加载等。

b. 人为因素。包括森林植被破坏、不合理开垦，矿山采掘，切坡、滑坡体下部切脚，滑坡体中—上部人为加载、振动、废水随意排放、渠道渗漏、水库蓄水等。

c. 综合因素。指人类工程经济活动和自然因素共同作用。

D. 滑坡危害情况调查的内容包括以下几点。

a. 滑坡发生发展历史，破坏地面工程、环境和人员伤亡、经济损失等现状。

b. 分析与预测滑坡的稳定性和滑坡发生后可能成灾范围及灾情。

E. 滑坡防治情况调查。调查滑坡灾害勘查、监测、工程治理措施等防治现状及效果。

（3）按表 4－2 提供的标志对古（老）滑坡进行野外识别。

（4）将滑坡稳定性划分为稳定、较稳定和不稳定三级（参照表 4－6 标准执行）。

（5）滑坡野外调查须采用点、线、面相结合，以专业调查为主的方式开展。

（6）滑坡灾害点调查应根据调查分级按核查、调查、测绘和勘查四个层次开展。

2. 滑坡灾害核查

（1）对一般调查区滑坡灾害遥感调查结果须进行野外核查，核查数不得低于解译总数的 80％，并逐一填写调查卡片。

（2）对一般调查区已有滑坡点资料，应根据其完备程度进行野外核查与完善，重点调查滑坡灾害是否发生变化及其变化程度与发展趋势。

（3）核查填卡记录内容，不得遗漏滑坡灾害的主要要素。

（4）滑坡灾害调查。

（5）对县城、村镇、矿山、重要公共基础设施以及滑坡灾害高发区的所有居民点须进行现场滑坡调查。

（6）滑坡灾害野外调查须采用以实地量测为主的方法。

（7）滑坡调查点均应实测滑坡代表性剖面，并进行拍照、录像或绘制素描图。

（8）调查记录须按附录 1.1 逐一填写，不得遗漏滑坡灾害主要要素。

（9）应初步查明滑坡形成的地质条件、滑坡体特征和诱发因素，评价滑坡危害或成灾情况。

3. 滑坡灾害测绘

（1）对于威胁县城、集镇和重要公共基础设施且稳定性较差的滑坡，可进行大比例尺工程地质测绘。

（2）地形测绘。其图件比例尺要求如下。

a. 滑坡区平面图测绘比例尺宜在 1∶2 000～1∶500 之间。

b. 滑坡区剖面图测绘比例尺宜在 1∶1 000～1∶250 之间。

（3）工程地质测绘比例尺应与测绘的地形图比例尺相同，除将滑坡主要要素标记在地形图上外，并按规定作好详细记录。

（4）对于威胁县城、集镇和重要公共基础设施且稳定性较差的滑坡均应实测具代表性的纵横剖面，并进行拍照、录像或绘制素描图。基本查明滑坡形成的地质条件、滑坡体特征和诱发因素，了解滑坡危害或成灾情况。

4. 滑坡勘查

(1) 对于威胁县城、集镇、重要公共基础设施且稳定性差的滑坡，应进行滑坡勘查。

(2) 应初步查明滑坡体结构及各层滑坡面（带）的位置，了解地下水的位置、流向和性质，采取岩土试样。

(3) 勘查方法应以物探为主，并辅以钻探、井探和槽探等验证与控制。

(4) 工程布置可采用主—辅剖面法。沿主滑方向布置由钻探、井探与物探点构成的主勘查线，在其两侧可布置 1～3 条由物探、井探、槽探点构成的辅助勘查线。主勘查线上的勘查点不得少于 3 个。

(5) 勘探孔的深度应穿过最下一层滑面，并进入稳定地层 3～5m。

(6) 应采取滑体与滑带岩土试样，测试物理、水理与力学性质指标。

(7) 滑坡稳定性验算应根据滑动面类型和物质成分，选择有代表性的分析断面和适合的计算公式计算，并可参考有限单元法、有限差分法、离散元法等进行综合考虑。计算方法可参照《滑坡防治工程设计与施工技术规范》（DZ 0240—2004）中的第 4.3 条执行。

(8) 滑坡稳定性综合评价，应根据滑坡位置、规模、影响因素、滑坡前兆、滑坡区的工程地质和水文地质条件，以及稳定性验算结果等综合判定，并应分析发展趋势和危害程度。

(9) 滑坡勘查成果应包括地质背景和形成条件，形态要素、性质和演化，平面图、剖面图，岩土工程特性指标，稳定分析，防治建议等。

三、崩塌灾害调查

1. 基本要求

(1) 崩塌的分类应符合下列规定。

a. 应按照表 4-3 的规定划分崩塌规模等级。

b. 按表 2-5 的要求判断和划分崩塌的机理类型。

(2) 崩塌调查包括危岩体调查和已有崩塌堆积体调查。调查内容及野外调查记录按崩塌滑坡调查表（附录 1.1）逐一填写，不得遗漏崩塌主要要素。

(3) 崩塌灾害点调查分调查、地面测绘和勘查三个层次。

2. 崩塌灾害调查

(1) 对县城、村镇、矿山、重要公共基础设施以及崩塌灾害高发区的所有居民点须进行现场崩塌调查。

(2) 崩塌灾害野外调查须采用以实地量测为主的调查方法。

(3) 崩塌调查点应实测代表性剖面线，并进行拍照、录像或绘制素描图。

(4) 调查填卡记录须逐一填写，不得遗漏崩塌灾害要素。

(5) 应调查崩塌及崩塌堆积体造成的灾害损失，分析预测崩塌堆积体失稳可能造成灾害的影响范围，圈定危险区，确定受威胁对象，预测损失程度。

(6) 崩塌灾害调查主要内容如下。

A. 危岩体调查内容如下。

a. 危岩体位置、形态、分布高程、规模。

b. 危岩体及周边的地质构造、地层岩性、地形地貌、岩土体结构类型、斜坡组构类型。

岩土体结构应初步查明软弱（夹）层、断层、褶曲、裂隙、裂缝、临空面、侧边界、底界（崩滑带）以及它们对危岩体的控制和影响。

c. 危岩体及周边的水文地质条件和地下水赋存特征。

d. 危岩体周边及底界以下地质体的工程地质特征。

e. 危岩体变形发育史。历史上危岩体形成的时间，危岩体发生崩塌的次数、发生时间，崩塌前兆特征、崩塌方向、崩塌运动距离、堆积场所、崩塌规模、诱发因素，变形发育史、崩塌发育史、灾情等。

f. 危岩体成因的动力因素。包括降雨、河流冲刷、地面及地下开挖、采掘等因素的强度、周期以及它们对危岩体变形破坏的作用和影响。在高陡临空地形条件下，由崖下硐掘型采矿引起山体开裂形成的危岩体，应详细调查采空区的面积、采高、分布范围、顶底板岩性结构，开采时间、开采工艺、矿柱和保留条带的分布，地压现象（底鼓、冒顶、片帮、鼓帮、开裂、压碎、支架位移破坏等）、地压显示与变形时间，地压监测数据和地压控制与管理办法，研究采矿对危岩体形成与发展的作用和影响。

g. 分析危岩体崩塌的可能性，初步划定危岩体崩塌可能造成的灾害范围，进行灾情的分析与预测。

h. 危岩体崩塌后可能的运移斜坡，在不同崩塌体积条件下崩塌运动的最大距离。在峡谷区，要重视气垫浮托效应和折射回弹效应的可能性及由此造成的特殊运动特征与危害。

i. 危岩体崩塌可能到达并堆积的场地的形态、坡度、分布、高程、地层岩性与产状及该场地的最大堆积容量；在不同体积条件下，崩塌块石越过该堆积场地向下运移的可能性，最终堆积场地。

j. 可能引起的灾害类型（如涌浪、堰塞湖等）和规模，确定其成灾范围，进行灾情的分析与预测。

B. 崩塌堆积体调查内容如下。

a. 崩塌源的位置、高程、规模、地层岩性、岩土体工程地质特征及崩塌产生的时间。

b. 崩塌体运移斜坡的形态、地形坡度、粗糙度、岩性、起伏差，崩塌方式、崩塌块体的运动路线和运动距离。

c. 崩塌堆积体的分布范围、高程、形态、规模、物质组成、分选情况、植被生长情况、块度（必要时需进行块度统计和分区）、结构、架空情况和密实度。

d. 崩塌堆积床形态、坡度、岩性和物质组成、地层产状。

e. 崩塌堆积体内地下水的分布和运移条件。

f. 评价崩塌堆积体自身的稳定性和在上方崩塌体冲击荷载作用下的稳定性，分析其在暴雨等条件下向泥石流、崩塌转化的条件和可能性。

3. 崩塌灾害测绘

（1）对于威胁县城、集镇和重要公共基础设施且稳定性较差的滑坡，可进行大比例尺工程地质测绘。

（2）对于威胁县城、集镇和重要公共基础设施且稳定性较差的崩塌灾害测绘的内容应包括崩塌区地形测绘和地质测绘两个方面。

a. 测绘平面图比例尺宜在 1∶2 000～1∶500 之间。

b. 测绘剖面图比例尺宜在 1∶1 000～1∶100 之间。对主要裂缝应专门进行更大比例尺测绘和绘制素描图。

4. 崩塌灾害勘查

(1) 对于威胁县城、集镇、重要公共基础设施且稳定性差的危岩体和崩塌体，应进行滑坡勘查。

(2) 危岩体和崩塌勘查应包括以下内容。

a. 危岩体和崩塌类型、规模、范围，崩塌体的大小和崩落方向。

b. 岩体基本质量等级、岩性特征和风化程度。

c. 地质构造，岩体结构类型，裂缝和结构面的产状、组合关系、闭合程度、力学属性、延展及贯穿情况。

d. 崩塌前的迹象和崩塌原因。

(3) 勘探方法应以物探、剥土、探槽、探井等山地工程为主，可辅以适量的钻探验证。

(4) 危岩体和崩塌体应有不低于 1 条的实测剖面，每条勘查剖面的勘探点不少于 3 个。

(5) 勘探孔的深度应穿过堆积体或探至拉裂缝尖灭处。

(6) 勘查成果应包括危岩体和崩塌区的范围、类型，稳定性与危险程度，以及防治措施的建议。

四、泥石流灾害调查

1. 一般规定

(1) 泥石流分类应按表 2-6 的规定进行。

(2) 泥石流野外调查记录按附录 1.3 泥石流调查表逐一填写，不得遗漏泥石流主要要素。

A. 地质条件调查的内容如下。

a. 流域调查。形成区，调查地势高低，流域最高处的高程，山坡稳定性，沟谷发育程度，冲沟切割深度、宽度、形状和密度，流域内植被覆盖程度，植物类别及分布状况，水土流失的情况等；流通区，调查流通区的长度、宽度、坡度，沟床切割情况、形态、平剖面变化，沟谷冲、淤均衡坡度，阻塞地段石块堆积，以及跌水、急弯、卡口情况等；堆积区，调查堆积区形态、面积大小，堆积过程、速度、厚度、长度、层次、结构，颗粒级别，坚实程度，磨圆程度，堆积扇的纵横坡度，扇顶、扇腰及扇线位置，以及堆积扇发展趋势等。

b. 地形地貌调查。确定流域内最大地形高差，上、中、下游各沟段沟谷与山脊的平均高差，山坡最大、最小及平均坡度，各种坡度级别所占的面积比率，分析地形地貌与泥石流活动之间的内在联系，确定地貌发育演变历史及泥石流活动的发育阶段。

c. 岩土体调查。重点对泥石流形成提供松散固体物质来源的易风化软弱层、构造破碎带，第四系的分布状况和岩性特征进行调查，并分析其主要来源区。

d. 地质构造调查。确定沟域在地质构造图上的位置，重点调查研究新构造对地形地貌、松散固体物质形成和分布的控制作用，阐明与泥石流活动的关系。

e. 地震分析。搜集历史资料和未来地震活动趋势资料，分析研究可能对泥石流的触发作用。

f. 相关的气象水文条件。调查气温及蒸发的年际变化、年内变化以及沿垂直带的变化，降水的年内变化及随高度的变化，最大暴雨强度及年降水量等。调查历次泥石流发生时间、次数、规模大小次序，泥石流泥位标高。

g. 植被调查。调查沟域土地类型、植物组成和分布规律，了解主要树、草种及作物的生物学特性，确定各地段植被覆盖程度，圈定出植被严重破坏区。

h. 人类工程经济活动调查。主要调查各类工程建设所产生的固体废弃物（矿山尾矿、工程弃渣、弃土、垃圾）的分布、数量、堆放形式、特性，了解可能因暴雨、山洪引发泥石流的地段和参与泥石流的数量及一次性补给的可能数量。

B. 泥石流特征调查的内容如下。

a. 根据水动力条件，确定泥石流的类型。

b. 调查泥石流形成区的水源类型、汇水条件、山坡坡度、岩层性质及风化程度，断裂、滑坡、崩塌、岩堆等不良地质现象的发育情况及可能形成泥石流固体物质的分布范围、储量。

c. 调查流通区的沟床纵横坡度、跌水、急湾等特征，沟床两侧山坡坡度、稳定程度，沟床的冲淤变化和泥石流的痕迹。

d. 调查堆积区的堆积扇分布范围、表面形态、纵坡、植被、沟道变迁和冲淤情况，堆积物的性质、层次、厚度、一般和最大粒径及分布规律。判定堆积区的形成历史、堆积速度，估算一次最大堆积量。

e. 调查泥石流沟谷的历史。历次泥石流的发生时间、频数、规模、形成过程、爆发前的降水情况和爆发后产生的灾害情况。

C. 诱发因素调查的内容如下。

a. 调查水的动力类型。包括暴雨型、冰雪融水型、水体溃决（水库、冰湖）型等。

b. 降雨型主要搜集当地暴雨强度、前期降雨量、一次最大降雨量等。

c. 冰川型主要调查冰雪可融化的体积、融化的时间和可产生的最大流量等。

d. 水体溃决型主要调查因水库、冰湖溃决而外泄的最大流量及地下水活动情况。

D. 危害性调查的内容如下。

a. 调查了解历次泥石流残留在沟道中的各种痕迹和堆积物特征，推断其活动历史、期次、规模，目前所处发育阶段。

b. 调查了解泥石流危害的对象、危害形式（淤埋和漫流、冲刷和磨蚀、撞击和爬高、堵塞或挤压河道）；初步圈定泥石流可能危害的地区，分析预测今后一定时期内泥石流的发展趋势和可能造成的危害。

E. 泥石流防治调查。包括泥石流灾害勘查、监测、工程治理措施等防治现状及效果。

(3) 山区和山前区泥石流可依据泥石流堆积扇所处的地貌部位以及冲淤特征，按照表7-5标准进行野外判别。

表7-5 泥石流灾害分区

特征＼区	山区泥石流	山前区泥石流
地貌位置	堆积扇位于山区，逼近河流，发育不完全，常被大河切割，扇面纵坡陡	堆积扇位于山前区，逼近河流，发育完全，扇面纵坡较缓，离大河远，不受大河切割
冲淤特征	受大河水位涨落影响，一次冲淤变幅大	以淤为主，一次冲淤变幅小

(4) 沟谷型和山坡型泥石流可按照表 7-6 标准进行野外判别。

表 7-6 泥石流灾害分型

特征＼型	沟谷型泥石流	山坡型泥石流
流域特征	沟谷明显，流域可呈长条形、葫芦形或树枝形等，分为形成区、流通区和堆积区，形成区内有坍滑体，大型沟谷的支流、卡口较多，呈束放相间河段。常沿断裂或软弱面发育，堆积区呈扇形或带状	沟浅、坡陡、流短，沟坡与山坡基本一致，无明显流通区和堆积区，面蚀、沟蚀严重，堆积区呈锥形
堆积物特征	磨圆度较好，棱角不明显	磨圆度差，棱角明显，粗大颗粒多搬运在锥体下部
灾害特征	规模大、来势猛、过程长、强度大，大型沟谷的沉积物有分段搬运现象	山坡型泥石流的规模小、来势快、过程短、冲击力大，堆积物多为一次搬运

(5) 黏性泥石流和稀性泥石流可按照表 7-7 的规定进行判别。

表 7-7 泥石流灾害分性

特征＼性	黏性泥石流	稀性泥石流
重度(kN/m^3)	16～23	12～18
固体物质含量(kg/m^3)	960～2 000	300～1 300
黏度(Pa·s)	≥0.3	<0.3
物质组成	以黏土、粉土为主，含少量砾石、块石，有相应的土及易风化的松软岩层供给	以碎块石、砂为主，含少量黏性土，有相应的土及不易风化的坚硬岩层供给
沉积物特征	呈舌状，起伏不平，保持流动结构特征，剖面中一次沉积物的层次不明显，间有"泥球"，但各次沉积物之间层次分明，洪水后不易干枯	呈垄岗状或扇状，洪水后即可通行，干后层次不明显，呈层状，具有分选性
流态特征	层流状，固、液两相物质成整体运动，无垂直交换，浆体浓稠，承浮和悬托力大，石块呈悬移状，有时滚动，流体阵性明显，直进性强，转向性弱，弯道爬高明显，沿程渗漏不明显	紊流状，固、液两相物质做不等速运动，有垂直交换，石块流速慢于浆体，呈滚动或跃移状，泥浆体混浊，阵性不明显，但有股流和散流现象，水与浆体沿程易渗漏
危害作用	来势凶猛，冲击力大，磨蚀力强，直进性强，爬越高，推动力大，一次性破坏作用大	冲击力较小，磨蚀力较强，一次性破坏作用较大

(6) 依据泥石流的物质组成和粒径，可按照表 7-8 的标准进行野外判别。

表 7-8 泥石流灾害分质

特征＼质	泥流	泥石流	水石流
重度 (kN/m^3)	16～23	12～23	12～18
物质组成	由黏粒和粉粒组成，偶夹砂和砾石	由黏粒、粉粒、砂粒、砾石、碎块石等大小不等粒径混杂组成，偶夹砂和砾石	由砾石、碎块石及砂粒组成，夹少量黏粒和粉粒

（7）泥石流发育期可按照表 4－11 的规定进行野外判别。

（8）应对泥石流沟进行逐一调查。包括以下内容。

a. 山沟与主河汇口堆积扇分布及堆积期次。

b. 沟床堆积物分布、结构及搬运程度。

c. 山坡上植被、表生带与岩土体稳定性。

d. 不合理的人类工程活动及随意弃渣。

（9）泥石流野外调查须采用点、线、面相结合，以专业调查为主的方式开展。

（10）泥石流灾害点调查分调查、测绘和勘查三个层次。

2. 泥石流调查

（1）对县城、集镇、矿山、重要公共基础设施以及泥石流灾害高发区的所有居民点须进行现场泥石流调查。

（2）泥石流灾害野外调查须采用遥感调查与实地量测相结合的调查方法。

（3）泥石流调查点应实测代表性剖面，并进行拍照、录像或绘制素描图。

（4）调查填卡记录须逐一填写，不得遗漏泥石流灾害要素。

（5）应初步查明泥石流的形成条件、动力条件和堆积条件，泥石流的诱发因素，了解泥石流危害或成灾情况。

3. 泥石流灾害测绘

（1）对于威胁县城、集镇和重要公共基础设施且稳定性较差的泥石流，可进行大比例尺工程地质测绘。

（2）测绘范围应包括全流域和可能受泥石流影响的地段。

（3）测绘的比例尺全流域宜采用 1∶5 万～1∶1 万，物源区宜采用 1∶5 000～1∶1 000，流通及堆积区宜采用 1∶2 000～1∶500。

（4）流域平面图应详细反映泥石流形成区、流通区、堆积区的分界，显示可能提供松散固体物质的不良物理地质现象的类型、性质、分布规律、位置、范围大小以及物质储备。

（5）应在遥感调查的基础上，采用实地测绘法，以沿沟向上追索的方法为主，实测沟谷剖面，并进行拍照、录像或绘制素描图。

4. 泥石流灾害勘查

（1）对于威胁县城、集镇、重要公共基础设施且稳定性差的泥石流，应进行滑坡勘查。

（2）泥石流灾害勘查的内容如下。

a. 了解泥石流松散层物质组成、结构、厚度和颗粒粒度级配的变化，沟谷基岩地层结构、构造。

b. 现场测定泥石流物质堆积后的物理力学性质和颗粒粒度级配。

c. 采取具有代表性的原状岩土样。

（3）勘查方法应以地面实地调查、地球物理勘探、剥土、探井、探槽等山地工程为主，可辅以适量的钻探工程。

（4）泥石流物源区、流通区和堆积区均应布置不少于 1 条的勘查横剖面。

（5）泥石流勘查成果应包括泥石流的地质背景和形成条件，形成区、流通区、堆积区的分布和特征，专门工程地质图，泥石流类型，泥石流防治和监测的建议。

五、不稳定斜坡调查

1. 基本要求

（1）调查对象主要为对县城、村镇、矿山、重要公共设施、大江大河等构成严重危害的不稳定斜坡。

（2）应对山区县城、村镇所有的后山进行调查，并填制相应卡片。

（3）对危及县城、村镇、矿山、重要公共设施等的不稳定斜坡应进行大比例尺工程地质测绘。

（4）野外调查记录按附录1.2不稳定斜坡调查表逐一填写，不得遗漏主要要素。

（5）斜坡稳定性划分为稳定性好、稳定性较差和稳定性差三级。斜坡稳定性野外判别可按照表4-8标准执行。

（6）不稳定斜坡调查分调查、测绘和勘查三个层次。

（7）调查中发现重要不稳定斜坡隐患点，应参照《县（市）地质灾害调查与区划基本要求》协助地方政府制定防灾预案，完善防灾预警系统。

2. 不稳定斜坡调查

（1）对县城、村镇、矿山、重要公共基础设施以及不稳定斜坡和灾害高发区的居民点须进行现场不稳定斜坡调查。

（2）不稳定斜坡野外调查须采用以实地量测为主的调查方法。

（3）不稳定斜坡调查点应实测代表性剖面，并进行拍照、录像或绘制素描图。

（4）调查填卡记录须逐一填写，不得遗漏不稳定斜坡要素。

（5）应初步查明不稳定斜坡形成的地质条件、不稳定斜坡体特征和诱发因素，了解不稳定斜坡危害或成灾情况。

3. 不稳定斜坡测绘

（1）对于威胁县城、村镇和重要公共基础设施的不稳定斜坡，应进行地质测绘。

（2）不稳定斜坡测绘点的数量应按不低于测区不稳定斜坡调查点总数的10%～20%控制。

（3）地形测绘图件比例尺要求如下。

a. 不稳定斜坡区平面图测绘比例尺应在1：2 000～1：500之间。

b. 不稳定斜坡区剖面图测绘比例尺应在1：500～1：50之间。

（4）工程地质测绘比例尺应与测绘的地形图比例尺相同，除将不稳定斜坡主要要素标记在地形图上外，还应按附录1.2中表格内容规定作好详细记录。

（5）每个不稳定斜坡应实测代表性纵横剖面，并进行拍照、录像或绘制素描图。基本查明不稳定斜坡形成的地质条件、不稳定斜坡体特征和诱发因素，了解不稳定斜坡危害或成灾情况。

4. 不稳定斜坡结构和软弱结构面勘查

（1）对于威胁县城、重要村镇、重要公共基础设施的不稳定斜坡，应进行岩体结构和软弱结构面勘查。

（2）不稳定斜坡勘查的数量应不低于调查区不稳定斜坡调查点总数的5%。

（3）应初步查明斜坡岩体结构及各层软弱结构面的位置，了解地下水的位置、流向和性质，采取岩土试样。

（4）勘查方法应以物探为主，并辅以井探、槽探和钻探等手段进行验证。

（5）工程布置可采用主-辅剖面法。宜沿失稳方向布置由钻探、井探与物探点构成的主勘查线，在其两侧可布置1～3条由物探、井探、槽探点构成的辅助勘查线。主勘查线上的勘查点不得少于3个。

（6）勘探孔的深度应穿过最下一层软弱结构面3～5m。

（7）软弱结构面应采取岩土试样，进行物理力学性质指标测试。

（8）不稳定斜坡稳定性验算应根据可能的滑动面类型和物质成分，选择有代表性的分析断面和合理的计算公式计算，计算方法可参照《滑坡防治工程设计与施工技术规范》（DZ 0240—2004）中的第4.3条执行。

（9）不稳定斜坡稳定性综合评价，应根据不稳定斜坡在斜坡体构造格局中所处的位置、规模、主导因素、滑坡前兆、不稳定斜坡区的工程地质和水文地质条件，以及稳定性验算结果等综合判定，并应分析不稳定斜坡的发展趋势和危害程度，提出防治措施建议。

（10）不稳定斜坡勘查成果应包括地质背景和形成条件，坡体形态、性质和演化，平面图、剖面图和岩土工程特性指标，稳定性分析，防治方案建议等。

第三节 地质灾害调查技术方法

一、资料搜集

（1）搜集地质灾害形成条件与诱发因素资料，包括气象、水文、地形地貌、地层与构造、地震、水文地质、工程地质和人类工程经济活动等。

（2）搜集地质灾害现状与防治资料，包括历史上所发生的各类地质灾害的时间、类型、规模、灾情和其调查、勘查、监测、治理及抢险、救灾等工作的资料。

（3）搜集有关社会、经济资料，包括人口与经济现状、发展等基本数据，城镇、水利水电、交通、矿山、耕地等工农业建设工程分布状况和国民经济建设规划、生态环境建设规划，各类自然、人文资源及其开发状况与规划等。

（4）搜集各级政府和有关部门制定的地质灾害防治法规和群测群防体系等防灾减灾资料。

二、遥感调查

1. 任务

遥感调查的任务是：以遥感数据和地面控制为信息源，获取地质灾害及其发育环境要素信息，确定滑坡、崩塌、泥石流和不稳定斜坡的类型、规模及空间分布特征，分析地质灾害形成和发育的环境地质背景条件，编制地质灾害类型、规模、分布遥感解译图件。

2. 调查内容

主要包括地质灾害体及其发育地质环境背景条件两大方面。

1）地质灾害体

（1）识别地质灾害体。

(2) 确定灾害体的空间分布特征。

(3) 解译地质灾害体的类型、边界、规模、形态特征，分析其位移特征、活动状态、发展趋势，并评价其危害范围和程度。

(4) 分析地质灾害的成因及发育规律。

(5) 编制地质灾害遥感解译图。

2) 地质环境背景条件

主要调查与滑坡、崩塌、泥石流等发育有关的地貌类型、地质构造、岩土体类型、水文地质现象和地表覆盖等内容。

(1) 地貌类型。包括确定主要地貌形态及其成因类型，解译河道、沟谷和斜坡的形态特征。

(2) 地质构造。包括确定主要断裂构造和褶皱构造，及活动断裂构造和区域性节理裂隙密集带的分布位置、发育规模、展布特征；解译新构造活动形迹在影像上的表现。

(3) 岩土体类型。包括解译岩土体岩性类型及分布，必要时划分岩土体的工程地质岩组类型，及解译黄土、红黏土、冻土等特殊土体的分布发育特征。

(4) 水文地质现象。包括解译有明显地表特征的水文地质现象，分析地表水和地下水的赋存条件；圈定泉群、地下水溢出带、渗失带等各富水地段，以及古河道带的分布位置；解译各种岩溶现象的分布，分析其发育规律。

(5) 地表覆盖类型。包括解译区内森林植被、水体、耕地、荒坡地、城镇、交通等用地类型和分布现状，分析人类经济活动引起或可能引起的地质环境条件的变化。

3. 遥感调查工作方法

1) 资料搜集、分析

(1) 搜集 1∶5 万～1∶1 万地形图或相当的地理控制资料。

(2) 尽可能搜集最新的卫星和航空遥感信息资料，对于进行动态研究的地区，还应搜集不同时相的遥感信息资料。

(3) 搜集有关气象、水文、森林植被、自然地理和当地经济状况资料，以及前人工作的区域地质、水文地质和地质灾害调查、勘查成果资料。

2) 遥感信息源的选用

根据调查内容和调查精度的要求，主要采用 TM/ETM 和高分辨率（SPOT－5、IKONOS、Quick Bird 等）卫星或航空数据资料作为主要遥感信息源，其中 TM/ETM 卫星数据资料用于区域环境地质背景条件及特大规模地质灾害体的遥感调查；高分辨率卫星或航空数据资料则用于对地质灾害体的遥感调查。

3) 地理控制信息源的选用

(1) 地面控制。采用国家控制点、地形图采集、GPS 现场实测等手段消除遥感图像畸变，与地理坐标配准，对图像进行几何校正。

(2) 数字高程模型——DEM。在建立控制点网基础上可用地形图、航片立体像对、卫星图像像对或雷达数据产生数字高程模型——DEM。DEM 的精度必须满足国家测绘规范的相关要求。

4) 遥感图像处理

(1) TM/ETM 数据处理。分为多光谱合成与几何校正两个步骤，根据不同地物选择合适的三个波段进行组合，形成 30m 分辨率的多光谱图像，而后据地面控制进行几何校正。

ETM 图像须在合成 30m 分辨率的多光谱图像后再与 15m 分辨率的全色数据相融合，最终形成经几何校正及地理配准的 15m 分辨率的多光谱图像。图像几何校正采用多项式拟合法，几何校正的均方差应小于或等于一个像元。

（2）SPOT、IKONOS、QUICK BIRD 数据处理。该类数据处理宜分为三个步骤：①制作调查区数字高程模型——DEM/DTM；②将单波段数据分别合成 10m（SPOT）、4m（IKONOS）或 2.5m（QUICK BIRD）分辨率的多光谱图像，再分别与 2.5m、1m 或 0.6m 分辨率的 Pan 图像融合分别形成 2.5m、1m 或 0.6m 分辨率的多光谱图像；③用 DEM/DTM 校正步骤②形成的多光谱融合图像，图像几何校正采用多项式拟合法，几何校正的均方差应小于或等于六个像元。

（3）多景图像镶嵌制图。对于多景图像镶嵌制图，除了各景图像按上述要求处理外，各图像的成像季节应尽可能接近，应非常细致地进行调色处理使之达到相邻图像无缝拼接及色彩、色调自然过渡。

5）遥感解译

遥感解译，即在基础图像上重现野外实际环境景观，基于地学原理进行地物识别及定性和定量、时间和空间分析，获取地质灾害及其发育环境信息。遥感解译须在 PHOTOSHOP、ERDAS、ENVI、MAPGIS 等软件平台上以人机交互方式进行。遥感解译包括建立解译标志、初步解译、野外验证和详细综合解译四个步骤。

4. 建立遥感解译标志

在充分搜集和熟悉工作区地质资料的基础上，通过野外实地踏勘，在基础图像上建立典型地质灾害类型、构成要素、地貌、地质构造、岩土体类型、水文地质现象和土地覆盖类型等的遥感解译标志。

5. 初步解译

在熟悉工作区地质资料、野外实地踏勘、建立遥感解译标志的基础上，在基础图像上识别地质灾害及其发育环境，了解泥石流的结构特征，圈划边界，指出所有不确定点及疑问点，编制初步解译草图。

6. 野外验证

对初步解译结果及所有的不确定点及疑问点进行野外实地验证。工作量应根据调查目标地物在基础图像上的可解译程度、地质灾害体可能产生的危害、地质环境条件的复杂程度、前人研究程度、交通和自然地理条件等因素综合考虑确定。

（1）对于位于县城、集镇、重要建筑工程、交通线及其他重要场所附近的地质灾害体除可解译程度很高，前人研究程度较深者外，应该尽可能全部进行野外验证。

（2）其他地质灾害初步解译结果的野外验证率应不少于 60%。

7. 详细综合解译

进一步确认灾害体及类型，确定灾害体及其组成部分（尤其指沟谷形泥石流）的边界，计算覆盖面积（规模），必要时通过不同时相图像对比了解灾害的活动状态；通过灾害体所处地貌、岩性、产状、斜坡结构、水文及区域地质构造环境解译分析灾害形成的基本地质环境条件及触发因素；分析灾害发育规律，评价其影响及危害，通过空间分析进行灾害危险性分区。

8. 遥感解译编图

按 1∶5 万国际分幅或工作区范围自由分幅编制地质灾害及其发育环境遥感解译图。对于重点地质灾害体，除了需准确地表现其地理位置及边界范围外，还应表现其结构组成并附三维影像图。

9. 提交专门的遥感调查报告

该报告应包括：目的任务、完成主要工作量；进行调查质量（精度）评述；遥感图像（数据）的类型、分辨率、接收时间、图像处理和遥感解译、图件编制的方法技术；遥感解译结果，综合分析灾害形成的基本地质环境条件及触发因素；灾害发育规律，评价其影响、危害，及灾害危险性分区结果。

三、地面调查

（1）野外调查工作手图。在一般调查区应采用比例尺 1∶5 万或更大比例尺的地形图；在重点调查区宜采用 1∶2.5 万或更大比例尺的地形图。

（2）地面调查应采用穿越法与追索法相结合的方法。面上调查路线宜垂直岩层与构造线走向以及地貌变化显著的方向进行穿越调查；点上对危及县城、村镇、矿山、重要公共基础设施、主要居民点的地质灾害点和人类工程活动强烈的公路、铁路、水库、输气管线等须采用追索法调查。

（3）观测路线与观测点的密度须根据地质条件的复杂程度、危害对象的重要性以及地质灾害点的密度合理布置。重点调查区观测路线间距宜为 1 000～5 000m，每平方千米调查点数不应少于一个，不得漏查地质灾害。一般调查区在遥感调查基础上进行野外核查，核查路线间距宜为 5 000～10 000m，调查点数不应少于遥感解译总数的 80%。

（4）对于危害较大或典型的地质灾害点应进行大比例尺的地面测绘，测绘的点数不低于调查点总数的 10%。

（5）对于规模不大且危害小的滑坡、崩塌和泥石流可视具体特征和分布位置作目估调查，但须填写调查卡片，并不得遗漏主要灾害要素。

（6）对于地质灾害点较稀少的区段，可视具体情况作地质环境条件控制性定点调查。对县城、集镇、矿山，无论有无地质灾害，均应布设控制性调查点；在地质条件复杂区，对于一般居民点均应布设控制性调查点。

（7）对于同类群发地质灾害，都应一点一表，不得将相邻的灾害体合定为一个观测点。对于同一地点存在的不同类型地质灾害，以主要灾害类型为主可以只定一点，但应作好其他类型灾害的记录。

（8）野外调查记录须按照调查表规定的内容逐一填写，不得遗漏主要调查要素，并用野外调查记录本作沿途观察记录，附必要的示意性平面图、剖面图或素描图以及影像资料等。

（9）图上观测点定位应符合下列规定。

a. 凡能在图上表示出面积和形状的灾害地质体，均应实地勾绘在手图上，不能表示实际面积、形状的，用规定的符号表示。

b. 滑坡点定在滑坡后缘中部，泥石流点定在堆积区中部，崩塌点定在崩塌发生的前沿，不稳定斜坡点定在变形区中部。

c. 所有的调查点均采用GPS和微地貌相结合的方法定位，定位误差不得大于50m，也不得误跨沟谷。

(10) 工作手图上的各类观测点和地质界线，应在野外采用铅笔绘制，转绘到清图上后应及时上墨。

四、钻探

(1) 钻探方法可在严重威胁县城、集镇、矿山、重要公共基础设施、主要居民点的地质灾害体勘查中采用。

(2) 应初步查明滑动层面位置及要素，了解滑坡的稳定程度及深部滑动情况，为评价滑坡的稳定性提供有关参数。

(3) 钻探应在地面调查和物探工作基础上进行。

(4) 勘探钻孔应符合下列技术要求。

a. 一般性钻孔深度应穿过最下一层滑动面3～5m，控制性钻孔应深入稳定地层以下5～10m。

b. 钻孔口径为110mm，采取原状岩土样的钻孔口径为130mm。

c. 在遇滑动带或软层时，宜采用无水钻进，每回次钻进不超过0.5m，岩芯采取率应达到70%以上，钻孔斜度偏差应控制在2%之内。

d. 钻孔取芯、采样、编录、岩芯保留与处理、简易水文地质观测、水文地质试验、封孔和钻孔坐标的测定等应按《工程地质钻探规程》(DZ/T 0017—1991)的要求执行。

(5) 钻孔竣工后，须及时提交各种资料，包括钻孔施工设计书、岩芯记录表(岩芯的照片或录像)、岩芯素描图、钻孔地质柱状图、采样记录、简易水文地质观测记录、测井曲线、钻孔质量验收书、钻孔施工小结等。

五、山地工程

(1) 山地工程以探槽和竖井为主，应配合野外调查进行。

(2) 对危及县城、村镇、矿山、重要公共基础设施、主要居民点的地质灾害点，应布置适量山地工程工作量。

(3) 探槽、竖井的深度应根据调查中需要解决的问题和施工安全具体确定。

(4) 对探槽、竖井揭露的地质现象都须及时进行详细编录和制作大比例尺(一般为1∶100～1∶20)的展视图或剖面图，内容包括地层岩性界线、结构、构造特征、水文地质与工程地质特征、取样位置等，对重要地段(滑面带等)须进行拍照或录像。

(5) 施工中，须按照有关安全规范、规程进行施工，竣工后应及时回填，需留作监测用的应及时用盖板盖严，以防出现安全事故。

六、物探

(1) 物探方法应在危及县城、村镇、矿山、重要公共基础设施、主要居民点的地质灾害测绘或勘查中采用。

(2) 初步查明滑坡、崩塌、泥石流空间分布状态、地质结构及滑床埋藏情况、软弱夹层的分布、覆盖层厚度等。

(3) 应根据地质灾害类型和调查需要，因地制宜地选择物探方法。对于单一方法不易明确判定的地质灾害体，可采用两种或两种以上的物探方法。物探方法可参照表 7-9 选择。

表 7-9　常用物探方法及其应用范围

物探方法	应用范围
电测深法、电剖面法、浅层折射波法、浅层反射波法、瑞利波法、瞬变电磁法、层析成像、综合测井、声波法、无线电波透视、测氡法	初步查明崩塌、滑坡、泥石流范围、厚度和结构
电测深法、电剖面法、瞬变电磁法、浅层折射波法、浅层反射波法、高密度、探地雷达、综合测井	初步查明覆盖层厚度和基岩面埋深

(4) 物探测线的布置须根据调查要求、测区地形、地物条件因地制宜地设计。测线长度、间距以能控制被探测对象为原则，主要测线方向须垂直于地质灾害体的长轴方向（崩塌、滑坡体纵轴方向等），并尽可能通过钻孔或地质勘探线。

(5) 物探应根据调查要求编制工作大纲。野外作业中，工作参数的选择，检查点的数量，观测精度，测点、测线平面位置和高程的测量精度，仪器的定期检查、操作和记录，应遵循有关物探规范的要求。

(6) 物探成果应包括工作方法、地质灾害的地球物理特征、资料的解释推断、结论和建议，并附相应的工作布置图、平剖面图、曲线图、解释成果图等。

七、测试与试验

(1) 岩土体性能原位测试应符合下列规定。

a. 岩土体物理力学参数原位测试仅针对开展勘查的重要地质灾害。

b. 原位测试方法主要选择现场直剪试验和岩石声波测试等。

c. 对于规模特大、危害严重的典型滑坡，可开展滑面（带）岩土体现场直剪试验。

(2) 室内试验应符合下列规定。

a. 主要测试岩土的物理力学性质及水化学成分。对开展勘查及部分测绘的地质灾害应采取样品测试。测试项目可参照表 7-10 执行。

表 7-10　地质灾害调查室内测试项目

种类＼项目	测试项目
滑坡	滑带、滑体、滑床岩土体物理力学性质试验，滑带黏土矿物成分及含量分析，地下水水质分析
崩塌	岩体物理力学性质试验，裂缝充填物矿物成分及含量分析，必要时进行崩塌堆积体的年龄测定
泥石流	泥石流体物质成分、粒度、重度的测试，进行泥石流体年龄鉴定

b. 室内岩石物理力学性质测试指标应包括密度、天然重度、干重度、孔隙率、孔隙比、吸水率、饱和吸水率、抗剪强度、弹性模量、泊松比、单轴抗压。

c. 室内土的物理力学性质测试指标一般包括密度、天然重度、干重度、天然含水量、孔隙比、饱和度，颗粒成分、压缩系数、凝聚力、内摩擦角。黏性土应增测塑性指标（塑限、液限、计算塑性指数、液性指数和含水比）、无侧限抗压强度等。砂土应增测最大干密度、最小干密度、颗粒不均匀系数、相对密度、渗透系数等。

第四节　滑坡崩塌泥石流灾害危险性评价基本原则

一、评价对象

评价对象为滑坡、崩塌、泥石流和不稳定斜坡地质灾害的危险性。

二、评价区分级

根据地质环境条件复杂程度与威胁对象重要性将评价区划分为三级（表 7－11），地质环境复杂程度分类见表 7－12。

表 7－11　滑坡、崩塌、泥石流地质灾害评价区分级表

复杂程度 / 评估分级 / 威胁	复杂	中等	简单
城镇及主体建筑设施	一级	一级	一级
有居民及主体建筑设施	一级	二级	三级
无居民及主体建筑设施	二级	三级	三级

图 7－12　地质环境条件复杂程度分类表

复杂	中等	简单
地质灾害发育强烈	地质灾害发育中等	地质灾害一般不发育
地形与地貌类型复杂	地形简单，地貌类型单一	地形较简单，地貌类型单一
地质构造复杂，岩性岩相变化大，岩土体工程地质性质不良	地质构造较复杂，岩性岩相不稳定，岩土体工程地质性质较差	地质构造简单，岩性单一，岩土工程地质性质良好
工程水文地质条件不良	工程水文地质条件较差	工程水文地质条件良好
破坏地质环境的人类工程活动强烈	破坏地质环境的人类工程活动较强烈	破坏地质环境的人类工程活动一般

三、评价技术要求

（1）一级评价区必须对评价区内分布滑坡、崩塌、泥石流地质灾害的威胁人员伤亡和建筑设施安全进行全面地评估。

（2）滑坡的评价必须查明评估区内地质环境条件、滑坡的构成要素及变形的空间组合特征，确定其规模、类型、主要诱发因素及工程的危害。

（3）崩塌的评价应查明斜坡的岩性组合、坡体结构、高陡临空面发育状况、降雨情况、地震、植被发育情况及人类工程活动；确定崩塌的类型、规模、运动机制、危害等；预测崩塌危害的发展趋势。

（4）泥石流评价必须查明泥石流形成的地质条件、地形地貌条件、水流条件、植被发育状况、人类工程活动的影响，确定泥石流的形成条件、规模、活动特征、侵蚀方式、破坏方式，预测泥石流的发展趋势及拟采取的防治措施。

(5) 不稳定斜坡的评价应查明不稳定斜坡的岩性组合、坡体结构、高陡临空面发育状况、地震、植被发育情况及人类工程活动；确定不稳定斜坡的类型、规模危害等；预测不稳定斜坡危害的发展趋势。

(6) 二级评价区应基本查明评估区内存在滑坡、崩塌、泥石流、不稳定斜坡等地质灾害的类型、分布、规模，并对危险性进行预测，对评价区内重大地质灾害应参照一级评价要求进行评价。

(7) 三级评价区可以从简，对潜在危险性进行定性分析确定，初步查明评估区地质灾害的类型、分布、规模及危害。

四、危险性评价方法与分级

可根据实际情况进行危险性分级（表 7－13）。

表 7－13 滑坡崩塌泥石流地质灾害危险性评价等级表

确定要素 / 危险程度	稳定状态	危害对象	损失情况
危险性大	差	城镇及主体建筑物	大
危险性中等	中等	有居民及主体建筑物	中
危险性小	好	无居民及主体建筑物	小

第五节 设计编写和成果报告编制

一、设计书编写

(1) 应充分搜集已有资料，分析研究调查区存在的主要问题。

(2) 设计书分为计划项目总体设计书和工作项目设计书。计划项目总体设计书应以自然单元为工作区进行编写；工作项目设计书应以县（市）行政区划为工作区进行编写，调查工作部署宜按 1∶5 万比例尺地形图分幅进行。

(3) 设计书应做到任务明确，依据充分，各项工作部署合理、技术方法先进可行、措施有力，文字简明扼要、重点突出，所附图表清晰齐全。

(4) 设计书编写可参照如下提纲。

前言

第一节 目标任务：包括任务来源、任务书的主要内容、工作起始时间及成果提交时间等。

第二节 工作区范围和自然地理条件：包括地理位置、坐标范围或图幅及编号、社会经济概况。

第三节 以往工作程度：包括以往区域地质、水工环地质工作情况和与本次调查有关的成果及存在的问题与不足。

第一章　区域环境地质背景

第一节　区域地质环境背景：包括气象水文、地形地貌、地层岩性、地质构造、地震、水文地质、工程地质、人类工程经济活动等。

第二节　主要环境地质问题与地质灾害现状：包括种类、分布、数量、规模与造成的危害及防治现状等。

第二章　工作部署

第一节　工作部署原则：包括总体工作思路、技术路线和部署原则。

第二节　总体工作部署：包括不同层次和各类地区的工作部署，分阶段或分年度的主要工作内容。

第三节　年度安排：包括年度安排的主要内容和工作量。当年工作安排要详细具体。

第三章　工作方法与技术要求

论述所采用的工作方法、技术要求（包括地质环境评价的方法与要求）。

第四章　实物工作量

列表说明总体工作部署和分年度各类实物工作量。

第五章　经费预算

按《中国地质调查局项目预算编制暂行办法》编写。

第六章　组织管理

第一节　组织管理措施

第二节　项目组人员组成及分工

第七章　技术管理措施

第一节　质量管理措施

第二节　技术保证措施

第三节　安全及劳动保护措施等

第八章　预期成果

成果报告：包括调查报告、专题研究报告、数据库建设报告及附图、附表；提交成果报告时间。

附（插）图：包括工作区交通位置图、研究程度图、工作部署图。

二、报告编写

（1）成果报告须充分利用已有资料、全面反映调查和勘查所取得的成果。

（2）成果报告分为计划项目总体成果报告和工作项目成果报告。工作项目成果报告须以县（市）为单元，编写1∶5万地质灾害调查报告和1∶1万～1∶1 000重大地质灾害勘查报告。

（3）报告应做到内容简明扼要、重点突出、论据充分、结论明确、附图、附件齐全。

（4）计划项目总体报告和工作项目报告编写可参照如下提纲。

序言

主要包括：目的任务；经济与社会发展概况；环境地质问题与地质灾害概况；以往调查工作程度；本次调查工作部署、方法、完成的工作量及质量评述。

第一章　地质环境条件

主要包括：地形地貌；水文气象特征；地层岩性、地质构造、新构造运动与地震；岩土体类型与基本特征；水文地质特征；植被类型及分布特征；外动力地质现象及其发育规律；主要地质资源；人类工程经济活动类型及特征。

第二章　地质灾害发育分布特征及稳定性评价预测

包括：地质灾害种类、发育特征与分布规律；形成条件及影响因素；典型地质灾害稳定性评价与预测。

第三章　主要地质灾害危害程度和经济损失评估

主要包括：评估原则、要求与方法，主要地质灾害危害程度和经济损失评估。

第四章　地质灾害危险性分区评价

根据地质灾害体的稳定状态、危害对象和危害程度等进行地质灾害危险性分区评价。

第五章　地质环境保护与地质灾害防治对策建议

结合工作区国民经济与社会发展规划，提出保护与防治原则和要求，重点保护与防治的地区、重点保护与防治的城镇、工程、交通干线及重要的居民点，重要的区域性保护与防治对策建议，为地方政府全面科学制定工作区地质灾害防治规划提供详细可靠的地质依据。

第六章　结论

主要包括本次调查工作的主要成果；工作质量综述；环境效益与防灾减灾效益评述；合理利用与保护地质环境与防治地质灾害的建议；本次调查工作存在的问题与不足之处，下一步的工作建议等。

附图主要包括：滑坡崩塌泥石流灾害分布图、滑坡崩塌泥石流灾害易发程度分区图、滑坡崩塌泥石流灾害危险性分区图、遥感解译图等。

附件主要包括：地质灾害信息系统及其说明书、地质灾害防灾预案建议、照片集、野外摄像等。

（5）地质灾害勘查报告应包括以下内容：勘查的目的任务，完成的勘查工作量及工作质量评述，区域地理地质环境，地质灾害的特征、危害、稳定性计算与评价、防治方案建议等，附图（勘查区工程地质图，防治方案布置图，典型钻孔综合地质柱状图，物探剖面图，竖井、坑探剖面图，稳定性计算剖面图等），附件（照片集、试验成果汇总表、动态观测成果表、稳定性计算参数及计算结果表）等。

（6）应提交的报告附件参见表 7－14。

三、质量检查与成果验收

1. 质量检查

（1）检查项目承担单位质量保证体系。

（2）检查项目工作部署、工程布置是否按照设计书的要求进行。

（3）随机抽样检查。对野外地质点、物探点、测量点、试验点、测试点、取样点等进行不少于3%的随机抽样检查和现场检查。

（4）对重要灾害点进行的物探、钻探、山地工程和取样、原位试验等进行重点检查和现场验收。

（5）审核新仪器、设备和新技术、新工艺的技术鉴定书。

表 7-14　应提交报告主要附件一览表

序号	附件名称	调查		勘查	
		必须	推荐	必须	推荐
1	实际材料图（1∶10万～1∶5万）	√			
2	区域工程地质条件图（1∶5万）	√			
3	地质灾害发育分布图（1∶5万）	√			
4	地质灾害易发程度分区图（1∶5万）	√			
5	地质灾害危险程度分区图（1∶5万）	√			
6	地质灾害防治规划建议图（1∶5万）	√			
7	地质灾害搬迁场址建议分布图（1∶5万）		√		
8	地质灾害气象预警区划图（1∶10万～1∶5万）		√		
9	区域地质环境条件遥感影像图和解译图（1∶10万～1∶5万）		√		
10	地质灾害发育分布遥感影像图和解译图（1∶10万～1∶5万）		√		
11	重点地段地质灾害遥感影像图和解译图（1∶1万～1∶5 000）		√		
12	重点地段地质灾害分布图（1∶1万）	√			
13	重点地段地质灾害易发程度分区图（1∶1万）		√		
14	重点地段地质灾害危险程度分区图（1∶1万）		√		
15	典型岩土体结构实测剖面（1∶2 000～1∶200）	√			
16	斜（边）工程地质实测剖面（1∶1万～1∶1 000）	√			
17	重大地质灾害勘察平面图和剖面图（1∶1万～1∶2 000）			√	
18	地质灾害调查照片集	√			
19	钻孔柱状图			√	
20	试槽、平洞、竖井展示图				√
21	岩、土、水试验成果汇总表			√	
22	物探报告				√
23	岩土试验报告			√	√

注：“√”表示应提交的附图、附件。

(6) 对野外数据采集产品，包括野外手图、野外数据采集库、数字实际材料图、野外各类原始编录资料、样品鉴定、分析、测试送样单和分析测试结果等进行随机抽查。

(7) 核查质量检查记录，包括自检、互检、抽检、年度原始资料检查记录小结。

(8) 对资料检查认为有疑问的、危害严重或典型的地质灾害体须进行野外现场检查。

(9) 验收组给予野外验收意见，组织验收单位应对野外验收意见进行审核，再签署意见书，并及时通知被验收单位。

(10) 被验收单位收到野外验收意见书和组织验收单位意见后，应按意见的要求完善各项工作；需补充野外工作的，还应及时补充和完善野外工作；并向组织验收单位提交补充工作总结，经组织验收单位审核认可后，方可转入最终成果报告的编写。

2. 最终成果验收

(1) 审查验收依据项目任务书、设计书、设计审查意见书、设计审批意见书、任务变更和工作调整批复意见书、野外验收意见书，以及有关技术标准和要求进行。

（2）审查验收的内容如下。

a. 审查报告的完整性、合理性、可靠性和实用性。

b. 各项实际资料的综合整理与利用程度。

c. 各项工作成果是否符合设计及本技术要求的规定。

d. 报告、图件与实际资料是否相符。

e. 各种图件的内容、要素是否准确、齐全。

f. 信息系统建设是否达到预定的技术指标，各项数据是否齐全、完整，管理系统是否先进、实用等。

g. 调查是否能取得预期的社会、经济、环境效益。

（3）报告验收评审结束后，组织评审单位签署评审意见书，下发成果报告提交单位，对验收审查意见书提出的各项问题，项目承担单位须在规定时间内组织专人修改补充。

（4）经审查发现有较多质量问题的成果资料或通过补充仍达不到规定要求的成果资料，不予验收。

第八章　县（市）地质灾害排查

第一节　总则

根据党中央、国务院的指示精神及国土资源部关于“地质灾害隐患再排查行动”部署，从2010年下半年起，我国开始全面开展县（市）地质灾害排查工作。地质灾害排查对摸清地质灾害隐患，及时更新信息，完善防灾预案，建立监测预警系统和实施防灾减灾工程，进行动态管理，最大限度保障人民群众的生命财产安全具有重要重义。

一、排查目的

通过对已有地质灾害隐患点进行核查和对新增地质灾害隐患点进行调查，查明县（市）地质灾害隐患点的类型、分布、形成条件、影响范围、危害及发展趋势，掌握地质灾害动态变化，为各级政府建立健全群专结合的群测群防网络体系和有计划地开展其他地质灾害防治工作提供基础资料。

二、排查任务

在充分搜集已完成地质灾害调查区划成果、地质灾害群测群防达标建设、地质灾害详细调查、重大地质灾害隐患排查等大量已有成果的基础上，坚持“以人为本”的原则，对辖区内地质灾害隐患点开展拉网式大排查，排查的重点是城镇、乡村、医院、学校、集市等人员集中地以及三峡库区、重要铁路、公路等交通干线沿线、风景名胜区和重要工程建设活动区。排查的主要任务如下。

（1）开展地质灾害隐患点现场调（核）查，查明地质灾害隐患点的类型、分布、形态与规模、表部特征、变形破坏特征、诱发因素与形成条件。

（2）对地质灾害灾情和险情进行初步评估，分析与预测灾害体的稳定性、发展趋势和灾害发生后可能的成灾范围及灾情。

（3）划定地质灾害影响区及危险区，提出防治措施建议。

（4）对出现临灾征兆、可能造成人员伤亡或者重大财产损失的区域和地段进行应急调查，查明崩塌、滑坡、泥石流等灾害发生原因、影响范围等情况，并立即上报当地主管部门，提出应急处置措施或建议，协助地方政府进行应急处置，减轻和控制地质灾害灾情。

（5）检查地质灾害群测群防工作是否到位，协助当地政府建立和完善地质灾害群测群防网络、编制地质灾害防灾减灾预案，指导开展地质灾害监测与预警工作。

（6）检查地质灾害防治“四到位”和“八落实”情况，协助当地政府建立地质灾害群测群防网络和编制地质灾害防灾减灾预案，指导开展地质灾害监测与预警工作。

（7）核查拟销号点的工程治理、搬迁避让等实施情况。

（8）结合排查成果，提出地质灾害防治对策和下一步工作建议。

（9）建立或更新地质灾害数据库，提高地质灾害防治与管理工作的实效。

三、排查基本要求

（1）地质灾害排查工作以县（市）和乡镇为单位进行，排查应在充分搜集、利用已有地质灾害调查成果，结合相关部门、群众报灾线索的基础上进行。

（2）地质灾害排查应遵循“以人为本”和“预防为主”的原则，重点围绕地质灾害可能造成损失的地段开展。

（3）地质灾害排查的灾种主要包括滑坡、崩塌（危岩）、泥石流、地面塌陷、地裂缝、不稳定斜坡等，同时根据现场实际，可以增加其他地质灾害灾种。

（4）地质灾害排查宜根据有关部门、个人报灾情况，采用专业地勘队伍调查与当地政府、群众查险相结合的方式进行，把已知且当前有变形迹象的隐患点及新发生的隐患点作为首要排查对象，逐一进行现场调查。

（5）加强对已总结出的地质灾害高易发区或与地质灾害高易发区存在相同地质背景的地质灾害发生可能性大的地段进行排查。对受地质灾害威胁的城镇、人口聚居区、风景名胜旅游区、工矿企业和水利水电工程临时安置区、重点文物保护区等应进行重点排查。

（6）对新发生的地质灾害点必须做到“一点一卡”，按照调查卡要求内容逐项填写。

（7）崩塌、滑坡、泥石流等灾害排查应加强对复合型地质灾害或地质灾害链的认识和评估，尤其应评估地质灾害隐患发生高速远程滑坡、碎屑流的可能性及堵河等灾害链发生的可能性。

复合型地质灾害是指具有滑坡、崩塌、碎屑流或泥石流等组合特征的地质灾害。地质灾害链是指具有灾种转化特征的地质灾害，包括山体滑坡灾害—碎屑流灾害—堰塞湖堵江灾害—堰塞湖溃决灾害等类型。

（8）对排查出来的新的地质灾害隐患和防灾措施不完善的，要及时协助乡镇（街道）政府建立和完善地质灾害群测群防网络及地质灾害防灾减灾预案。

（9）在排查中发现有异常情况或存在安全隐患的致灾地质体时，必须明确防灾的责任单位，提出有针对性的防治措施及建议，同时协助指导当地政府采取有效的防范措施，保障安全，防止发生人员伤亡或出现次生灾害。

（10）对崩塌、滑坡、泥石流等灾害排查包括汛前和汛中两个阶段。在汛前进行地质灾害排查应全面摸清行政辖区内地质灾害状况，在汛中进行地质灾害排查应及时掌握地质灾害发展变化情况和可能出现的险情。

第二节　排查工作内容与工作方法

一、排查工作内容

（1）根据已掌握的情况和群众报灾线索，逐一进行现场调查，同时填写或完善各类调查表。

（2）检查地质灾害防治“四到位”和“八落实”情况。

（3）对所有排查的地质灾害隐患点均要明确地质灾害防治的责任主体，提出初步的地质灾害防治措施和下一步工作建议。

（4）根据排查情况，协助当地政府建立地质灾害群测群防网络和编制地质灾害防灾减灾预案，指导开展地质灾害监测与预警工作。

（5）总结排查工作情况并形成排查报告，及时按要求报送排查报告、调查表及相关图件、专题报告等成果资料。

二、排查工作具体要求

1. 已有地质灾害隐患点排查

已有地质灾害隐患点是指已被发现并由地质灾害管理部门登记在册或已制定防灾预案的崩塌、滑坡、泥石流等地质灾害。在已有地质灾害隐患点都已开展过调查工作。

对已有地质灾害隐患点进行排查时，要求在搜集原有各类调查资料的基础上，重点核实致灾地质体是否有新的变化、影响范围是否扩大及原有调查资料是否准确、完备，内容是否达到相关要求等。同时要求现场检查其是否被按要求纳入地质灾害群测群防网络、是否切实做到了“责任单位、防治资金、监测手段、防治措施”“四到位”和“警示牌、防灾预案、监测经费、监测人、监测记录、两卡（防灾明白卡和避险明白卡）、监测设施、撤离路线”群测群防工作“八落实”。

如资料不准确的应现场进行补充完善，如无调查资料的或调查资料不符合要求的，则按未开展过调查的地质灾害隐患点现场调查要求执行。如未做到“四到位”和“八落实”的，应敦促并协助地方政府进一步落实。

2. 新增地质灾害隐患点排查

新增地质灾害隐患点是指以往没有查明、现经专业地质调查队伍查证并得到确认的新发现地质灾害点。

对新增地质灾害隐患点（包括新发生的地质灾害隐患点），应开展现场调查工作，按排查要求填写相关表格和采集影像资料，提出防治措施建议，未纳入地质灾害群测群防体系的应协助当地政府将其纳入地质灾害群测群防体系。

1）地质灾害隐患点现场调查与测绘

地质灾害隐患点现场调查记录必须按规定的调查表格认真填写，并附示意性图件（平面图、剖面图、素描图等）和相关影像资料等。对属于同一类型的地质灾害，无论致灾地质体规模大小、是单体还是群体，都应一点一表。不应将相邻两个及以上的致灾地质体合定为一个调查点。对于同一地点存在地质灾害和环境地质问题时，可以只定一点，但应分类填表。地质灾害隐患点现场调查应填写的相关表格详见附录1.1～1.5。地质灾害隐患点现场调查与测绘的主要工作内容如下。

（1）调查致灾地质体所处斜坡的地质环境，如地层岩性、地形地貌、地质构造、水文地质、不良地质现象及所在斜坡的坡体结构。

（2）调查致灾地质体的形体特征，包括位置、形态、分布高程、几何尺寸、规模，确定崩滑体的边界、底界、临空面、剪出口等。

（3）调查致灾地质体地质结构，包括岩土体物质组成，地层岩性，岩土体结构构造及变形破裂特征、滑带及滑床物质组成和结构特征等。

(4) 调查致灾地质体的水文地质条件和地下水（水井、泉水、湿地、堰塘）补、径、排特征等。

(5) 调查致灾地质体的变形破坏特征，包括地貌及成生时间，裂缝、鼓丘，洼地等的分布及成生时间、宏观变形形迹及变形发育史等。

(6) 调查致灾地质体运行特征，主要为先期灾害体运行轨迹、路线、距离、最大水平、垂直位移量、位移速度等，初步推测成灾范围及可能产生的派生灾害的范围。

(7) 调查分析非地质孕灾因素（如水库蓄水、降雨、河流冲蚀、人工开挖等）的强度、周期以及它们对地质灾害稳定性的影响。

(8) 对斜坡变形体（滑坡）稳定性按形成影响因素进行综合评判和预测，稳定性判别标准见附录2。

2) 地质灾害灾情险情现场实物指标调查

现场确定并记录在致灾地质体可能危及范围内的房屋（间、平方米）、人数（户、人）、土地及其他设施，初步预测估算其可能造成的直接经济损失，同时在相关表格中填写主要实物指标调查内容。同时结合已造成的或可能造成的人员伤亡人数及房屋、财产等直接经济损失的大小综合评估地质灾害灾情或险情，地质灾害灾情或险情划分标准详见表4-1。

3. 地质灾害防治等级划分

根据地质灾害灾情、险情等级以及地质灾害稳定性等级，划分地质灾害防治等级（表8-1）。

表8-1　地质灾害防治等级分级

地质灾害防治级别	地质灾害稳定性		
地质灾害灾情、险情等级	稳定性差	稳定性较差	稳定性好
特大	一级	二级	三级
大	二级	三级	四级
中	三级	四级	五级
小	四级	五级	六级

4. 地质灾害隐患点处置建议

对于排查出的地质灾害隐患点，按灾害的规模、稳定性、危害性及发展变化趋势，结合地方防灾实际，提出有针对性的处置建议。

1) 对于被判定为现状基本稳定或稳定的地质灾害隐患点

对于被判定为现状基本稳定或稳定的地质灾害隐患点，宜建议开展群测群防监测，必要时可辅以排水、清危等简易工程措施。

2) 对于被判定为现状潜在不稳定或欠稳定的地质灾害隐患点

对于被判定为现状潜在不稳定或欠稳定的地质灾害隐患点，若其无重要保护对象或治理不经济可行的，宜建议进行搬迁避让；若其虽无重要保护对象，但通过简易治理即可消除隐患，也可建议实施简易工程治理措施；若其严重威胁城市集镇、居民聚居区、国家公益性机构、交通干线、重大工程项目建设区安全，宜建议实施专业监测或工程治理措施。

3) 对变形破坏强烈稳定性差的地质灾害隐患点

应及时报告当地政府，同时以专题报告的形式及时上报区县国土资源管理部门，提出可行性的应急处置方案，协助地方政府开展应急抢险工作。

5. 地质灾害销号建议

地质灾害排查应根据现场调查情况，对符合以下条件之一的排查点可提出销号建议。

（1）已全部搬迁的（除耕地外无其他保护对象且房屋已全拆除的）。

（2）已被彻底治理并通过竣工验收或经三年监测被确定为稳定的。

（3）因工程建设活动导致地质灾害体灭失的（治理的不在此类）。

（4）地质灾害定性错误的（包括因地基处理不当等原因导致的建筑物开裂变形等）。

（5）重复的地质灾害。

（6）最近几年经监测被确定为稳定的（小型不得少于最近三年、中型不得少于最近四年、大型及特大型不得少于最近五年）。

三、排查工作方法

1. 基本排查方法

地质灾害排查工作主要以资料搜集和地面调查相结合的方法开展，对重大地质灾害隐患可采用无人机航拍或高分辨率卫星遥感快速获取影像。对群众报灾的点进行专业排查。

2. 资料搜集

（1）充分搜集地质灾害群测群防、调查、监测、研究资料及其他相关勘察和防治等资料。

（2）搜集地质灾害形成条件与诱发因素资料，包括气象、水文、地形地貌、地层与构造、地震、水文地质、工程地质等，应搜集目前正在开展或近期规划即将开展的人类工程活动资料。

（3）搜集有关社会、经济资料，包括城镇、水利水电、交通、矿山等工农业建设工程分布状况和国民经济建设规划、生态环境建设规划等。

（4）搜集各级政府和有关部门制定的地质灾害防治法规和规划、地质灾害防灾预案、地质灾害信息系统及数据库等相关防灾减灾资料。

（5）搜集年度群众报灾数据、遥感数据等资料。

3. 地面调查

（1）应充分利用已完成的高分辨率遥感、航空影像和地质灾害调查基础图件，采用比例尺为1∶5万或更高精度的地形图作为野外调查工作手图。

（2）地面调查包括对已有地质灾害隐患点的核查和对新增地质灾害隐患点的调查，应根据已有地质灾害调查成果并结合地方政府提供的新增灾害信息，逐点进行排查。

（3）重点排查和一般排查相结合。对危及县城、集镇、矿山、重要公共基础设施、主要居民点的地质灾害隐患点和人类工程活动强烈的公路、铁路、水库、输油（气）管线等应进行重点排查；对于小型规模、危害小的地质灾害隐患点可作一般排查，应填写核查表或新增地质灾害调查表，不可遗漏主要调查要素。

4. 无人机航拍或高分辨率遥感解译

（1）对存在较大安全隐患但人员实地调查困难的地质灾害隐患点，可申请采用无人机航拍或高分辨率遥感解译方法，初步掌握地质灾害隐患点的现状、特征等，并预测其发展趋势。

（2）针对突发性地质灾害，可申请采用无人机航拍或高分辨率遥感解译快速查明地质灾害发生情况和成灾情况。

第三节 滑坡崩塌泥石流排查工作

一、滑坡灾害排查

1. 已有滑坡灾害点核查

（1）在搜集、利用已有各类调查资料的基础上，重点核查滑坡灾害是否发生变化及其变化程度，包括滑坡体上地表裂缝、滑坡位移和建筑变形等宏观变形迹象。

（2）核查滑坡的影响范围和威胁对象，包括危险区内人口的迁移和建筑工程等的增减，分析人类工程活动对滑坡的影响。

（3）填写地质灾害野外核查简表，分析滑坡发生变化的原因，判断滑坡的稳定性、发展趋势和险情，更新危险性区划。

（4）查看滑坡简易监测措施、群测群防体系以及防灾预案落实情况，在核查基础上提出防灾预案和群测群防体系的完善建议。

（5）对于已经治理的滑坡灾害，查看工程治理措施的防治现状，判断防治工程本身的稳定性、发展趋势和存在的问题，填写工程治理有效性核查表。

2. 新增滑坡灾害点调查

（1）新增滑坡灾害点调查范围应包括滑坡分布区及可能造成危害影响的地区，调查内容主要包括滑坡区调查、滑坡体调查、滑坡成因调查和滑坡危害调查，按附录1.1填写崩塌滑坡调查表，不得遗漏滑坡主要要素。

（2）对于滑坡区，应查明滑坡地理位置、地貌部位、斜坡形态、斜坡坡度、相对高度、坡体结构、植被等，了解滑坡区地层岩性、地质构造、水文和地震等基本环境地质条件。

（3）对于滑坡体，应查明滑坡的规模与形态特征、后（侧）壁和前缘等边界特征、裂缝和微地貌形态等表部特征、岩体结构和岩性组成等内部特征以及发生发展的变形活动特征等。

（4）对于滑坡成因，应通过自然因素、人为因素影响的比较和分析，初步查明导致滑坡发生或影响其稳定性的主要诱发因素。

（5）对于滑坡危害，应调查访问滑坡发生发展历史、人员伤亡以及建（构）筑物、田地、工程、环境等破坏而导致的经济损失情况，目前的威胁对象，划定滑坡危险区。

（6）按表4-2提供的标志对古（老）滑坡进行野外识别。

（7）按照DZ/T 0218—2006的规定，采用滑坡体的物质组成、结构形式、滑坡体厚度、运移形式、成因、稳定程度、形成年代和规模等因素，按照滑坡灾害分类表（表2-2、表2-3）对滑坡进行分类。

（8）在调查的基础上，按照表8-2对滑坡的发育阶段、稳定状态和发展趋势进行初步评价和判断。

表 8-2 滑坡发育阶段评价

变形阶段	滑动带（面）	滑坡后缘	滑坡前缘	滑坡两侧	滑坡体
蠕动阶段	主滑带剪应力超过其抗剪强度而发生蠕动，逐渐扩散并使牵引段发生拉裂	地表或建筑物上出现一条或数条地裂缝，由断续分布而逐渐贯通	无明显变形	无明显变形	无明显变形
挤压阶段	主滑段与牵引段滑面形成，滑体沿其下滑并推挤抗滑段，抗滑段滑带逐渐形成	主拉裂缝贯通、加宽，外侧下错并向两侧延长	地面有局部隆起，先出现平行滑动方向的放射状裂缝，再出现垂直滑动方向的鼓胀裂缝，有时有坍塌，泉水增多或减少	中、上部有羽状裂缝出现并变宽，两侧剪切裂缝向抗滑段延伸	中、上部下沉并向前移动，下部受挤压而抬升、变松
滑动阶段	抗滑段滑面贯通，从地面剪出，整个滑动面贯通，滑坡整体滑移	后缘裂缝增多，加宽，地面下陷，滑坡壁增高，建筑物倾斜	前缘坍塌明显，泉水增多并浑浊，剪出口附近出现鼓丘	两侧裂缝与后缘张裂隙及前缘剪出口裂缝完全贯通，两侧壁出现	滑体开始整体向下滑移，重心逐渐降低
剧滑阶段	随滑动距离增加，滑带土抗剪强度降低，滑坡加速滑动至破坏	后部形成裂缝带或陷落带、滑坡湖，反坡平台，出现高陡的滑坡壁并有擦痕	滑体滑出剪出口后覆盖在原地面上形成明显的滑坡舌，有时泉水增多形成湿地	两侧羽状裂缝被剪切裂缝错断并形成明显的侧壁，见有滑动擦痕	重心显著降低，坡度变缓，裂缝增多、变宽，建筑物倾斜，上下出现“醉林”
稳定压密阶段	滑动后滑动带因排水而逐渐固结	滑坡壁坍塌变缓，填塞滑坡洼地，裂缝逐渐闭合	抗滑段增大，滑坡停止滑动，裂缝逐渐闭合	侧壁坍塌变缓	滑体逐渐压密而沉实

（9）根据滑坡体大小以及滑坡体滑动的距离初步划定滑坡危险区，包括滑坡体分布范围、滑坡体运动区、滑坡体边缘影响地带，个别情况下，危害范围还包括滑坡活动造成溃坝、堵江等引起灾害链的危害区。

二、崩塌灾害排查

1. 已有崩塌灾害点核查

（1）在搜集、利用各类调查资料的基础上，核查危岩体的变化情况，包括裂缝长度、深度等变化情况。

（2）核查崩塌堆积体的厚度、形态、范围和体积等的变化情况。

（3）核查崩塌危险区内威胁对象的变化情况、人类工程活动情况及其对危岩体或崩积体稳定性的影响等。

（4）定性判断危岩体和崩塌堆积体的稳定性、发展趋势。

（5）分析危岩体或崩塌堆积体失稳后崩落的路径和距离，划定危险区，提出防治建议。

（6）在对已有地质灾害数据核查的基础上，填写地质灾害隐患点核查表。

（7）查看崩塌灾害的简易监测措施、群测群防体系以及防灾预案落实情况，在核查的基础上提出完善建议。

（8）对于已经治理的崩塌灾害体，查看工程治理措施的防治效果，判断防治工程本身的稳定性、发展趋势和存在的问题，填写工程治理有效性核查表。

2. 新增崩塌灾害点调查

（1）新增崩塌灾害点调查包括已发生崩塌点调查和未发生崩塌点调查。对已发生的崩塌点应对崩塌体和危岩体同时开展调查，对未发生的崩塌点应着重对危岩体状态和稳定性调查，按附录1.1逐项填写。

（2）确定危岩体范围位置、形态、分布高程、规模。

（3）初步调查危岩体及周边的地质构造、地层岩性、地形地貌、斜坡结构类型和水文地质条件以及构造结构面、原生结构面和风化卸荷结构面的产状、形态、规模、性质、密度及其相互切割关系。

（4）划定崩塌规模等级和确定机理类型。

（5）访问并核实危岩体变形发育史，包括危岩体形成的时间、崩塌发生次数、发生时间、崩塌前兆特征、崩塌方向、崩塌运动距离、堆积场所、崩塌规模、变形、已经造成的损失。

（6）确定崩塌发生的影响因素，包括降雨、河流冲刷、地面及地下开挖、采掘等因素的强度、周期以及它们对危岩体变形破坏的影响。

（7）初步判断危岩体发生崩塌的可能性、规模及其运动的最大距离、路径和危害范围，应重视气垫效应和折射回弹效应的可能性及由此造成的特殊运动特征与危害。

（8）调查崩塌堆积体的分布范围、高程、形态、物质组成、分选情况、块度、结构、密实度和植被生长情况等。

（9）调查崩塌堆积体可能失稳的因素，判断堆积体的稳定性和发展趋势。

（10）根据危岩崩落的距离和危岩带宽度初步划定崩塌隐患点的危险区，查明威胁对象，进行险情的分析和预测，提出专业监测、群测群防、搬迁避让或工程治理等方面的防治对策。

三、泥石流灾害排查

1. 已有泥石流灾害点核查

（1）核查流域内泥石流松散物源量的变化情况，包括流域内新增滑坡、崩塌和人工弃渣（建筑垃圾、生活垃圾等）等不良现象的发育数量、规模、稳定性及分布情况，估算泥石流的物源量。

（2）核查泥石流沟沟床的堵塞程度，查明沟床严重堵塞段及堵塞体的类型和特征等。

（3）核查流域内人类工程活动（修路、采矿、水电建设等）及植被的变化情况（植被类型和覆盖率变化等），分析人类工程活动和植被变化等因素对泥石流的影响。

（4）核查新近泥石流的发生情况，包括泥石流发生的次数及对应的时间、规模、危害和灾情等。

（5）核查泥石流危险区（包括流域内部和泥石流沟沟口）及危险区内威胁对象的变化情况。

（6）分析判断泥石流的发展趋势，评估泥石流灾害的险情，划定泥石流影响区和危险区，提出防治建议。

（7）查看已有泥石流灾害点的简易监测措施、群测群防体系以及防灾预案落实情况，在核查的基础上提出完善建议。

（8）对于已经治理的泥石流隐患点，查看工程治理措施的防治效果，判断防治工程本身的稳定性、发展趋势和存在的问题，填写工程治理有效性核查表。

（9）在对已有地质灾害数据核查的基础上，填写地质灾害隐患点核查表。

2. 新增泥石流灾害点调查

（1）新增泥石流灾害调查范围应包括沟谷至分水岭的全部地段和可能受泥石流影响的地段，调查的主要内容包括流域调查、成因调查、特征调查和危害调查等，并按野外调查记录要求逐项填写调查表（附录1.3）。

（2）泥石流沟流域调查的内容如下。

a. 调查形成区的地势、沟谷发育程度、冲沟切割深度和密度、植被覆盖情况、斜坡稳定性及水土流失情况等。

b. 调查流通区的长度、坡度、形态、跌水、急弯、卡口情况以及冲、淤和堵塞情况等。

c. 根据表4－12对泥石流沟堵塞程度进行评价。

d. 调查堆积区面积、形态、体积、叠置或切割情况，堆积物的物质组成和颗粒级配等，初步判断堆积扇的发展趋势等。

e. 确定泥石流沟流域在地质构造图上的位置，重点调查研究新构造对地形地貌、松散固体物质形成和分布的控制作用及其与泥石流活动的关系。

f. 搜集历史资料和未来地震活动趋势资料，分析研究可能对泥石流的触发作用。

g. 调查流域内的人类工程活动，主要调查人类工程活动所产生的固体废弃物（矿山尾矿、工程弃渣、弃土、垃圾）的堆放位置、堆放形式和体积规模等，根据表8－3分析人为松散堆积体的严重程度及其与泥石流形成的关系。

h. 调查流域内植被分布和土体利用情况，圈定流域内植被严重破坏区、陡坡耕地区等。

表8－3　天然或人为松散堆积体严重程度标准

严重程度	堆积体边坡高	总储量W（万m^3/km^2）
严重	＞30m	＞1.0
中等	10～30m	0.5～1.0
轻微	＜10m	＜0.5

（3）泥石流成因调查的内容如下。

a. 基本查明泥石流的物源条件，包括物源来源、类型、分布、储量、特征和补给方式等。

b. 基本查明泥石流发生的地形地貌条件，包括流域面积、主沟长度、沟床比降、山坡坡度和流域形态等，确定流域地貌发育演化历史及泥石流活动的发育阶段。

c. 调查泥石流形成的水动力条件，包括诱发泥石流的暴雨、冰雪融水、水体溃决（水库、冰湖、堰塞湖）等因素，调查流域内降水、山洪的变化特征，尤其是最大暴雨强度及年降水量、暴雨中心位置及山洪引发泥石流的地段。

（4）泥石流特征调查的内容如下。

a. 调查泥石流活动历史，包括历次泥石流发生的时间、规模，泥石流泥位标高，确定泥石流发生的规模和频率。

b. 访问泥石流发生时的宏观状态，根据表8-4对泥石流容重进行宏观判别。

表8-4　泥石流容重宏观判别

泥石流状态	稀浆状	稀粥状	稠浆状	稠粥状
密度（kg/m^3）	1 200～1 400	1 400～1 600	1 600～1 800	1 800～2 300

c. 调查泥石流的运动过程，测量了解泥石流的动力特征（流速、流量、超高、冲击力等）。

d. 调查泥石流的堆积过程和堆积体特征（堆积长度、幅角、体积、物质组成等），估算泥石流的一次最大堆积量。

e. 在调查的基础上，根据泥石流水源类型、地貌部位、流域形态、物质组成、固体物质提供方式、流体性质、发育阶段、暴发频率和堆积物体积等分类指标，按照泥石流灾害分类表（表2-4）对泥石流进行综合分类。

f. 在调查的基础上，对泥石流沟易发程度进行评判（参照表4-13、表4-14）。

（5）泥石流危害调查的内容如下。

a. 调查了解历次泥石流残留在沟道中的各种痕迹和堆积范围，采用泥位调查法划定泥石流危险区。对中—低频泥石流，难以采用泥位调查法确定危险区范围时，可按设防的降雨频率雨量，计算泥石流流量和泥位线，并划定危险区范围。

b. 调查泥石流危害的对象、危害形式（淤埋和漫流、冲刷和磨蚀、撞击和爬高、堵塞或挤压河道）以及灾情。

（6）泥石流危险区划分的内容如下。

a. 分析今后一定时期内泥石流的发展趋势。

b. 按DZ/T 0220—2006要求，根据表8-5对泥石流危险区进行预测，评估泥石流危害性和险情。

表8-5　泥石流活动危险区域划分

危险分区	判别特征
极危险区	泥石流、洪水能直接到达的地区（历史最高泥位或水位线及泛滥线以下地区）；河沟两岸已知的及预测可能发生崩塌、滑坡的地区（有变形迹象的崩坍、滑坡区域内和滑坡前缘可能到达的区域内）；堆积扇挤压大河被堵塞后引发的大河上、下游的可能受灾地区
危险区	最高泥位或水位线以上加堵塞后的壅高水位以下的淹没区，溃坝后泥石流可能到达的地区；河沟两岸崩塌、滑坡后缘裂隙以上50～100m范围内，或按实地地形确定的范围内；大河因泥石流堵江后在极危险区以外的周边地区仍可能发生灾害的区域
影响区	高于危险区与危险区相邻的地区，它不会直接遭遇泥石流，但却有可能间接受到泥石流危害的牵连而发生某些级别灾害的地区
安全区	极危险区、危险区、影响区以外的地区为安全区

四、不稳定斜坡排查

1. 已有不稳定斜坡核查

（1）在搜集、利用已有的各类调查资料的基础上，重点核查已有不稳定斜坡变形破坏迹象的发展变化情况，包括地表变形（拉张裂缝、剪切裂缝、地面隆起或地面凹陷等）、建筑变形、树木歪斜或渗冒浑水等，分析判断不稳定斜坡变形破坏的主要影响因素。

（2）核查已有不稳定斜坡威胁对象的变化情况，包括危险区内人口的迁移、土地利用的变化。

（3）核查不稳定斜坡影响范围内人类工程活动的开展情况及其与不稳定斜坡发展演化之间的响应关系。

（4）分析判断已有不稳定斜坡的稳定性和发展演化趋势，划定危险区，进行险情预测，并提出防治建议。

（5）查看不稳定斜坡简易监测措施、群测群防体系以及防灾预案落实情况，在核查的基础上提出完善建议。

（6）对于已经治理的潜在不稳定斜坡，查看工程治理措施的防治效果，判断防治工程本身的稳定性、发展趋势和存在的问题，填写工程治理有效性核查表。

（7）在核查已有地质灾害数据的基础上，填写地质灾害隐患点核查表。

2. 新增不稳定斜坡调查

（1）对县城、村镇、集中安置点、矿山、重要公共基础设施等构成威胁的斜坡应进行调查，判定是否存在威胁上述对象的不稳定斜坡。

（2）应对可能构成崩塌、滑坡的结构面的边界条件、坡体异常情况等进行调查分析，以此判断斜坡发生崩塌、滑坡、泥石流等地质灾害的危险性及可能影响的范围。排查过程中，符合下列条件之一者，可判定为不稳定斜坡。

a. 各种类型的崩滑体。

b. 斜坡岩体中有倾向坡外、倾角小于坡角的结构面存在。

c. 斜坡被两组或两组以上结构面切割，形成不稳定棱体，其底棱线倾向坡外，且倾角小于斜坡坡角。

d. 斜坡后缘已产生拉裂缝。

e. 顺坡向卸荷裂隙发育的高陡斜坡。

f. 岸边裂隙发育、表层岩体已发生蠕动或变形的斜坡。

g. 坡足或坡基存在缓倾的软弱层。

h. 位于库岸或河岸水位变动带，渠道沿线或地下水溢出带附近，工程建成后可能经常处于浸湿状态的软质岩石或第四系沉积物组成的斜坡。

i. 其他根据地貌、地质特征分析或用图解法初步判定为可能失稳的斜坡。

j. 新增不稳定斜坡调查范围应包括可能对不稳定斜坡有影响或不稳定斜坡能够危及到的所有地段。

（3）调查内容主要包括潜在不稳定斜坡的形态及坡角，软弱层和结构面的产状、性质；斜坡变形特征（是否出现过小规模崩塌、滑塌，后缘是否出现拉张裂缝，前缘是否有鼓胀变形等)，逐项填写附录 1.2。

(4) 应初步查明不稳定斜坡形成的环境地质条件和特征，了解不稳定斜坡发育的主要诱发因素，特别是斜坡上部暴雨、地表水渗入或地下水对斜坡的影响以及人为工程活动对斜坡的破坏情况等。通过类比方法评价地质环境条件相似地区不稳定斜坡发生的可能性。

(5) 调查范围应包括不稳定斜坡可能造成直接危害的危险区和可能构成威胁的影响区。

(6) 按照附录 2 的标准，对不稳定斜坡的稳定性进行初步评判。

(7) 分析预测不稳定斜坡的演化趋势(崩塌、滑坡、坡面泥石流等)，尤其注意高位、远程不稳定斜坡发展演化的灾害放大效应。

(8) 根据不稳定斜坡的演化趋势，划定不稳定斜坡的影响区和危险区，调查不稳定斜坡的危害对象，进行险情预测，协助地方政府建立防灾预案，提出专业监测、群测群防、搬迁避让和工程治理等方面的防治建议。

第四节　地质灾害排查成果

一、地质灾害隐患点处置

1. 基本要求

(1) 对于排查出的地质灾害隐患点，按灾害的规模、稳定性、危害性及发展变化趋势，提出有针对性的处置建议，包括群测群防、搬迁避让、工程治理等。

(2) 地质灾害排查工作应加强临灾征兆的识别和判断，对可能造成人员伤亡或者重大财产损失的区域和地段进行应急调查，查明地质灾害发生原因、影响范围等情况，提出应急处置措施或建议。

2. 突发性地质灾害临灾征兆的识别和判断

(1) 崩塌隐患点的临灾征兆。包括崩塌前掉块、坠落、小崩小塌不断发生，陡坡下出现新的破裂形迹等。

(2) 滑坡隐患点的临灾征兆。包括后缘出现拉张裂缝，两侧出现剪裂缝，前缘出现鼓丘，出现泉水或泉水突然消失，有声响等，受其影响房屋倾斜、开裂和树木出现“醉林”等现象。

(3) 泥石流隐患点的临灾征兆。包括沟内有轰鸣声，主河流水位上涨和正常流水突然中断等现象。

3. 突发性地质灾害应急处置

(1) 对变形破坏强烈，发现临灾前兆并且稳定性差的地质灾害隐患点，应及时报告当地政府，同时应另行提出书面处置建议，并协助地方政府及时采取有效的危险规避或减缓措施。

(2) 对于成灾机理复杂或者防治难度大的地质灾害点，地质灾害排查单位可根据情况向上级主管部门汇报，组织专家会商。

二、地质灾害防灾预案编制与群测群防监测网络建设

1. 基本要求

（1）在排查工作的基础上，应按地质灾害群测群防体系建设要求，协助地方政府完善地质灾害群测群防监测网络体系。

（2）防灾预案可分为两类，即年度区域性防灾预案和地质灾害隐患点防灾预案。

（3）年度区域性防灾预案应主要由县（市）国土资源行政管理部门组织编制，地质灾害排查单位应在地质灾害排查工作基础上及时协助地方政府编制、完善地质灾害隐患点防灾预案。

2. 地质灾害预案点确定

（1）县（市）国土资源行政管理部门已经列入且经地质灾害排查确认的地质灾害隐患点，可确定为地质灾害预案点。

（2）群众报灾且经地质灾害排查确认的地质灾害隐患点，可确定为地质灾害预案点。

（3）汛期发生的灾害点，经地质灾害排查确认仍存在险情隐患或可能伴随着次生灾害的灾害点，应及时编制防灾预案。

3. 地质灾害隐患点防灾预案编制

（1）对已经存在的地质灾害预案点，地质灾害排查单位应在排查工作基础上对其进行补充和完善。

（2）对新确定的地质灾害预案点，地质灾害排查单位应协助地方政府编制地质灾害隐患点预案。

（3）编制地质灾害隐患点防灾预案（附录 4），应尽可能提出较为具体的监测方案和预防建议，包括监测范围、监测方法、监测时间等。

（4）填写防灾工作明白卡（附录 5）中的灾害基本情况、灾害预报、预定撤离地点和预定撤离路线部分及避险明白卡（附录 6）中关于灾害基本情况与灾害诱发因素部分。

4. 群测群防监测网络建设

（1）排查群测群防人员在地质灾害监测方法、监测频次和监测记录等方面存在的问题，并提出完善监测网络的建议。

（2）对新增的地质灾害预案点，提出建立地质灾害群测群防监测网络的建议。

（3）在地质灾害排查工作中，应对群众进行地质灾害防治知识宣传和培训。

三、地质灾害排查成果编制与提交

1. 基本要求

（1）地质灾害排查工作结束后，应及时编写地质灾害排查成果报告，并将其尽快提交给地质灾害排查主管部门和地方政府，用于地质灾害防治指导。

（2）排查成果应包括地质灾害排查报告、地质灾害排查汇总表、地质灾害排查成果图件、地质灾害数据库以及其他附件。

（3）排查成果提交须以县级行政区为单元，并应突出针对性和实用性。

2. 报告编写

(1) 地质灾害排查报告须充分利用已有资料，全面反映地质灾害排查所取得的成果。

(2) 地质灾害排查报告应做到内容简明扼要、重点突出、论据充分、结论明确。

(3) 报告编写可参照如下提纲。

序言

内容主要包括：目的任务；经济与社会发展概况；主要环境地质问题；地质灾害调查、研究与防治概况（群测群防网络建立、防灾预案落实、地质灾害监测体系、搬迁避让、地质灾害勘查与工程治理等）；本次排查工作方法、完成的工作量。

第一章　地质环境条件

内容主要包括：在资料搜集分析的基础上，简单论述地形地貌、地层岩性、地质构造、气象与水文地质特征以及植被特征等地质环境条件，应加强对人类工程经济活动及其与地质灾害发生发展之间的响应关系的分析和论述。

第二章　地质灾害形成、特征与分布

内容主要包括：地质灾害类型、规模、数量、灾情、险情等方面排查前后的变化对照与分析；地质灾害发育分布特征；地质灾害形成条件、影响因素与成灾机理；地质灾害稳定性评价与趋势预测。

第三章　重点地质灾害分析与评价

主旨章节，内容主要包括：对排查出的重点地质灾害隐患点均应逐一论述其形成条件、灾害特征、诱发因素、成灾机理、稳定性及发展趋势、灾情和险情评估、危险性区划与防治措施及建议等。

第四章　地质灾害危险性区划与防治对策

主旨章节，内容主要包括：区域地质灾害危险性区划；地质灾害防治分区与防治重点；地质灾害防治对策及建议。

第五章　结论与建议

内容主要包括：本次排查工作的主要成果、地质灾害综述、地质灾害防治工作评述、本次地质灾害排查工作存在的问题与不足、下一步的工作建议等。

3. 图件编制

(1) 地质灾害排查成果图件主要包括地质灾害分布图、地质灾害危险性区划与评价图以及地质灾害防治分区图。

(2) 地质灾害排查成果图件比例尺宜为1∶5万。

(3) 地质灾害分布图主要反映地质灾害隐患点的地理位置、类型、规模、稳定性或易发性。地质灾害用点状符号表示，规模用点状符号大小表示，稳定性或易发性用颜色表示。

(4) 地质灾害危险性区划与评价图主要反映地质灾害高危险区、中危险区和低危险区划分与分区评价等内容。

(5) 地质灾害防治分区图主要反映重点防治区、次重点防治区和一般防治区划分与分区评价。地质灾害重点防治区根据地质灾害现状和需要保护的对象确定，对地质灾害易发区内人口密集居住区（城市、集镇、村庄）、重要基础设施（交通干线、通讯工程、水利工程、电力工程）、重要经济区（支柱产业开发区和大、中型工矿区）、风景名胜区（自然景点、文化遗存、地质遗迹）、重要农业区（基本农田保护区、特色农业区）等存在危险的区域应划定为地质灾害重点防治区。地质灾害防治分区图应反映地质灾害隐患点的防治建议，包括防治分期、防治分级、防治重点和防治措施等。

4. 简表汇总

（1）在地质灾害排查的基础上，将每个地质灾害隐患点逐一填写地质灾害排查简表（附录 1.6），对排查的地质灾害隐患点进行汇总，不得遗漏地质灾害隐患点。

（2）汇总简表填写内容应齐全可靠，防治建议指导性强。

5. 数据库建设

（1）已经开展过“县（市）地质灾害调查与区划”或“1∶5 万地质灾害调查”工作的地区，地质灾害数据库应充分利用已有数据库并结合本次地质灾害排查成果对其更新和完善。

（2）没有开展过“县（市）地质灾害调查与区划”或“1∶5 万地质灾害调查”工作的地区，应建立地质灾害数据库。

6. 其他附件

（1）其他相关附件主要包括地质灾害隐患点野外核查表、野外调查表、照片和摄像资料以及协助地方政府完善或建立的地质灾害防灾预案、防灾明白卡、避险明白卡或重大地质灾害应急调查专题报告等。

（2）地质灾害防灾预案应作为重要附件提交，预案表中撤离路线等信息应同地质灾害管理部门协商，力求准确合理。

7. 成果提交

（1）排查工作结束后，项目承担单位须尽快提交成果，并交付地方政府、国土资源等相关部门。

（2）提交成果须完整、可靠、实用，确保能取得社会、经济效益。

第三篇　地质灾害评价

第九章　单灾种地质灾害评价

第一节　滑坡评价要点及方法

一、滑坡稳定性评价

在斜坡场地上进行土木工程建设，斜坡稳定性问题是全局性的，较之具体建筑物的地基稳定性来说更为重要，所以在进行土木工程建设时首先要评价斜坡稳定性，在此基础上进一步评价建筑适宜性。稳定性评价的结果也可为斜坡场地的整治提供设计依据。

滑坡稳定性评价方法有自然历史分析法、力学计算法、图解法和工程地质类比法。其中自然历史分析法、图解法和工程地质类比法属于定性或者半定量评价方法，力学计算法属于定量评价方法。

（一）定性评价原理方法

1. 自然历史分析法

自然历史分析法是一种定性评价的方法。主要通过研究斜坡形成的地质历史和所处的自然地理及地质环境、斜坡的地貌和地质结构、发展演化阶段及变形破坏形迹来分析主要的和次要的影响因素，从而对斜坡稳定性作出初步评价。所以这种方法实际上是通过追溯斜坡发生、发展演化的全过程来进行稳定性的初步评价。它对研究斜坡稳定性的区域性规律尤为适用。

自然历史分析法主要研究内容包括三个方面：区域地质背景的研究；促使斜坡变形破坏的主导因素及触发因素的分析；斜坡所处的演化阶段和发展趋势、可能破坏的方式及其后果的预测。勘察研究的手段主要是工程地质测绘调查。

自然历史分析法一般在初期勘察阶段进行，它要求勘察人员具有较好的地质素质。该方法虽是初步、定性的，但它是其他评价方法的基础，没有这种评价方法，其他评价方法也将难以进行。

2. 工程地质类比法

工程地质类比法就是将所要研究的斜坡或拟设计的人工边坡与已研究过的斜坡或人工边坡进行类比，以评价其稳定性或确定其坡角和坡高。类比时必须全面分析研究工程地质条件和影响斜坡稳定性的各项因素，比较其相似性和差异性。相似性愈高，则类比依据愈充分，所得结果愈可靠。类比的基础是相似，只有相似程度较高才可进行类比，所以使用类比法之前一定要充分做好工程地质调查研究工作，而且要有丰富的实践经验。工程地质类比法主要包括自然斜坡类比法与调查统计法两种基本方法。

1）自然斜坡类比法

该方法原理如下。

（1）自然斜坡的外形受地质构造、岩性、气候条件、地下水赋存状况、坡向等因素影响。由于重力因素的作用，通常稳定的高坡要比稳定的低坡平缓（图 9-1）。

（2）影响斜坡的重力、岩性、岩体结构构造、气候条件、坡向相同时，人工边坡较自然斜坡可维持较大的坡度。

（3）研究表明，稳定的自然斜坡的高度和坡面投影长度满足下列关系：

$$H = aL^{b} \qquad (9-1)$$

式中：H 为自然斜坡高度；L 为自然斜坡坡面投影长度；a、b 为常数。

（4）将同一种斜坡调查所得（L、H）数对绘于双对数坐标纸上，可得到一条直线。利用不同斜坡调查结果所绘制的各直线有会聚的趋势。据经验，该会聚点坐标为（22 800，3 050）（图 9-2）。

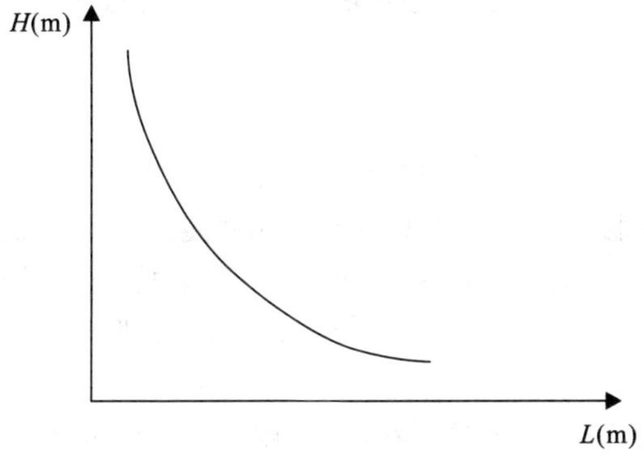

图 9-1　坡高与坡角的关系

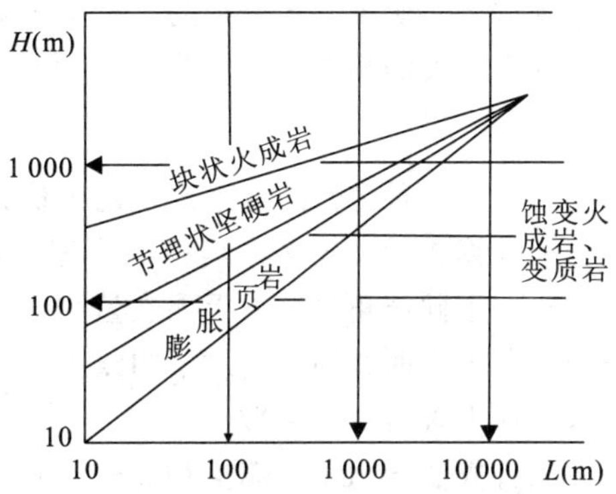

图 9-2　斜坡坡高坡面长度经验会聚点

2）调查统计方法

该方法在详细踏勘的基础上，从地形图上选取与设计的边坡坡向、岩性、构造以及地下水赋存状态等相同或相近的斜坡。将选出的斜坡划分成若干档次，在各段坡高的较陡区段量取其相应的坡面水平投影长，进行筛选，找出该档次坡高的最小坡面投影长度。此坡高与其相应的最小坡面水平投影长度即为所获取的一对数据。如此进行，可获得对应不同档次坡高的一系列数对。将这些数对标在双对数坐标纸上，绘出曲线（常为直线），参照和利用前述经验会聚点的位置，由最高数据点附近曲线上的一点到经验会聚点连线的外插结果，可用以估计更高的自然坡的稳定坡度。

例 9-1　某砂岩地区自然斜坡调查结果表明，当自然边坡的高度在 10m 左右时，其坡面投影长度均为 20m，现在同一地段拟进行挖方施工，如挖方边坡高度为 20m，按自然边坡类比法，其坡度为（　　）。

（A）23°　　（B）30°　　（C）35°　　（D）40°

解答：（1）求系数 a、b。

由公式 $H=aL^{b}$，取对数得 $\lg H=\lg a+b\lg L$，当 $H=3\ 050$ 时，$L=22\ 800$；当 $H=10$ 时，$L=20$，可得到如下方程组：

$$\lg 3\,050=\lg a+b\lg 22\,800$$
$$\lg 10=\lg a+b\lg 20$$

解方程组得 a=0.876 3；b=0.812 7。

(2) 求边坡投影长度 L。

$$H=aL^{b}，故 H=0.876\,3\times L^{0.812\,7}$$
$$\lg H=\lg 0.876\,3+0.812\,7\times\lg L$$
$$\lg 20=\lg 0.876\,3+0.812\,7\times\lg L$$
$$L=46.9\text{m}$$

(3) 求边坡坡角 θ。

$$\tan\theta=H/L$$
$$\theta=\arctan(H/L)=\arctan(20/46.9)=23.1^{\circ}$$

边坡坡度角宜为 23.1°，接近答案 A。

我国铁道、矿山、水电部门已有不少类比的实例，并提出不同条件下坡高和坡角的经验数据，列入相关的勘察设计规范中。

3. 图解法

图解法是一种定性的或半定量的评价方法。一般采用图表计算法和图解分析法。

图表计算法种类较多，其基本原理一般都是根据斜坡所处的条件，先确定某一无因次量，并绘制不同坡角情况下无因次量与稳定系数关系曲线图，或不同稳定系数情况下的无因次量与坡角关系曲线图。借助于曲线图，在已知 c、$\tan\varphi$、λ、α、β、H 等参数后，即可直接从关系曲线上查得稳定系数。

图表计算法与力学计算法相比较，其结果精度差些。但是，在进行边坡初步设计时是可以满足要求的。

图解分析法以赤平极射投影为基础，通过对斜坡岩体结构面的大量调查统计，掌握优势软弱结构面的产状特征，据以分析它们对斜坡稳定性的影响。现就单一软弱面情况分析斜坡的稳定性。

(1) 逆向坡时软弱面倾向坡内，赤平投影表现为坡面与弱面相对。这种斜坡一般是稳定的[图 9-3 (a)]。

(2) 对于单一软弱结构面，顺向坡且弱面倾角 α 小于坡角 β 时，赤平投影表现为坡面与弱面在同一侧，但坡面投影弧在弱面投影弧的内侧；弱面在坡面上临空，岩体易于滑动[图 9-3 (b)]。

(3) 对于单一软弱结构面，顺向坡但当弱面倾角 α 大于坡角 β 时，则是比较稳定的[图 9-3 (c)]。

(4) 斜交坡的情况需视弱面倾向与坡面倾向之间的夹角 γ 而定，若 γ 大于 40°，斜坡是比较稳定的；反之，若 γ 小于 40°，则斜坡不太稳定[图 9-3 (d)、(e)]。

存在两组或三组软弱面互相交切的斜坡情况比较复杂，但也可用赤平极射投影图来分析判断斜坡的稳定性。

(二) 定量评价原理方法

力学计算法是定量评价的方法，其中数值模拟和刚体极限平衡法是常用的方法，这里仅介绍刚体极限平衡法。由于该方法的前提条件与实际岩土体的差异以及边界条件确定和计算

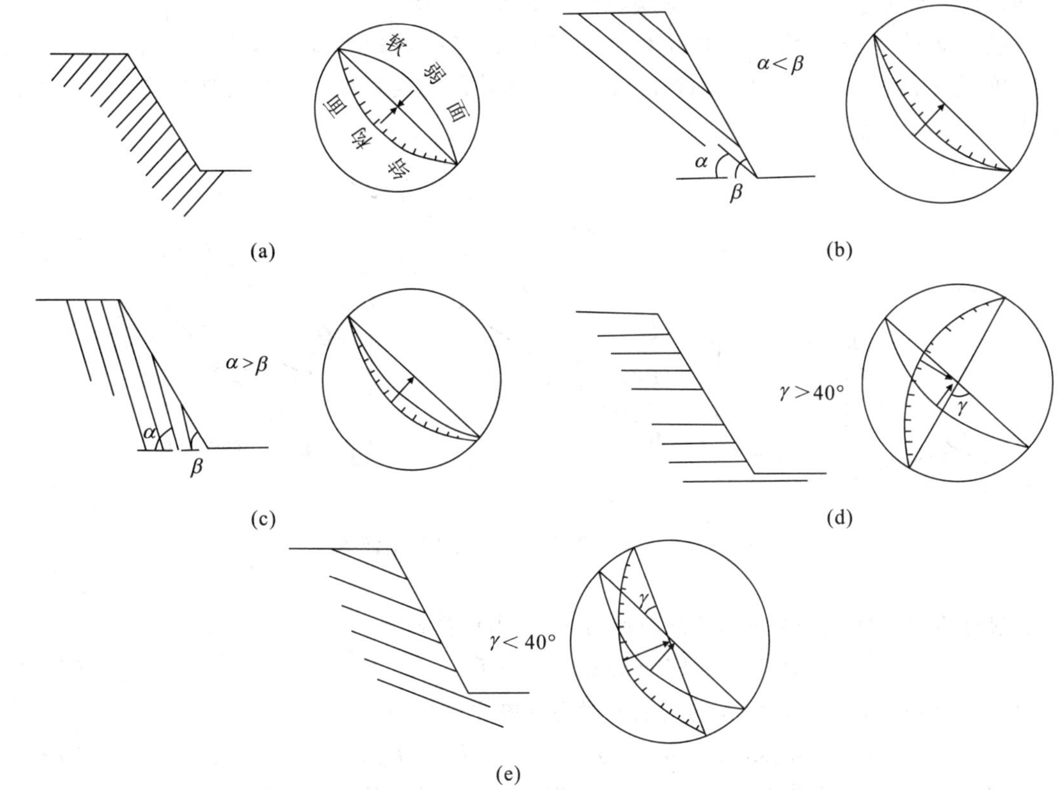

图 9-3　单一软弱面斜坡的赤平投影及稳定情况

（齿弧为坡面投影弧）

(a) 逆向坡；(b) 弱面倾角 α 小于坡角的顺向坡 β；(c) 弱面倾角 α 大于坡角的顺向坡 β；(d) 弱面与坡面的倾向夹角 γ 大于 40°的斜交坡；(e) 弱面与坡角的倾向夹角 γ 小于 40°的斜交坡

参数的获取所存在的误差，所以需用一个安全系数 K_c 来保证计算的安全储备，即要求计算所得斜坡的稳定系数 K 大于 K_c 值才被认为是稳定的，否则就不稳定。根据工程安全等级不同，规定 $K_c=1.05\sim1.50$。

根据岩土体的不同以及不同的边界条件，力学计算法计算公式较多，这里介绍几种常用的方法。

1. 折线型滑面传递系数法

此法适用于滑动面不规则的具有折线型滑面的滑坡稳定性计算。计算这类斜坡稳定性时，一般是根据所查明的滑动面起伏情况，将其划分为折线形的块段，每一块段底部滑面为平直的斜面，并确定各段的计算参数（图 9-4），然后可根据我国铁道部门采用的滑坡推力计算法来计算斜坡的稳定性。计算时对于这种类型的滑坡，稳定性计算又有若干简化假定。

(1) 假定以主轴断面 1m 宽土条代表整个滑坡，土条侧面的摩擦力不计。

(2) 由于各段滑面的物质构成和含水状态不尽相同，故分别取各段不同的抗剪强度指标（参数）c、φ 值。

(3) 以不同倾斜角度的滑面为依据将滑体分为若干块，块与块的相互作用简化为平行于滑面的推力。

(4) 计算整体稳定性时，要考虑块与块间推力的传递。

折线滑面计算稳定性时，要计算各块段的稳定系数以判定主滑段和抗滑段，显然 $K<1.0$的为主滑段，$K>1.0$ 的为抗滑段。计算各块的稳定系数时，不仅要考虑上、下块的作用力，更要计算整体的稳定性。

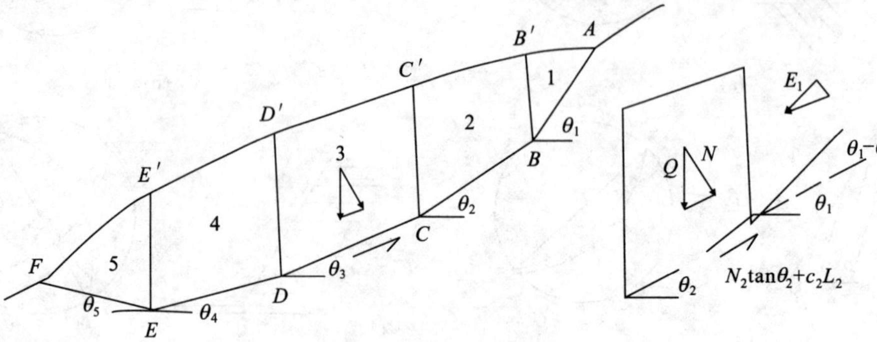

图 9-4　折线形滑动面的滑坡计算剖面图

通过计算得到任意一个块段 i 滑坡推力 E_i 通用计算式为：

$$E_i = W_i\sin\theta_i - W_i\cos\theta_i\tan\varphi_i - c_iL_i + E_{i-1}\lambda_{i-1} \quad (9-2)$$

直至计算到最后一个块段 n 的剩余下滑力（推力）E_n 为：

$$E_n = W_n\sin\theta_n - W_n\cos\theta_n\tan\varphi_n - c_nL_n + E_{n-1}\lambda_{n-1} \quad (9-3)$$

式中：W_i 为第 i 块段所受的重力；θ_i、L_i 为第 i 块段滑动面的倾角和长度；c_i、φ_i 分别为第 i 块段滑动面的黏聚力和摩擦角；$\lambda_i = \cos(\theta_i - \theta_{i+1}) - \sin(\theta_i - \theta_{i+1})\tan\alpha_{i+1}$ 称为传递系数。

稳定系数 K 为：

$$K = \frac{\sum(W_i\cos\theta_i \mathrm{tg}\varphi_i)\cos\theta_i + \sum C_iL_i\cos\theta_i + \sum W_k\sin\theta_k \cdot \cos\theta_k}{\sum W_i\sin\theta_i\cos\theta_i}$$

$$= \frac{\sum R_i\lambda_i\lambda_{i+1}\cdots\lambda_{n-1} + R_n}{\sum T_i\lambda_i\lambda_{i+1}\cdots\lambda_{n-1} + T_n} \quad (i = 1,2,\cdots,n-1) \quad (9-4)$$

若 $K>1$ 或者 $E_n>0$，斜坡将会失稳，反之则斜坡是稳定的。

例 9-2　某折线形滑面边坡由三个块体组成，各滑动块体单位宽度的资料如下表所示，该边坡等级为Ⅱ级，坡体中未见地下水，无地面荷载，按《建筑边坡工程技术规范》计算，该滑坡的稳定系数为（ ）。

各块体编号	1	2	3
单位宽度块体自重 G_i（kN/m）	70	200	140
块体底面倾角 θ_i	48°	38°	20°
块体底面摩擦角 φ_i	26°	26°	26°
底面内聚力 c_i（kPa）	0	0	10.0
块体底面长度 L（m）	10	15	10

(A) 0.85　(B) 1.0　(C) 1.15　(D) 1.30

解答：(1) 计算各块体滑动力 T_i。

$T_i = (G_i + G_{bi})\sin\theta_i + P_{wi}\cos(\alpha_i - \theta_i) = G_i\cos\theta_i$

$T_1 = G_1\sin\theta_1 = 70 \times \sin48^\circ = 52.02$

$T_2 = G_2\sin\theta_2 = 200 \times \sin38^\circ = 123.13$

$T_3 = G_3\sin\theta_3 = 140 \times \sin20^\circ = 47.88$

（2）计算各块体抗滑力 R_i。

$N_i = (G_i + G_{bi})\cos\theta_i + P_{wi}\sin(\alpha_i - \theta_i) = G_i\cos\theta_i$

$R_i = N_i\tan_i\varphi + c_iL_i = G_i\cos\theta_i\tan\phi_i + c_iL_i$

$R_1 = G_1\cos\theta_1\tan\varphi_1 + c_1L_1 = 70 \times \cos48^\circ \times \tan26^\circ + 0 \times 10 = 22.86$

$T_2 = G_2\cos\theta_2\tan\varphi_2 + c_2L_2 = 200 \times \sin38^\circ \times \tan26^\circ + 0 \times 15 = 76.9$

$T_3 = G_3\cos\theta_3\tan\varphi_3 + c_3L_3 = 140 \times \sin20^\circ \times \tan26^\circ + 10 \times 10 = 164.20$

（3）计算滑坡推力传递系数 λ_i。

$\lambda_i = \cos(\theta_i - \theta_{i+1}) - \sin(\theta_i - \theta_{i+1})\tan\varphi_{i+1}$

$\lambda_1 = \cos(\theta_1 - \theta_2) - \sin(\theta_1 - \theta_2)\tan\varphi_2 = \cos(48^\circ - 38^\circ) - \sin(48^\circ - 38^\circ)\tan26^\circ = 0.9$

$\lambda_2 = \cos(\theta_2 - \theta_3) - \sin(\theta_2 - \theta_3)\tan\varphi_3 = \cos(38^\circ - 20^\circ) - \sin(38^\circ - 20^\circ)\tan26^\circ = 0.8$

（4）计算边坡稳定性系数 K_S。

$$K_S = \frac{\sum R_i\lambda_i\lambda_{i+1}\cdots\lambda_{n-1} + R_n}{\sum T_i\lambda_i\lambda_{i+1}\cdots\lambda_{n-1} + T_n} \quad (i = 1,2,\cdots,n-1) = \frac{R_i\lambda_1\lambda_2 + R_2\lambda_2 + R_3}{T_1\lambda_1\lambda_2 + T_2\lambda_2 + T_3}$$

$$= \frac{22.86 \times 0.9 \times 0.8 + 76.9 \times 0.8 + 164.20}{50.02 \times 0.9 \times 0.8 + 123.13 \times 0.8 + 47.88} = 1.32$$

该边坡稳定性系数接近于1.3，故正确答案为D。

由于各块段计算参数存在一定的误差，为了安全起见，将抗滑力部分除以一个安全系数 K_c，此值一般为1.05～1.50。则：

$$E_i = E_{i-1}\lambda_{i-1} + W_i\sin\alpha_i - (W_i\cos\alpha_i\tan\varphi_i + c_iL_i)\frac{1}{K_c} \tag{9-5}$$

凡在计算过程中出现任一块段的 E 值为负值时，表示其无剩余下滑力。考虑到斜坡中裂隙不能承受拉力，故这时的 E 取为零，然后自以下的块段重新计算推力。此方法在国内使用较广，并列入岩土工程勘察规范（GB 50021—1994）。

2. 圆弧型滑面条分法

沿圆弧形滑动面滑动的滑坡，其稳定系数的概念是对圆心的抗滑力矩与滑动力矩之比。由图9-5（a）可知 OO' 线左面为滑动部分，其自重为 W_1，力臂为 d_1；右边部分为抗滑部分，其自重为 W_2，力臂为 d_2；滑弧长为 L，滑带土的抗剪强度为 c，则稳定系数为：

$$K = \frac{M_S}{M_T} = \frac{W_2d_2 + cLR}{W_1d_1} \tag{9-6}$$

实际计算中常用的方法是条分法，即把滑体分割成许多垂直小条，一般分为2～6条，如图9-5（b）所示，将其中某一条块的受力图画出，如图9-5（c）所示，将条块重力从形心垂直引起至滑动面分解为垂直于滑面的法向分力 N_i 和切于滑面的切向分力 T_i，显然，

$$N_i = W_i\cos\alpha_i \tag{9-7}$$

$$T_i = W_i\sin\alpha_i \tag{9-8}$$

当分条位于 OO' 线右边时，T_i 也为抗滑力，用 T_i' 表示。

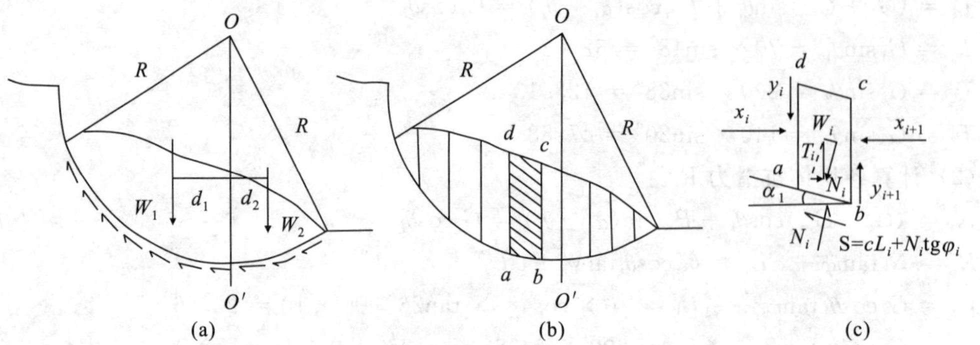

图 9－5　圆弧滑面滑坡稳定计算示意图

滑带土的抗滑力为：

$$S=N_i \mathrm{tg}\varphi+cL$$

条间力 x_i，y_i 和 x_{i+1} 和 y_{i+1}，在分条很窄时，可假定其大小相等，方向相反，实践证明忽略条间力，对稳定系数影响不很大。由此得抗滑力矩（M_S）和下滑力矩（M_T）：

$$K=\frac{\sum M_S}{\sum M_T}=\frac{R\cdot(\sum c\cdot L_i+\sum N_i \mathrm{ta}\varphi+\sum T_i')}{R\cdot\sum T_i}$$

$$=\frac{\sum c\cdot L_i+\sum N_i \mathrm{tg}\varphi+\sum T_i'}{\sum T_i} \qquad (9-9)$$

同样，当有地下水或应考虑地震时，在有关条块上加入动水压力和地震力计算。

二、滑坡风险评价

滑坡灾害风险评价是滑坡灾害风险管理的基础性工作，是制定各项防灾减灾措施，尤其是非工程防灾减灾措施的重要依据。因此，滑坡灾害风险评价对于减轻滑坡灾害的损失具有重要意义，必须引起人们高度重视。

Enstein（1988）给出了滑坡灾害风险评价的框架；Anbalagan 和 Singh（1996）在 Anbalagan（1992）前期关于山区滑坡灾害风险评价制图和区划制图研究基础上，提出了滑坡灾害风险评价制图的新方法和风险评价矩阵。我国学者张梁和张业成（1996 ）提出了滑坡灾害风险评价的初步框架；谢全敏等学者也在这方面做了些研究工作。纵观国内外的研究工作，目前，关于滑坡灾害风险的定义尚未统一，滑坡灾害的风险评价还停留在单一学科内探讨，没有建立具有系统性的滑坡灾害风险评价体系，对于滑坡灾害风险评价的内容和方法仍没有统一的可供依据的标准。

（一）滑坡灾害复杂系统

滑坡灾害的发生、发展及消亡的整个演化过程都是人与自然关系的一种表现。由于滑坡灾害的最终承受体是人类及人类社会中的集合体（承灾体），因而，只有对承灾体的部分或整体造成直接或间接损害的滑坡称之为灾害性滑坡。一般而言，形成滑坡灾害必须具备两个条件：一是存在诱发滑坡的因素（ 致灾因素）及其形成滑坡灾害的环境（ 孕灾环境）；二是滑坡影响区有人类居住或分布、有社会财产（ 承灾体）。致灾因素、孕灾环境、承灾体三者之间相互作用的结果形成了通常所说的灾情。从系统理论的观点来看，孕灾环境、致灾因子、承灾体及灾情之间相互作用、相互影响、相互联系，形成了一个具有一定结构、功能及特征的复杂体系，这就是滑坡灾害系统。图 9-6 描述了该系统的组成特征。

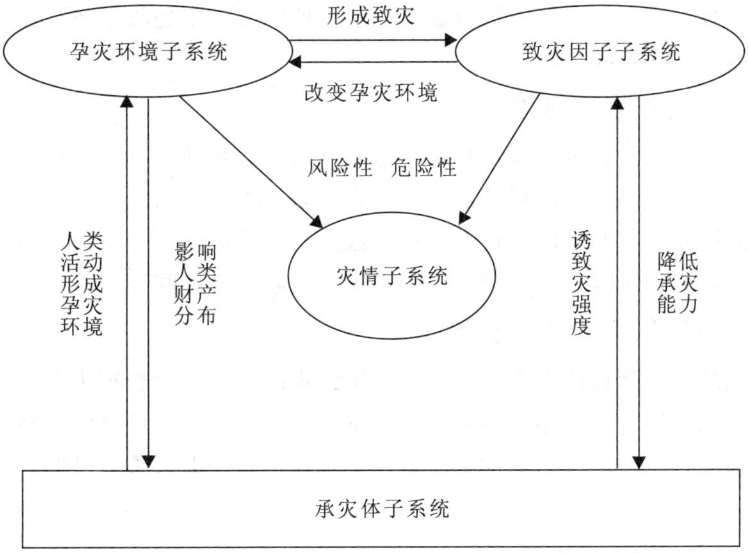

图 9-6 滑坡灾害系统

（二）滑坡灾害风险特征

根据前述所建立的滑坡灾害复杂大系统的概念，滑坡灾害风险可定义为不同强度滑坡灾害发生的概率及其可能造成的滑坡灾害损失。显然，这一定义确切地反映了滑坡灾害本身的自然属性和社会属性。基于这一定义，滑坡灾害风险概括起来具有以下特征。

1. 滑坡灾害风险的客观性

滑坡灾害发生既有随机性，又具有可预测性。随机性包括滑坡灾害的不确定性、资产分布的不确定性、防灾措施运用的不确定性等多方面，其中又以滑坡灾害的不确定性为主。滑坡灾害的发生受滑坡灾害风险——既是经济风险又是非经济风险的地貌、气象、岩土性状等多种因素的控制，而非经济风险的随机性决定了滑坡在时空分布上的随机性；可预测性是指滑坡灾害发生发展的过程是有规律性的，如滑坡灾害等级、频率分布等符合某些概率曲线。滑坡灾害这种"可测定的不确定"，反映着滑坡灾害风险的存在。由于滑坡灾害的发生不可避免，人类尚无法完全控制滑坡灾害的发生，任何防灾工程的设计标准也都有可能被超出，滑坡灾害风险是客观存在的。

2. 滑坡灾害风险既是经济风险又是非经济风险

滑坡灾害对人口、经济、社会、生态诸多方面造成危害或产生不利影响，滑坡灾害后果有些可以用经济指标来反映，如财产损失、房屋倒塌、生命线工程的中断等，但有许多影响是不能或难以用经济指标来反映的，如滑坡灾害造成的人员伤亡、心理恐惧、社会混乱及生态环境的恶化等。滑坡灾害风险既是经济风险又是非经济风险，在某些情况下，非经济风险更令人关注。

3. 滑坡灾害风险是纯风险

风险可分为纯风险和投机风险两种。只有损失机会而没有收益机会时，就是纯风险；而投机风险是既有收益机会又有损失机会的风险；滑坡灾害带来的收益与其带来的损失相比是微不足道的，因此，它是纯风险。

4. 滑坡灾害风险的空间性

滑坡灾害同其他自然灾害一样，具有明显的空间分异特征。具体表现在两个方面：一是不同地区面临不同类型的、不同强度的滑坡灾害威胁；二是不同地区财产密度和易损失性差异也很大。即使同样强度的滑坡出现在不同地区，造成的灾情也会有很大的不同。总之，不同地区面临的滑坡灾害风险是不一样的，滑坡灾害风险具有空间性。

5. 滑坡灾害风险具有可测算性

滑坡灾害风险的可测算性主要是指滑坡灾害致灾因子——滑坡灾害发生概率、承灾体价值及易损性、滑坡灾害对承灾体的损害程度等都可以测算，从而可以综合确定滑坡灾害的风险。当然，滑坡灾害风险的可测算性主要是指经济风险，滑坡灾害风险的非经济风险大多是难以测算的。

6. 滑坡灾害风险具有动态性

滑坡灾害的灾情是致灾因子、孕灾环境、承灾体三者相互作用的结果，这三要素都是在变化的。如经济发展导致财产密度增大，但同时抗灾能力也在提高。滑坡灾害风险总处于动态之中。滑坡灾害风险的动态性表明通过人们的努力是可以在一定程度上降低滑坡灾害风险的。

滑坡灾害风险管理主要包括滑坡灾害风险评价、滑坡灾害风险管理与决策两部分。图 9-7 描述了滑灾害风险管理的两个主要内容之间的关系。以下重点讨论滑坡灾害风险评价的内容。

滑坡灾害风险评价即分析不同强度的滑坡发生的概率及其可能造成的滑坡灾害损失。图 9-8 是滑坡灾害风险评价系统的结构框图，可以看出，滑坡灾害风险评价系统包括三个方面的内容：滑坡灾害危险性分析、承灾体易损性分析和滑坡灾害灾情评估。其中滑坡灾害危险性分析主要针对孕灾环境和致灾因子，是系统的输入；承灾体易损性分析主要针对承灾体，是系统的转换；滑坡灾害灾情评估是系统的输出。

（三）滑坡灾害风险分析

1. 滑坡灾害危险性分析

危险性是指不利事件发生的可能性，滑坡灾害的危险性是指滑坡灾害系统中孕灾环境和致灾因子的各种自然属性特征，可用滑坡过程强度或规模、滑坡频率、滑坡灾害影响区域及其影响程度、滑坡灾害危害程度等危险性指标来评价。滑坡灾害的危险性分析就是在滑坡灾害系统观点的框架下，从风险诱发因素出发，研究不利事件发生的可能性，即概率；以及研究受滑坡威胁地区可能遭受滑坡影响的强度和频度，即滑坡发生频率与滑坡强度的关系。

2. 承灾体易损性分析

不同承灾体遭受同一强度的滑坡灾害或其损失程度会不一样，同一承灾体遭受不同强度滑坡灾害其损失程度都不会一样，即易损性不同。所谓承灾体易损性是指承灾体遭受不同强度滑坡可能损失的程度，常用损失率来表示。滑坡灾害损失率是描述滑坡灾害直接经济损失的一个相对指标，通常指各类承灾体遭滑坡灾害损失的价值量与灾前或正常年份各类承灾体

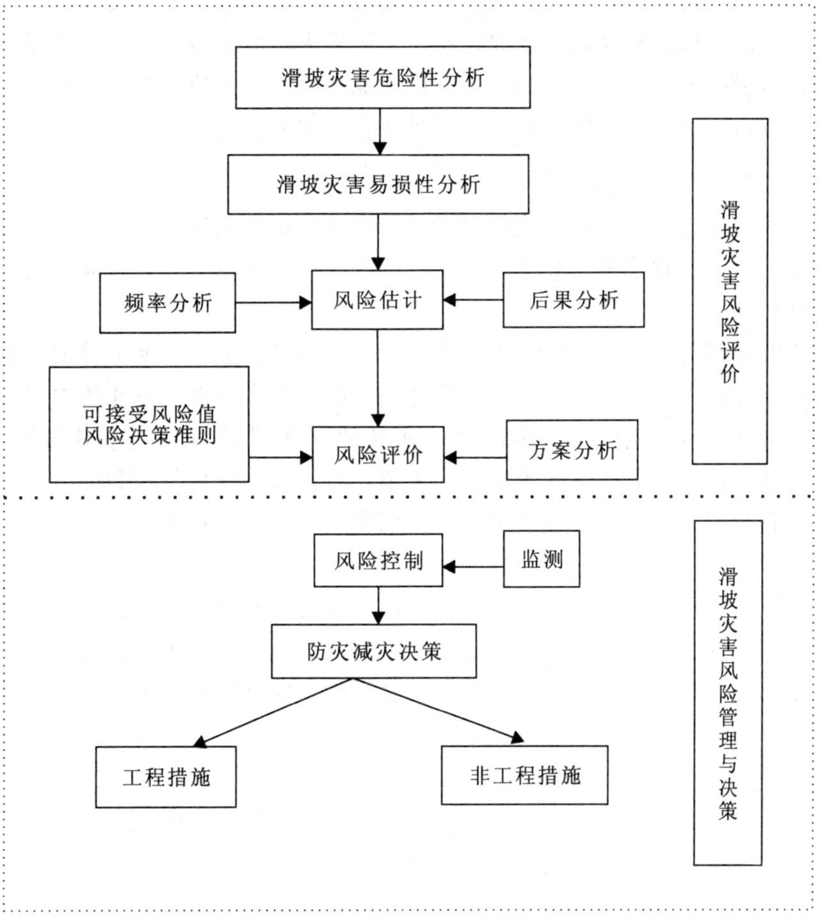

图 9-7　滑坡灾害风险管理系统

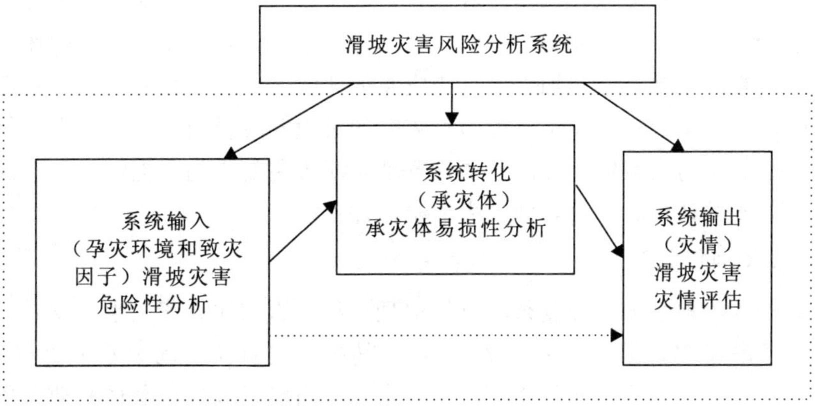

图 9-8　滑坡灾害风险分析系统

原有价值量之比，简称滑坡灾害损失率。滑坡灾害损失率是滑坡灾害经济损失评估的重要指标，分为各类承灾体分项滑坡灾害损失率（如农作物滑坡灾害损失率、工商企业财产滑坡灾害损失率、城乡居民财产滑坡灾害损失率等）和各类承灾体综合滑坡灾害损失率两种。

承灾体易损性分析是研究区域承灾体易于受到致灾滑坡的破坏、伤害或损伤的特征。为此，首先，要识别滑坡灾害可能威胁和损害的对象并估算其价值，其次，估算这些对象可能损失的程度。概括地说，承灾体易损性分析是研究滑坡强度与损失率的关系。

3. 滑坡灾害破坏损失评估

滑坡灾害破坏损失评估是在危险性分析和易损性分析的基础上，计算不同强度滑坡灾害可能造成的损失大小。对于某一具体的承灾体，在一指定频率滑坡下可能受到的损失可采用如下方法进行计算。

（1）从滑坡灾害危险性分析结果中找出该承灾体所处位置及可能遭受的滑坡灾害强度。

（2）从易损性分析结果中找出该类承灾体在该滑坡灾害强度下可能的损失率。

（3）利用第（2）步计算的损失率乘以承灾体的价值，即得到该承灾体可能损失值。

按上述步骤计算研究区内所有承灾体损失值，将其累加即可得该频率滑坡可能带来的总损失值；对所有频率分别计算可能损失，就可以得到滑坡灾害损失的概率分布，即滑坡灾害风险。

总之，滑坡灾害系统是一个涉及“人—自然—社会”的复杂大系统，从系统科学的观点出发，采用“四结合”，即定性判断与定量计算相结合、微观分析与宏观综合相结合、还原论与整体论相结合、科学推理与哲学思辩相结合思想是建立滑坡灾害风险评价理论体系的有效途径。

第二节　泥石流评价要点及方法

一、泥石流危险性（度）评价

泥石流是发生在山区的常见自然灾害，它是由土、石等固体物与水相混合，在重力作用下沿陡峻沟坡运动的饱和流体。每年在世界各地都会有大量的泥石流灾害事件发生。随着人类社会经济活动的不断增强，人们对自然资源的过度索取和对环境的持续破坏，使泥石流等自然灾害更趋严重。因此，必须加强泥石流灾害的研究、评估、预测预报和减灾管理，组织实施经济有效的防治工程，从而尽可能防范灾害的发生和尽量减轻灾害损失。科学、合理地组织实施泥石流灾害防灾减灾工程的首要任务就是对灾害发生的可能性、危险性、危害范围和程度有一个基本的认识和评价，即灾害危险性评价。

1. 泥石流控制因子

泥石流是产生于地表的一种复杂的自然地理过程。影响泥石流发生、发展、运动和堆积的环境背景因子非常多，累计起来有 70 多种，其中与泥石流活动关系最直接的是土、水、坡三大因素（土代表泥石流形成的物质来源；水为泥石流形成提供载体和动力条件；坡为泥石流运动提供地形地貌条件）。对不同地区、不同泥石流沟，不同因子的影响程度不同。因此，选取不同的因子会产生不同的评价结果。在泥石流危险性的综合判定中，所选因子应遵循以下原则：科学性、正确性、全面性、独立性、代表性、简便性和实用性。另外，所选因子也应该考虑其是否能量化。

2. 危险性评价的内容

危险性评价是灾情评估、预测、防灾救灾决策的基础，它不仅反映了泥石流的活跃程度，还反映了泥石流的可能破坏能力。根据研究范围，可以将灾害危险性评价分为点评价、面评价（表 9-1）。泥石流灾害点评价是指对一条泥石流沟或相邻近、具有统一动力活动过程和破坏对象的几条泥石流沟或沟群进行评价，它是其他评价工作的基础，其特点是评价面积小，致灾体（泥石流）和承灾体清晰明确，评价精度高，采用的指标、模型以及得出的评价结果定量化程度高。面评价是对一个流域、一个地区或更大的自然、行政区域内的泥石流灾害进行评价，其特点是面积大，致灾体的成灾条件复杂，致灾因素多样，承灾体类型多，分布广，特征复杂，许多因素具有较高程度的模糊性和不确定性，因此采用的指标多为相对指标，评价结果定量化程度较低。

表 9-1　不同范围的评价内容

点评价	面评价
泥石流活动概率，划分成不同灾害影响范围及不同强度的危险区	泥石流活动频次、强度、规模灾害影响范围及在不同地区具有的破坏能力

1）模糊数学综合评判法在危险性评价中的应用

模糊数学理论应用于危险性评价中为研究和处理具有双重不确定性的事物提供了新方法，其核心就是用参数间的模糊关系替代数学假设基础上求出的解析关系。

Fuzzy 的二级综合评判法就是将全部参评因子集合 $\boldsymbol{U}$ 按某种属性分成几类，先对每一类作综合评判，然后分别对评判结果进行“类”之间高层次的综合评判。设已知因子集 $\boldsymbol{U}=(u_1, u_2, \cdots, u_n)$，选取评价集合 $\boldsymbol{V}=(v_1, v_2, \cdots, v_m)$。又设对各因子的权重分配为 $\boldsymbol{U}$ 上的模糊子集 $\widehat{\boldsymbol{A}}$，记为 $\widehat{\boldsymbol{A}}=(a_1, a_2, \cdots, a_n)$。其中 a_i 为第 i 个因子 u_i 所对应的权，且一般均规定为 $\sum a_i=1$。对第 i 个因子的单因素评判向量为 $\boldsymbol{V}$ 上的模糊子集 $\boldsymbol{R}_i=(r_{i1}, r_{i2}, \cdots, r_{im})$。于是单因子评判矩阵 $\widehat{\boldsymbol{R}}$ 为：$\widehat{\boldsymbol{R}}=(r_{ij})_{n\times m}$。则总的二级综合评判结果，即为 $\widehat{\boldsymbol{B}}=\widehat{\boldsymbol{A}}\times\widehat{\boldsymbol{R}}$。根据 $\widehat{\boldsymbol{B}}$ 的值，我们可以划分泥石流的危险度，从而为当地的防治工作及其预测提供比较实际的理论依据。

在泥石流危险性评价中对于该模型的研究、应用较多。在此模型中，参评因素如何选择，如何分类，以及参评因素的权重和各因素子集权重的确定方法，均对泥石流危险性评价的研究工作有所影响。

2）灰色系统理论在危险性评价中的应用

泥石流活动是多种因素共同作用的结果，在复杂的泥石流形成条件中，不同因素的作用方式和影响程度各不相同，各种因素都处于不断变化之中。其中有的因素是可以明确判断度量的，而多数因素则是不能完全确定或是模糊不清的，这就形成了一个灰色系统。灰色关联分析的基本原理和方法是：首先用均值化方法把原始数据作无量纲化处理，得到均值化矩阵，然后计算主导因子序列与各关联因子序列相互比较的绝对差值，并找出最大绝对差值和最小绝对差值，最后按公式计算主导因子与关联因子间的关联度。

灰色系统理论中的关联度分析是确定主次因子之间关系密切程度的一种方法，通过关联度分析，可以优选并确定出哪些因子是重要的和应该保留的，哪些因子是不重要的和可以删去的。关联度分析是对一个发展变化系统的状态和趋势的定量化比较，其计算量小、量化结果可靠。

3）GIS技术在危险性评价中的应用

泥石流爆发涉及泥石流形成与发展以及下垫面状况，利用单一的数学分析方法进行危险性评价均涉及大量的空间数据，因此是一项十分艰巨和耗时的工作。近年来，GIS技术的飞速发展及其在灾害研究中应用的深化，处理泥石流、滑坡等灾害空间数据变得较为容易。Walsh等应用GIS对泥石流形态特征进行了可视化，Wadge等应用GIS技术进行了地貌灾害危险性和人口易损性的评价。目前利用GIS技术对滑坡进行危险性分析的涉猎较多。而利用GIS技术进行区域性泥石流爆发危险性分析尚不多，是个具有广阔研究空间的课题。在目前已经有的研究成果中，研究人员用到GIS中的Arcinfo软件来进行危险性分析评价。以Arcinfo为平台，将研究区的地形图数据以及所选其他因子数据通过Arctin建立tin模型，并将tin转换为相应的多边形矢量数据。将所得各数据通过变换转换为具有统一比例尺、统一投影、统一分辨率、统一行列数的栅格阵列，每一栅格就是一分析单元。采用统一的地理坐标和统一的转换方法后，不同栅格数据相对实际位置具有良好的空间重合性，可以满足栅格单元空间逻辑代数运算，也满足评价预测和查询的要求。由于泥石流危险性评价各指标间的量纲不统一，没有可比性，因此还要对各类指标进行无量纲化处理和分级。在Arcinfo平台上，利用grid模块的reclass函数，对处理后的数据进行重分类。通过分析各类指标对泥石流影响程度，赋予它们不同的权重。最后将各种因子在统一的空间框架中，通过空间叠加分析运算将属性项合并，就可得到所研究区域的泥石流危险性评价图或区划图。

通过对已有研究工作的分析发现，运用GIS技术对泥石流危险性进行评价，可以大大降低工作量，同时可以提高评价的精度和实用性。可以预计，在将来的评价研究工作中，GIS技术将得到更加广泛的应用。

除了上述提到的几种方法外，在危险性评价中，还有其他一些方法被应用到，如多元回归分析法、神经网络法等，但其应用的范围没有前面提到的三种方法广，故这里没有进行专门的介绍。

泥石流是各种自然因素和人为因素综合作用的结果，具有形成过程复杂、爆发突然、来势凶猛、历时短暂、破坏力大的特点。泥石流的发生可以看做是地质灾害从量变到质变的一个过程，而其量变到质变的一个拐点就是泥石流发生的激发因子，因此在泥石流危险性评价模型中应体现出泥石流激发因子在其发生过程中的作用。在我国，暴雨型泥石流分布最广，可以搜集的资料也最多、最全，因此对此类泥石流的危险性评价研究较多，也较系统。通过对该类型泥石流的研究发现：泥石流的物质来源在没有突发事件（地震、滑坡、人为倾倒固体残渣等）的影响下是经过漫长的风化、风力搬运等作用积累起来的，而形成泥石流的地形地貌条件亦是长期地质作用的结果，在众多泥石流影响因子中降雨是形成时间短暂（几小时、几天内就可能有降雨发生）、发生频率高的一个因子。因此对于泥石流危险性评价来说，与泥石流物质来源和地形地貌相关的因子在评价过程中是稳定的，而降雨作为暴雨型泥石流的激发因子是随时间变化的，在评价模型中应充分体现降雨的这一特性及其作为激发因子的作用。

二、泥石流风险评价

泥石流风险是指在一定区域和时段内，由于泥石流灾害而引起的人民生命财产和经济活动的期望损失值。任何一个国家或地区用于防治灾害的资源都是非常有限的，因此有必要对那些危害比较严重的灾害进行风险分析，为防灾减灾工作和资源的优化配置服务。

我国对于地质灾害，尤其是泥石流的风险分析研究始于20世纪80年代。由于泥石流风险评价能够准确、快捷地反映区域泥石流活动现状和发展趋势，又能高度地概括和预测泥石流对人类和财产可能造成的危害程度，故其是泥石流防治工作中一项极其重要的基础性工作。同时，泥石流风险评价能够为管理规划、工程建设和投资决策者提供有价值的框架图，因此受到越来越多学者的关注。经过多年的研究，区域泥石流灾害的风险分析在理论和实践方面都取得了一定的进展，然而尚未形成系统完善的理论与方法体系，也没有统一的评价标准，尤其是在定量评价这一领域的研究还很薄弱。

泥石流灾害发生的过程虽然比较短暂，一般只持续几分钟至数小时，但一旦成灾，往往会造成重大的危害。泥石流灾害风险分析主要包含风险识别、风险估算和风险评价三个方面的内容，如图9-9所示，其中风险估算是最重要的一部分，主要包含泥石流灾害危险性和易损性这两个方面的估计。

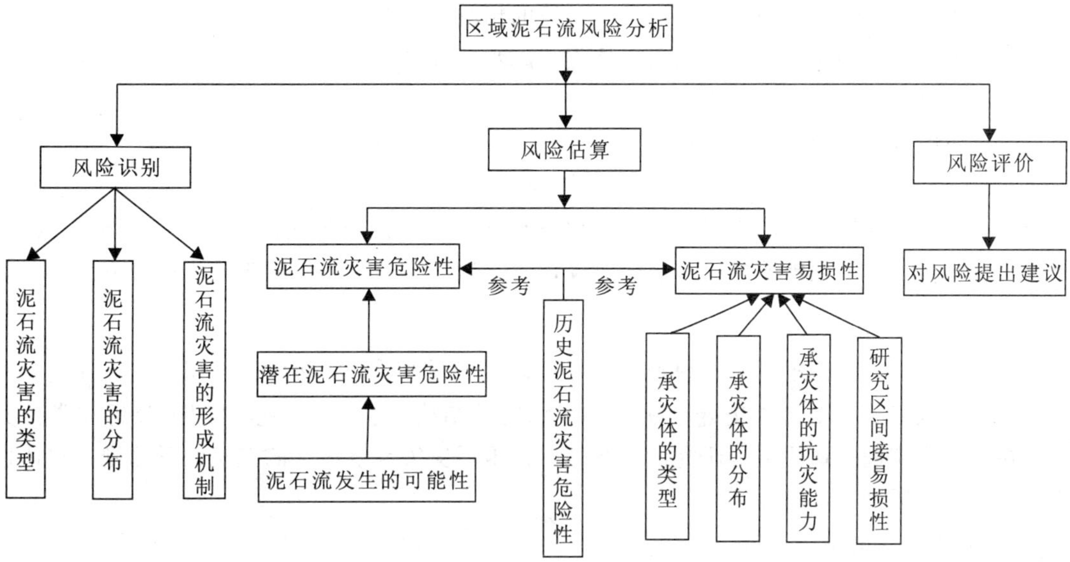

图9-9 区域泥石流风险分析流程图

根据联合国对自然灾害风险的定义及其数学表达式，泥石流风险度的计算公式为：

$$R=HV \tag{9-10}$$

式中：R 为泥石流灾害的风险性（风险度）；H 为泥石流灾害的危险性；V 为泥石流灾害的社会经济易损性。式（9-10）既反映了灾害的自然属性——致灾体危险性，又反映了灾害的社会属性——承灾体的社会经济易损性。

第三节　崩塌评价要点及方法

一、崩塌稳定性评价

我们通常所指的崩塌即硬质岩石裸露的陡峻坡体，因岩块自重在岩性、地质结构面、气候、地下水、地震和暴雨等综合因素作用下脱离母岩，有大的岩块突然而猛烈地由高处崩落的物理地质现象。大规模、大范围的山坡崩塌称为山崩；在岩体风化破碎严重或软质岩（特别是膨胀岩）边坡上发生小岩块、岩屑或碎裂土颗粒的散落现象称为碎落。崩塌是山区常见的不良地质现象，因其危及行车安全，给国民经济带来巨大损失而受关注。认真做好崩塌边坡勘察工作，采取有效且经济技术可行的处治设计方案至关重要。崩塌体稳定性评价为崩塌成灾的可能性和危险性评价提供依据，为防灾抗灾和编制防治工程可行性报告提供依据。

崩塌稳定性评价的内容包括稳定性现状评价和稳定性预测评价。

稳定性现状评价是在综合分析调查资料的基础上，对崩塌体（危岩体）在现有因素作用下的稳定性进行评价。

稳定性预测评价包括以下内容。

（1）崩塌稳定性发展趋势及破坏产生时段的预测。

（2）主要致灾外动力作用（暴雨、地震、库水位升降、人工振动及其叠加作用等）的致灾强度、灵敏度分析与概率预测。

（3）崩塌方式、规模及运动特征预测。

（4）派生灾害的预测。

崩塌边坡稳定性评价的方法有地质历史分析法、工程地质类比法、力学计算法。其中，地质历史分析法与工程地质类比法属于定性评价方法，力学计算法属于定量评价方法。

1．地质历史分析法

地质历史分析法指根据调查获得的资料，运用工程地质学等多学科知识对崩塌体进行稳定性分析。该方法有变形历史分析法、岩体稳定的结构分析法等，包含理论分析和类比分析。在分析中应确立地质灾害研究的系统观，即地质灾害系统内部的有机联系原则、整体性原则、有序性原则和动态原则。

1）岩体稳定的结构分析

岩体稳定的结构分析主要是研究结构面之间、结构面与临空面之间的组合关系，确定可能失稳的结构体的形态、规模与空间分布，判定不稳定块体可能移动的方向和破坏方式。该方法主要采用图解分析，包括摩擦圆法、玫瑰图法、极射赤平投影法、节理统计极点图与等密度图、平面投影法和实体比例投影法等。

2）地质综合分析评价

地质综合分析评价法是在以上分析的基础上，根据灾害地质学的理论，对崩塌体的形态特征、地质结构、成灾条件、成灾动力、成灾因素、变形破坏形式和特征、失稳条件和机制等进行全面系统的分析，评价崩滑体现阶段的稳定性，预测其发展趋势，评价其失稳的必要条件、相关因素、失稳的可能性和失稳的规模、方式、方向，预测失稳的时间的一种评价方法。

2. 工程地质类比法

该方法根据相似性原则将已经发生过的崩塌体特征、成灾条件、成灾动力、成灾因素、成灾类型和成灾机制与被调查对象进行类比分析，评价其稳定性。相似性具体包括：①崩塌体岩性、主控结构面、岩土体结构、斜坡结构等相似性；②崩塌体赋存条件相似性；③孕灾因素、动力因素相似性；④发育阶段相似性。

对已有的崩塌或附近崩塌区以及稳定区山体形态、边坡坡度、岩体结构、地质结构面分布及其产状、闭合或充填胶结情况等进行调查对比，分析边坡稳定性，判断崩塌落石的可能性及其破坏力。

3. 力学分析法

该方法在分析可能发生崩塌及落石受力因素的基础上，用“块体平衡理论”计算潜在可能崩塌岩块侧向压力值大小，计算时应考虑当时地震力、风力、爆破力、地面水和地下水冲刷力以及冰冻力等的影响。依该值评价崩坡稳定性及发生崩塌产生的破坏力，并为加固治理设计提供计算依据。

1）基本假定

（1）在崩塌发展过程中，特别是在突然崩塌运动以前，把崩塌体视为整体。

（2）把崩塌体复杂的空间运动问题简化成平面问题，即取单位宽度的崩塌体进行检算。

（3）崩塌体两侧与稳定岩体之间，以及各部分崩塌体之间均有摩擦作用。

2）各类崩塌体的稳定性验算

（1）倾倒式崩塌。倾倒式崩塌的基本图式如图 9－10 所示，从图 9－10（a）可以看出，不稳定岩体的上下各部分和稳定岩体之间均有裂隙分开，一旦发生倾倒，将以 A 点为转点发生转动，检算时应考虑各种附加力的最不利组合，在雨季张开的裂隙可能为暴雨充满，应考虑静水压力；Ⅶ度以上地震区，应考虑水平地震力作用［图 9－10（b）］，如不考虑其他力，则崩塌体的抗倾覆稳定性系数 K 可按下式计算：

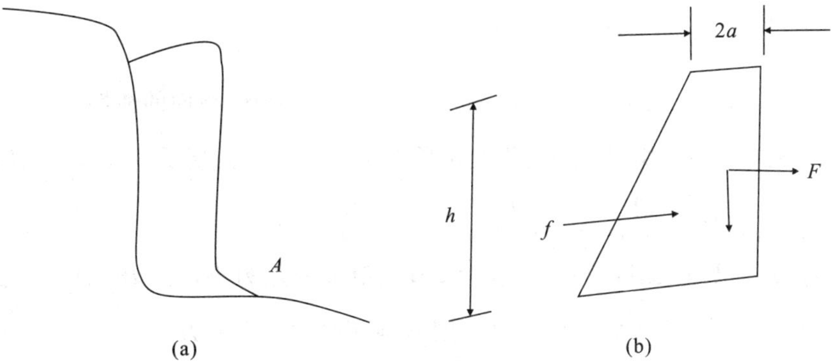

图 9－10　倾倒式崩塌

$$K=\frac{Wa}{f\dfrac{h_0}{3}+F\dfrac{h}{2}}=\frac{Wa}{\dfrac{\gamma_w h_0^2}{2}\times\dfrac{h_0}{3}+F\dfrac{h}{2}}=\frac{6aW}{10h_0^3+3Fh}\qquad(9-11)$$

式中：f 为静水压力，kN；h_0 为水位高，暴雨时等于岩体高，m；h 为岩体高，m；γ_w 为水平地震力，kN；a 为转点 A 至重力延长线的垂直距离，这里为崩塌体宽的 1/2，m；W 为岩体自重。

(2) 滑移式崩塌。滑移式崩塌有平面、弧形面、楔形双滑面滑动三种。这类崩塌的关键在于起始的滑移是否形成。因此，可按抗滑稳定性检算。

(3) 鼓胀式崩塌。这类崩塌体下有较厚的软弱岩层，常为断层破碎带、风化破碎岩体及黄土等。在水的作用下，这些软弱岩层先行软化。当上部岩体传来的压应力大于软弱岩层的无侧限抗压强度时，则软弱岩层被挤出，即发生鼓胀。上部岩体可能产生下沉、滑移或倾倒，直至发生突然崩塌，如图 9-11 所示。因此，鼓胀是这类崩塌的关键。所以稳定系数可以用下部软弱岩层的无侧限抗压强度（雨季饱和抗压强度）与上部岩体在软岩顶面的压应力的比值来计算。

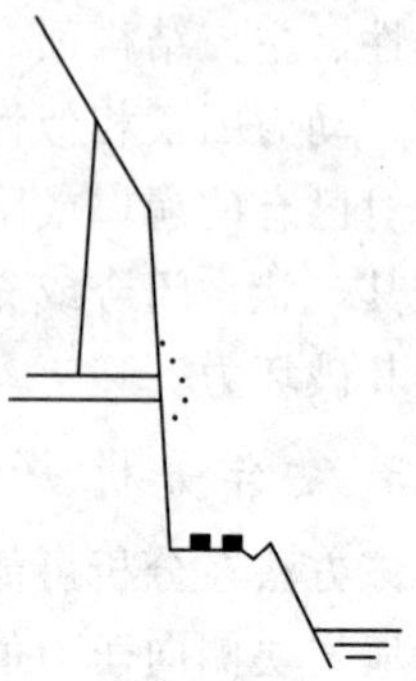

图 9-11　鼓胀式崩塌

$$K=\frac{R_{无}}{\frac{W}{A}}=\frac{AR_{无}}{W} \tag{9-12}$$

式中：W 为上部岩体自重；A 为上部岩体的底面积；$R_{无}$ 为下部软岩在天然状态下的（雨季为饱水的）无侧限抗压强度。

(4) 拉裂式崩塌。拉裂式崩塌的典型情况如图 9-12 所示。以悬臂梁形式突出的岩体，在 AC 面上承受最大的弯矩和剪力，岩层顶部受拉，底部受压，A 点附近拉应力最大。在长期重力和风化营力作用下，A 点附近的裂隙逐渐扩大，并向深处发展。拉应力将越来越集中在尚未裂开的部位，一旦拉应力超过岩石的抗拉强度时，上部悬出的岩体就会发生崩塌。这类崩塌的关键是最大弯矩截面 AC 上的拉应力能否超过岩石的抗拉强度。故可以用拉应力与岩石的抗拉强度的比值进行稳定性检算。

假如突出的岩体长度为 l，岩体等厚，厚度为 h，宽度为 1m（取单位宽度），岩石重度为 γ。当 AC 断面上尚未出现裂缝，则 A 点上的拉应力为：

$$\sigma_{A拉}=\frac{My}{I} \tag{9-13}$$

式中：M 为 AC 面上的弯矩，$M=\frac{l^2}{2}\gamma h$；y 为 $h/2$；I 为 AC 截面的惯性矩。

稳定性系数 K 值可用岩石的允许抗拉强度 $[\sigma_{拉}]$ 与 A 点所受的拉应力比值求得：

$$K=\frac{[\sigma_{拉}]}{\sigma_{A拉}}=\frac{h[\sigma_{拉}]}{3l^3\gamma} \tag{9-14}$$

如果 A 点处已有裂缝，裂缝深度为 a，裂缝最低点为 B，则 BC 截面上的惯性矩 $I=\frac{(h-a)^3}{12}$，又 $y=\frac{h-a}{2}$，弯矩 $M=\frac{l^2}{2}\gamma h$，则 B 点所受的拉应力为：

$$\sigma_{B拉}=\frac{3l^3\gamma h}{(h-a)^2} \tag{9-15}$$

稳定性系数 K 为：

$$K=\frac{[\sigma_{拉}]}{\sigma_{B拉}}=\frac{(h-a)^2\ [\sigma_{拉}]}{3l^2\gamma h} \tag{9-16}$$

(5) 断错式崩塌。如图 9-13 所示为错断式崩塌的一种情况，取可能崩塌的岩体 $ABCD$ 来分析，如不考虑水压力、地震力等附加力，在岩体自重 W 作用下，与铅直方向成 45°角的

EC 方向上产生最大剪应力。如 CD 高为 h，AD 宽为 a，岩体重度为 γ，则岩体 $AECD$ 自重 $W=a\left(h-\frac{a}{2}\right)\gamma$，在岩体横截面 FOG 上的法向应力为 $\left(h-\frac{a}{2}\right)\gamma$，所以，在 EC 面上的最大剪应力 $\tau_{最大}$ 为 $\frac{\gamma}{2}\left(h-\frac{a}{2}\right)$。故岩体的稳定系数 K 值可用岩石的允许抗剪强度 $[\tau]$ 与 $\tau_{最大}$ 的比值来计算：

$$K=\frac{[\tau]}{\tau_{最大}}=\frac{4[\tau]}{\gamma(2h-a)} \tag{9-17}$$

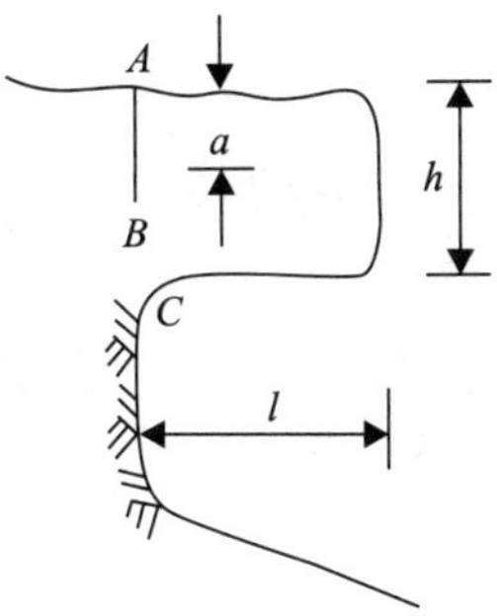

图 9-12　拉裂式崩塌

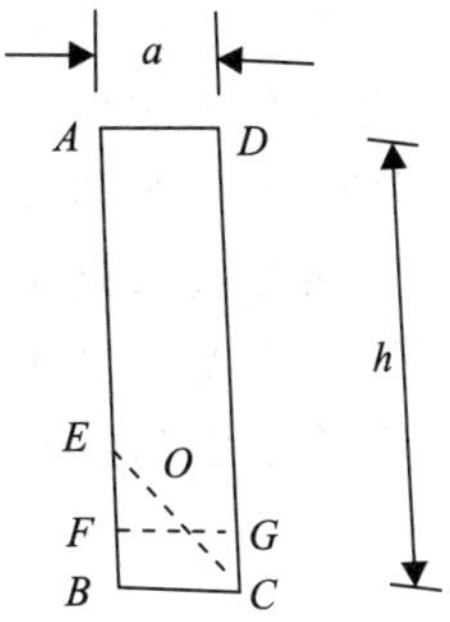

图 9-13　错段式崩塌

以上评价方式的选择与工作阶段有关。初步调查阶段只需作地质分析，取得定性评价结果；详细调查就要采用地质分析与极限平衡分析相结合；可行性研究阶段就应采用多种方法进行评价，包括应力—应变分析。

稳定性评价应提交的成果包括单项评价报告及附图，如有限元法、极限平衡法、模拟试验成果等。综合分析报告，包括崩塌体稳定性现状评价、崩塌体发展趋势及稳定性预测、派生灾害的预测。报告附图为崩塌稳定性评价图、崩塌运移堆体分布预测图以及其他图件。

二、崩塌危险性分析

崩塌危险性分析分析内容包括崩塌体稳定性安全系数 K、致灾因素发生的概率、受灾对象、灾害体与致灾因素遭遇的几率和崩塌灾害目前发育阶段、监测预报分析等。其中崩塌体稳定性安全系数 K 的取值是关键。

1. 安全系数的分析

安全系数 K 是人为地对地质灾害成灾可能性设定的评价标准和系数，不等同于稳定系数 F。理论上讲，$K=F=1$ 即无危险，但因自然界的复杂性和人类认识的局限性，存在着由于地质模型、力学模型和参数取值而导致的评价误差，安全系数的界限值应将这些误差考虑进去。设误差值为 u，则：若 $K>1+u$，表示无危险；若 $1<K<1+u$，表示略有危险；若 $1>K>1-u$，表示较危险；若 $K<1-u$，表示危险。

u 的取值应视评价方法的成熟、准确的程度，灾害的危险性、重要性而定，一般取 0.15～0.20。

2. 主要致灾因素发生的概率分析

主要致灾因素发生的概率可用主要致灾动力达到致灾强度的概率来表示。如暴雨型崩塌或在暴雨条件下激发的崩塌，当其阈值与某种降雨强度（或降雨时间）相当时，可将该降雨发生的概率作为崩塌发生的概率。当崩塌在某级地震条件下稳定系数 K 小于1时，则可将该级地震的发生概率作为崩塌发生的概率。当崩塌体在强降雨和强地震叠加的条件下 K 值才小于1时，崩塌发生概率则为该强度的降雨概率与地震概率之积。

3. 受灾对象与致灾作用遭遇的概率分析

（1）受灾对象与致灾作用遭遇的概率，可用受灾对象的存在或使用年限与致灾作用的年发生概率之积求得：

$$P=RT \tag{9-18}$$

式中：R 为致灾作用的年发生概率；T 为受灾对象的存在年限。

（2）凡可运移的对象，如居民、公路、铁路、输电线路、通讯线路等，其遭灾概率取决于不搬迁年限，其每年的遭灾概率即是致灾作用的年发生概率。

（3）永久性存在的对象，如土地、水路等，只要致灾作用在其上发生，其遭灾的概率是100%。应对长期监测资料进行分析，判断目前所处的变形阶段，根据预报模型初步预测可能成灾的时段。

三、崩塌风险评价

崩塌主要是岩土在重力条件下产生的，崩塌体为不规则的松散块体，没有整体性。大型的岩石崩塌在岩石块体崩落后，会以流动的方式携带超过10万 m^3 以上的岩屑移动至远超过其原始岩坡高度的距离。随着中国改革开放进程的不断推进，城镇建设高速发展，市政工程建设、水利水电建设、矿产资源开发等人类活动日益强烈，崩塌、滑坡、泥石流等地质灾害也呈现明显上升的态势，而崩塌灾害因具有发生时间不确定、崩落速度极快、主要沿垂直方向坠落的特点，可在较短的时间内造成巨大的危害，给人民的生命和财产安全带来了极大的威胁。因此研究单体崩塌灾害的风险评估方法具有重大的理论和现实意义。

目前，针对崩塌灾害的研究工作主要集中于崩塌的形成和破坏机理研究、勘查评价、治理技术手段等方面，风险评估主要集中于对崩塌灾害的小比例尺区域性风险评估，而对单体灾害风险评估的研究较少。国外对崩塌风险评估的相关工作起步较早，并获得了较为显著的成果，Pierson 等根据经验评分系统建立了最为简单的崩塌发生地点预测评价模型；Azzoni 等基于刚性体的力学理论和二维的统计分析模型对崩塌的运动轨迹及一些相关的参数（滚石的能量、弹起的高度、运移距离）进行了预测；Crosta 等利用空间分布方法研究了崩塌滚石到达的概率和崩塌的密度，为崩塌危险性评估和分区建立了良好的基础。

国内在崩塌灾害的风险评估方面也开展了相关的研究，胡厚田对各类落石的速度、崩落距离和运动轨迹进行了计算；唐红梅等对危岩的初始运动状态、碰撞 过程、滑动过程、滚动过程等进行了较为深入的研究，获取了运动轨迹方程；张路青等对川藏公路南线（八宿至林芝段）滚石的发生频率进行了估计，通过遭遇滚石的概率及承灾体的易损性分析，评估了车辆和行人经过不同滚石区时遭遇滚石而致命的风险。

1. 危岩崩塌灾害易损性评估

危岩崩塌灾害可以定义为在一定区域和给定的时间段内，崩塌灾害可能导致的对该区域所有人、财、物的最大损失。在危岩崩塌灾害的影响范围内，财产价值越大、人口数量越多，崩塌灾害易损性就越大。

有学者认为，房屋资产是城市财产的主体，房屋分布与人口密度、室内财产、城市生命线等有着密切的相关性，主张对资产的易损性进行评价。因此，应该在对崩塌危害影响范围内的承灾体类型、数量进行现场实际调研和室内统计分析的基础上，采用分类统计方法按以下评估模型对崩塌灾害易损性进行评价：

$$V(u) = \sum_{i=1}^{n} W_i \cdot F(s)_i \tag{9-19}$$

式中：$V(u)$ 为崩塌灾害承灾体的总易损性；W_i 为第 i 类易损体的平均单价；$F(s)_i$ 为第 i 类易损体的实际面积。

2. 危岩崩塌灾害风险性评估

危岩崩塌灾害风险可以定义为危岩失稳破坏产生不良后果的可能性，即危岩崩塌风险，包括危岩发生破坏的可能性及其所产生的后果，可以表示为：

$$R = f(P, C) \tag{9-20}$$

式中：R 为危岩崩塌风险；P 为危岩失稳破坏的概率；C 为危岩失稳后造成的损失。

危岩失稳破坏的概率在前面已作了分析论述，危岩失稳后造成的损失除了经济损失外还包括人员伤亡的损失。经济风险主要内容为工程修复、处理及崩塌灾害造成的其他方面的损失，经济风险分级标准见表 9－2。

表 9－2　经济风险等级划分

等级	一级	二级	三级	四级	五级
损失（万元）	＜20	20～50	50～100	100～500	＞500

第四节　地面沉降评价要点及方法

一、地面沉降的概念及产生原因

地面沉降是指在自然因素或人为因素影响下发生的幅度和速率均较大的地表高程垂直下降的现象。地面沉降另一定义为：地面沉降又称地面下沉或地陷，是指某一区域内由于开采地下水或其他地下流体所导致的地表浅部松散沉积物压实或压密引起的地面标高下降的现象。意大利威尼斯城最早发现地面沉降。之后随着经济发展，人口增加和地下水（油气）开采量增大，美国、日本、墨西哥、欧洲和东南亚一些国家和地区均发生了严重的地面沉降。

地面沉降主要发生于大型沉积盆地和沿海平原地区的工业发达城市及油气田开采区。其特点是：涉及范围广，下沉速率缓慢，往往不易被察觉；在城市内过量开采地下水引起的地面沉降，其波及的面积大；地面沉降具有不可逆特性，就是用人工回灌办法，也难使沉降的地面恢复到原来的标高。因此地面沉降对于建筑物、城市建设和农田水利设施危害极大。

地面沉降的危害十分严重，且影响范围广大。尽管地面沉降往往不明显，不易引人注意，却会给城市建筑、生产和生活带来极大的损失。因而，在必须开采利用地下水的情况下，对地面沉降进行评价是非常重要的。

目前，我国地面沉降严重的城市，几乎都已制定了控制地下水开采的管理法令，同时开展了对地面沉降的系统监测和科学研究。

经过对地面沉降的长期观测和研究，对地面沉降的主要原因已取得比较一致的看法。地面沉降的原因颇多，有地质构造、气候等自然因素，也有人为原因。人类工程活动是主要原因之一，人类工程活动既可导致地面沉降，又可加剧地面沉降，主要表现在以下几个方面。

(1) 大量抽取液体资源（地下水、石油等）、地下气体（天然气、沼气等）活动是造成大幅度、急剧地面沉降的最主要原因。

(2) 采掘地下团体矿藏（如沉积型煤矿、铁矿等）形成的大范围采空区及地下工程（隧道、防空洞等）是导致地面下沉变形的原因之一。

(3) 地面上的人为振动作用（大型机械、机动车辆及爆破等引起的地面振动）在一定条件下也可引起土体的压密变形。

(4) 重大建筑物、蓄水工程（如水库）对地基施加的静荷载，使地基土体发生压密下沉变形。

(5) 由于在建筑工程中对地基处理不当造成的地面沉降。

二、地面沉降分布特征

从成因上看，我国地面沉降绝大多数是地下水超量开采所致，地域分布具有明显的地带性（松散岩层区）。

(1) 大型河流三角洲及沿海平原区（长江、黄河、海河、辽河下游平原及河口三角洲地区）。

(2) 小型河流三角洲区（东南沿海地区）。

(3) 山前冲洪积扇及倾斜平原区（北京、保定、邯郸、郑州、安阳等）。

(4) 山间盆地和河谷地区（渭河盆地、汾河谷地）。

三、地面沉降的灾情评估

1. 地面沉降等级划分

地面沉降调查应查明沉降的位置、范围及面积，沉降量，沉降区的环境水文地质条件，沉降原因以及发展趋势。依据沉降面积、累计沉降量对地面沉降进行等级划分（表 9-3）。

表 9-3 地面沉降灾变等级划分表

种类	指标	特大型	大型	中型	小型
地面沉降	沉降面积（km^2）	>500	100～500	10～100	<10
	累计沉降量（m）	>2.0	1～2	0.5～1.0	<0.5

注：据《地质灾害灾情评估理论与实践》（张梁等，1998）。

2. 地面沉降的灾情评估

地面沉降的危害是多方面的包括：①损失地面标高，造成雨季地表积水，防洪能力下降；②沿海城市低地面积扩大，海堤高度下降，海水倒灌；③海港建筑物破坏，装卸能力降低；④地面运输线、地下管线扭曲断裂；⑤城市建筑物基础下沉脱空开裂；⑥桥梁净空减小，影响通航；⑦深井井管上升，井台破坏，供水排水系统失效；⑧农田低洼地区洪涝积水，农作物减产。

地面沉降的预测评价可采用统计模型、土水模型、生命旋回模型等。

1）统计模型

大量开采地下水引起地下水位持续下降，进而引起隔水层失水固结是地面沉降的根本原因，通过统计方法建立开采量 Q 或含水层水位 h 与地面沉降量 s（mm）之间的统计关系。该方法简单明了，但其带有人为性，难以了解其沉降机制。

2）土水模型

包括水位预测模型、土力学模型两部分，可利用相关法、解析法和数值法等进行地下水位预测分析；土力学模型包括含水层弹性计算模型、黏性土层最终沉降量模型、太沙基固结模型、流变固结模型、比奥（Biot）固结理论模型、弹塑性固结模型、回归计算模型及半理论半经验模型（如单位变形量法等）和最优化计算方法等。

（1）含水层的沉降计算方法。它一般采用弹性公式：

$$S=\Delta hE\gamma_{\mathrm{w}}H \tag{9-21}$$

式中：Δh 为含水层水位变幅，m；E 为含水层压缩或回弹模量（常采用反算值）；γ_{w} 为水容重；H 为含水层厚度；S 为含水层变形量。

（2）黏性土沉降变形的计算方法。黏性土层的固结是一个缓慢的过程，土层的最终沉降量是指土层完全固结情况下的沉降量，常采用分层总和法（$e-\lg P$ 曲线法）：

$$S=\sum S_i \tag{9-22}$$

对砂性土而言：

$$S_i=\frac{1}{E}\Delta P_iH_i \tag{9-23}$$

或

$$S_i=\frac{1}{E}\Delta h_i\gamma_{\mathrm{w}}H_{砂} \tag{9-24}$$

对黏性土而言：

$$S_i=\frac{H_i}{1+l_{\mathrm{o}i}}C_{\mathrm{o}i}\lg\frac{P_{\mathrm{o}i}+\Delta P_i}{P_{\mathrm{c}i}} \tag{9-25}$$

或

$$S_\infty=\frac{a_{\mathrm{v}}}{2\ (1+e_{\mathrm{o}})}\gamma_{\mathrm{w}}\Delta hH_{黏} \tag{9-26}$$

式中：S 为土层总沉降量，cm；S_i 为第 i 层土层的沉降量，cm；S_∞ 为土层的最终压密量，cm；$H_{砂}$、$H_{黏}$ 分别为砂层、黏性土层的厚度，cm；γ_{w} 为水的容重，10^{-3} kg/cm^3；Δh 为承压水位的降低值，cm；E 为砂层的弹性模量，MPa；e_{o} 为黏性土层的孔隙比；a_{v} 为压缩系数，MPa；H_i 为第 i 层土的厚度；$C_{\mathrm{o}i}$、$l_{\mathrm{o}i}$ 分别为第 i 层土的压缩指数、初始孔隙比；$P_{\mathrm{o}i}$、ΔP_i 分别为第 i 层土层中点的自重应力、所受的附加应力；$P_{\mathrm{c}i}$ 为第 i 层土层的先期固结压力；E 为土层的变形模量。

反映土层平均固结程度的指标——固结度 Q，可定义为：

$$Q=\frac{S_t}{S_\infty} \tag{9-27}$$

$$Q=1-\frac{8}{\pi^2}\left(e^{-N}+\frac{1}{9}e^{-9N}+\frac{1}{25}e^{-25N}+\cdots\right)\approx1-0.8e^{-N} \tag{9-28}$$

而

$$N=nt \tag{9-29}$$

当单面排水时：

$$N=\frac{c_v}{H_i^2}t_i \tag{9-30}$$

当双面排水时：

$$N=\frac{c_v}{(0.5H_i)^2}t_i \tag{9-31}$$

$$n=\frac{\pi^2}{4}\cdot\frac{c_v}{H_{黏}^2} \tag{9-32}$$

$$c_v=\frac{K\ (1+e_0)}{\alpha_v\gamma_w} \tag{9-33}$$

式中：Q 为固结度；N 为时间因数；c_v 为固结系数，cm^2/s；K 为渗透系数，cm/s；t 为时间，s；e_0 为黏性土层的孔隙比；S_t 为承压水头降低后在时间 t 内的压缩量，cm。

曾用该法对日本东京、中国上海、常州等进行了地面沉降预测，预测结果与实测结果基本吻合。

3）生命旋回模型

该模型直接由沉降量与时间的相关关系构成，如泊松旋回模型、Verhulst 生物模型和灰色预测模型等（刘毅等，1998）。

地面沉降预测中有代表性的成果有美国的 COMPAC 软件，包括沉降预测模型、水位模型、优化调节模型、反馈计算模型。

四、地面沉降的防治措施

大量实践表明，限制地下水开采或向含水层人工注水，可以控制或减缓地面沉降，表明地表沉降具有可控制性。地面沉降的控制与防治措施如下。

（1）加强宣传，增强防灾意识。不断提高全民的防灾减灾意识，依法严格管理地下水资源，要合理开发利用地下水资源。

（2）限制或减少地下水开采量。可用地表水代替地下水资源；以人工制冷设备代替地下水资源；实行一水多用，充分综合利用地下水。

（3）采用地表水人工补给地下水。上海市自 1966 年采用了“冬灌夏用”为辅，大量人工补给地下水，水位大幅度回升，常年沉降转为“冬升夏沉”。

（4）调整地下水开采层次。地面沉降的主要原因是地下水的集中开采（开采时间集中、地区集中、层次集中），因此适当调整地下水的开采层和合理支配开采时间，可以有效地控制地面沉降。

第五节　地面塌陷评价要点及方法

一、地面塌陷定义及类型

地面塌陷是指在外动力或人为因素作用下产生的突发性地下洞室拱顶失稳导致地面垂向

上的变形破坏，其结果多形成圆锥形塌陷坑和陷沟。

地下洞室可分为天然的和人为的两类。天然地下洞室有岩溶洞穴、土洞（黄土洞穴、红土洞穴、冻胀丘冰核融化形成的土洞等）和熔岩（主要为新生代玄武岩）洞穴。因此，地面塌陷可分为岩溶地面塌陷、土洞地面塌陷和熔岩地面塌陷。岩溶地面塌陷和黄土地面塌陷分布广、危害大。

在各种类型塌陷中，以碳酸盐岩塌陷最为常见；因抽水而引发人为塌陷的机率最大。自然条件下产生的岩溶地面塌陷一般规模小、发展速度慢，不会给人类生活带来太大的影响；但在人类工程活动中产生的岩溶地面塌陷不仅规模大、突发性强，且常出现在人口聚集地区，对地面建筑物和人身安全构成严重威胁。因而，当在地面塌陷地区进行工程建设时，对塌陷危险性进行评价是非常重要的。

二、地面塌陷的形成机制

地面塌陷是在特定地质条件下，因某种自然因素或人为因素触发而形成的地质灾害。由于不同地区地质条件相差很大，地下洞室拱顶失稳塌陷的主导因素不同，形成地面塌陷的原因很多。因此，对地面塌陷成因机制的认识存在着多种观点。

1. 潜蚀机制

在地下水流作用下，岩溶洞穴和含盐土洞中的物质和上覆盖层沉积物产生潜蚀、冲刷和掏空作用，岩溶洞穴或溶蚀裂隙中的充填物被水流搬运带走，在上覆盖层底部的洞穴或裂隙开口处产生空洞。若地下水位下降，则渗透水压力在覆盖层中产生垂向的渗透潜蚀作用，从而使土洞不断向上扩展最终导致地面塌陷。

岩溶洞穴或溶蚀裂隙的存在、上覆土层的不稳定是塌陷产生的物质基础，地下水对土层的侵蚀搬运作用是引起塌陷的动力条件。自然条件下，地下水对岩溶洞穴或裂隙充填物质和上覆土层的潜蚀作用很缓慢，规模一般不大；人为抽取地下水，使地下水的侵蚀搬运作用大大加强，促进了地面塌陷的发生和发展。潜蚀导致塌陷的形成过程大体可分为四个阶段。

(1) 在抽水、排水过程中，地下水位降低，对上覆土层的浮托力减小，水力坡度增大，水流速度加快，潜蚀作用加强。溶洞充填物在地下水的潜蚀、搬运作用下被带走，松散层底部土体下落、流失而出现拱形崩落，形成隐伏土洞。

(2) 隐伏土洞在地下水持续的动水压力及上覆土体因自重作用发生崩落、迁移，洞体不断向上扩展，引起地面沉降。

(3) 地下水不断侵蚀、搬运崩落体，隐伏土洞继续向上扩展。当上覆土体的自重压力逐渐接近洞体的极限抗剪强度时，地面沉降加剧，在张性压力作用下，地面开裂。

(4) 当上覆土体的自重压力超过洞体的极限强度时，地面产生塌陷。同时，在其周围伴生有开裂现象。这是因为土体在塌落过程中，不但在垂直方向产生剪切应力，还在水平方向产生张力所致。

潜蚀致塌论解释了某些岩溶地面塌陷事件的成因。按照该理论，岩溶上方覆盖层中若没有地下水或地面渗水以较大的动水压力向下渗透，就不会产生塌陷。但有时岩溶洞穴上方的松散覆盖层中完全没有渗透水流仍会产生塌陷，说明潜蚀作用还不足以说明所有的岩溶地面塌陷的机制（纪万斌等，1993）。

2. 真空吸蚀机制

根据气体体积与压力关系的玻意尔-马略特定律，在密封条件下，当温度恒定时，随着气体的体积增大，气体压力不断减小。在相对密封的承压岩溶网络系统中，由于采矿排水、矿井突水或大流量开采地下水，地下水水位大幅度下降。当水位降至较大洞穴覆盖层的底面以下时，空洞内的地下水面与上覆洞穴顶板脱开，出现无水充填的洞穴空腔。随着水位持续下降，空洞体积不断增大，空洞中的气体压力不断降低，从而导致空洞内形成负压。洞穴顶板覆盖层在自身重力及溶洞内真空负压的影响下向下剥落或塌落，在地表形成塌陷坑或陷沟。

3. 其他地面塌陷形成机制

(1) 重力致塌模式。是指因自身重力作用使洞穴上覆盖层逐层剥落或者整体下陷而产生地面塌陷的过程和现象。它主要发生在地下水位埋藏深、溶洞及土洞发育的地区。

(2) 冲爆致塌模式。洞穴通道、空洞及土洞中储存的高压气团和水头，随着地下水位上涨，压力不断增加；当其压强超过洞穴顶板的极限强度时，就会冲破岩土体发生“爆破”并使岩土体破碎；破碎的岩土体在自身重力和水流的作用下陷入岩溶洞穴，在地面则形成塌陷。冲爆致塌现象常发生于地下暗河的下游。

(3) 振动致塌模式。是指由于振动作用，使岩土体发生破裂、位移和砂土液化等现象，降低了岩土体的机械强度，从而发生地面塌陷。在岩溶发育地区，地震、爆破或机械振动等经常引发地面塌陷，如辽宁省发生营口地震时，孤山乡第四纪松散沉积物覆盖型岩溶区，由于地震引起砂土液化，出现了200多个岩溶地面塌陷坑。

(4) 荷载致塌模式。是指溶洞或土洞的覆盖层和人为荷载超过了洞顶盖层的强度，压塌洞顶盖层而发生的塌陷过程和现象。如水库蓄水，尤其是高坝蓄水，可将库底岩溶洞穴的顶盖压塌，造成库底塌陷，库水大量流失。

应当指出，地面塌陷实际上常常是在几种因素的共同作用下发生的。例如洞顶的土层在受到潜蚀作用的同时，往往还受到自身的重力作用。

三、地面塌陷调查评价要点

地面塌陷调查包括调查、工程地质测绘、勘探和监测四个阶段。

1. 地面塌陷调查要点

(1) 广泛搜集资料。要广泛搜集遥感资料、地形地貌资料、地质资料、气象水文资料及人类经济活动资料等。

(2) 地形地貌。查明调查区所属地貌单元，划分地貌类型，掌握新构造运动的地貌表现；对岩溶地貌，要划分岩溶发育阶段，在岩溶水补给区要注重调查干谷、盲谷、漏斗、落水洞、溶蚀洼地、陷落柱分布位置和排列方式（星散状还是线状）等溶洞或地下河存在的标志；在径流区岩溶水呈脉状管流，注重查明明、暗流交替、层状溶洞与河流阶地的对比、高角度大断裂与非可溶性岩石的位置（隔水层），分析深溶洞存在的可能性；在排泄区，岩溶水呈网流状态，具有统一水位，注重查明岩溶泉（尤其是大泉）、出水洞的位置和分布，追索入水洞。

(3) 第四系地质情况。查明第四纪地层、岩性、厚度、分布情况，分析土洞存在的可能性、规模和分布情况。

(4) 基岩地质情况。查明地层的时代、岩性组合、接触关系、厚度、分布范围，要特别注意可溶性岩层与围岩的关系。如华北地台奥陶系马家沟组石灰岩与石炭系为假整合接触关系，其间缺失志留系、泥盆系和下石炭统，长时间的沉积间断，使马家沟组石灰岩必然存在古岩溶；此外，本溪组为含煤地层，有机矿床形成于还原环境，必然有硫化矿物相伴生（如黄铁矿），硫化矿物遇氧生成硫酸，这就加速了马家沟组石灰岩岩溶的发育。一私人矿主在石门寨钻探找煤，一钻下去钻到了马家沟组承压岩溶水，岩溶水从钻孔口的喷高达40m，只好封井。

还要查明地质构造与区域地质构造的关系，特别注意断裂构造和节理裂隙的发育程度，划分出新断裂、老断裂、活断裂及其与地下水的关系（阻水断裂、导水断裂、富水断裂）。

(5) 水文地质情况。查明地下水的储量、开采量、补给量，地下水补径排的方式和途径，有无降落漏斗，降落漏斗是孤立分散还是统一的等。

(6) 气象水文情况。掌握多年平均降雨量、最大降雨量、暴雨及降雨季节、勘查区沟谷最大流量、气温等信息。查明地表水入渗情况、产流条件、径流强度、冲刷作用，以及地表水的流通、灌溉、水库水位及其升降、不同季节地表水与地下水的水力联系情况。

(7) 人类经济活动情况。包括城市、村镇、乡村、经济开发区、工矿区、自然保护区的经济发展规模、趋势及其与地面塌陷的关系。

(8) 查明地面塌陷历史，计算塌陷平均密度，划分危险区。地面塌陷平均密度以每10年每平方千米地面塌陷的处数来计算，可将塌陷危险区划分为重度危险区、中度危险区、轻度危险区、基本无塌陷区。

a. 地面塌陷重度危险区。指平均密度大于1处/km^2·10a，塌陷活动强烈，可能造成人员伤亡，房屋、道路、环境破坏较重的区域。

b. 地面塌陷中度危险区。指平均密度为0.2～1处/km^2·10a，塌陷活动较强烈，可能造成人员伤亡，工程设施和环境受到破坏的区域。

c. 地面塌陷轻度危险区。指平均密度小于0.2处/km^2·10a，塌陷活动微弱，主要表现为地面沉降和开裂，工程设施和环境受到轻微破坏的区域。

d. 基本无塌陷区。指平均密度为零，基本无危害的区域。

2. 工程地质测绘要点

(1) 地形地貌测绘。测绘比例尺为1∶1万～1∶5 000，根据需要可更大。

宏观地形地貌包括河流、分水岭、台地、阶地、溶蚀洼地、地表岩溶湖、地下岩溶湖等位置、界线；微观地形地貌包括溶沟、漏斗、落水洞、入水洞、出水洞、穿山洞、陷落柱、塌陷坑、岩溶泉等。

(2) 工程地质结构特征测绘。松散堆积物按工程地质分类分层测绘辅以形成时代，基岩分可溶性岩石和非可溶性岩石（隔水层岩石）分层测绘辅以形成时代；重要断裂采用追索法测绘，统计节理、裂隙、溶孔、溶隙，提交岩性工程地质图。

(3) 水文地质测绘。按有关规范执行，提交第四系水文地质图、基岩水文地质图、地下水等水位线图和岩溶水径流图。

(4) 人类工程活动测绘。地表工程包括建筑物、道路、桥梁等；地下工程包括隧道、地铁、煤气管线、给排水管线、人防工程、地下商场、窑洞等。

(5) 测绘路线。除重要断裂采用追索法外，其他采用穿越法。

第六节 地裂缝评价要点及方法

一、地裂缝定义及其特征

地裂缝是指岩体或土体中直达地表的线状开裂现象。我国地裂缝的发展趋势是范围不断扩大、危害不断加重。地裂缝按照成因可以分为构造地裂缝和非构造地裂缝两种基本类型。早期地裂缝多为自然成因，近期人为成因的地裂缝逐渐增多。

构造地裂缝是构造运动和外动力地质作用（自然和人为因素）共同作用的结果。非构造地裂缝的形成原因比较复杂，崩塌、滑坡、岩溶地面塌陷和矿山开采，以及过量开采地下水所产生的地面沉降都会伴随有地裂缝的形成；黄土湿陷、膨胀土胀缩、松散土潜蚀也可能造成地裂缝。此外，还有干旱、冻融引起的地裂缝等。

地裂缝灾害多数发生在由主要地裂缝所组成的地裂缝带内，所有横跨主裂缝的工程和建筑都可能受到破坏。对人为成因的地裂缝关键在于预防，合理规划、严格禁止地裂缝附近的开采行为。对自然成因地裂缝则主要在于加强调查和研究，开展地裂缝易发区的区域评价，以避让为主，从而避免或减轻经济损失。

地裂缝一般产生在第四系松散沉积物中，与地面沉降不同，地裂缝的分布没有很强的区域性规律，成因也比较多。地裂缝的特征主要表现为发育的方向性、延展性和灾害的不均一与渐进性。

1. 地裂缝发育的方向性与延展性

地裂缝常沿一定方向延伸，在同一地区发育的多条地裂缝延伸方向大致相同。据王景明等（1994）的统计，河北平原的地裂缝以 NE5°和 NW85°最为发育。地裂缝造成的建筑物开裂通常由下向上蔓延，以横跨地裂缝或与其成大角度相交的建筑物破坏最为强烈。

地裂缝灾害在平面上多呈带状分布。从规模上看，多数地裂缝的长度为几十米至几百米，长者可达几千米，如山西大同机车厂地裂缝长达 5km；宽度一般为几厘米至几十厘米。平面上地裂缝一般呈直线状、雁行状或锯齿状；剖面上多呈弧形、V 字形或放射状。

2. 地裂缝灾害的非对称性和不均一性

地裂缝以相对差异沉降为主，其次为水平拉张和错动。地裂缝的灾害效应在横向上由主裂缝向两侧致灾强度逐渐减弱，而且地裂缝两侧的影响宽度以及对建筑物的破坏程度具有明显的非对称性。如大同铁路分局地裂缝的南侧影响宽度明显比北侧的影响宽度大。同一条地裂缝的不同部位，地裂缝活动强度及破坏程度也有差别，在转折和错列部位相对较重，显示出不均一性。如西安大雁塔地裂缝，其东段的活动强度最大，塌陷灾害最严重，中段灾害次之，西段的破坏效应不明显（刘玉海等，1994）。在剖面上，危害程度自下而上逐渐加强，累计破坏效应集中于地基与上部结构交接部位的地表浅部十几米深的范围内。

3. 地裂缝灾害的渐进性

地裂缝灾害是因地裂缝的缓慢蠕动扩展而逐渐加剧的。因此，随着时间的推移，其影响和破坏程度日益加重，最后可能导致房屋及建筑物的破坏和倒塌。

4. 地裂缝灾害的周期性

地裂缝活动受区域构造运动及人类活动的影响，因此，在时间序列上往往表现出一定的周期性。当区域构造运动强烈或人类过量抽取地下水时，地裂缝活动加剧，致灾作用增强，反之则减弱。如大同机车厂地裂缝，在 1990 年 1 月 1 日至 5 月 7 日用水稳定期间，垂直形变量为 0.6 mm；而在 5 月 8 日至 6 月 23 日的枯水季节，因集中用水，垂直形变量增至 7.5mm；在 6 月 24 日至 12 月 30 日的雨季及用水平衡期，垂直变形量只有 1.3 mm（丰继林，1994）。

二、地裂缝危害性评估

1. 破坏损失调查与统计

（1）主要是调查地裂缝造成的直接经济损失，应做到及时、准确地调查，并全面调查地面建筑、地下建筑、道路等的破坏损失。

（2）调查事项包括受灾建筑物地理坐标、地点、所有单位、致灾地裂缝编号、名称、破坏程度评述、直接经济损失估算、间接经济损失评述、调查人、调查时间，以表格的形式表示。

（3）破坏损失统计。调查统计受灾害建筑物数量，包括地面建筑［分楼房（幢）、平房（座）、车间（座）、围墙（堵）、地下建筑（分管道、人防工事）］和道路。调查统计受灾建筑物破坏程度，分建筑物类型、破坏程度（严重、中等、轻微）。统计地裂缝造成的直接经济损失（万元）。

2. 地裂缝场地的工程地质评价

1）地裂缝危害的主要特点

（1）地裂缝危害的直接性。横跨主地裂缝上的建筑物，无论新旧、材料强度大小、基础与上部结构类型如何，都会无一幸免地遭受破坏。地下管道工程只要是直埋式经过地裂缝带，在地裂缝活动初期，不管是什么材料，也不管断面尺寸大小，都会很快遭到拉断或剪断。

（2）地裂缝灾害的三维破坏性。地裂缝对建筑的破坏具有三维破坏特征，以垂直差异沉降和水平拉张破坏为主，兼有走向上的扭动。地裂缝的三维破坏性是造成建筑物不可抗拒破坏的重要因素。因此，一般的结构加固措施均无法抗拒地裂缝的破坏作用。

（3）地裂缝破坏的三维空间有限性。地裂缝的破坏作用主要限于地裂缝带范围，它对远离地裂缝带的建筑物不具辐射作用，在地裂缝带范围内的灾害效应具有三维空间效应。横向上，主裂缝破坏最为严重，向两侧逐渐减弱，上盘灾害重于下盘。在垂直方向上，地裂缝灾害效应自地表向下宽度最大，路面及基础次之，人防工程破坏宽度最小。地裂缝强活动段上，建筑物均遭到严重破坏；中等活动段，建筑部分遭到破坏，且破坏程度较轻，破坏宽度较小；弱活动段或隐伏段，建筑物受破坏较小；斜列区或汇而不交地段，地裂缝破坏宽度大且破坏形式复杂。

（4）地裂缝成灾过程的渐进性。成灾过程的渐进性包括三个方面的含义。其一是指单条地裂缝带，地裂缝由隐伏期到初始破裂期，遵循萌生→生长→强活动→扩展的发育过程，不断向两端扩展，因此建筑物的破坏不是整条带上的同时破坏。其二，对于一座建筑物的破坏也是逐渐加重的。最初的破坏表现为主地裂缝的沉降和张裂，且仅限于建筑物的基础和下部，之后向上部发展，最终形成贯穿整个建筑物的裂缝或斜列式的破坏带。其三，各条地裂缝并非同时发展，而是有先有后。

2）地裂缝成灾机理

地裂缝长期观测资料表明，其活动具有长期蠕动和单向位移累加的特征，这种蠕变不产生动力作用，但是等效于静力作用下的变形。尽管活动速率不太大，但由于下部断层长期活动最终导致地表土层破裂，并通过应力传递、集中、释放等活动方式，对土体、地下工程和地表建筑施加拉张应力和剪切应力，破裂一经开始，建筑物的自重力将与构造应力联合作用，导致建筑物变形和破坏而酿成灾害。建筑物无法抗拒这种破坏，同时上部建筑自重的附加应力和地震力联合作用，使地裂缝破坏加重。

3）地裂缝场地的工程地质特点

地裂缝场地是指地裂缝带及其相邻地段作为建筑物地基和城市各类工程设施利用的土地空间，具有以下工程地质特点。

（1）地裂缝场地工程地质指标发生变异。土的孔隙比、湿陷系数、压缩系数、孔隙度增大，土的含水量、液限、塑限、塑性指数降低，且地裂缝上盘变异带的宽度大于下盘。

（2）地裂缝场地土体动参数发生变异。土体波速变低，阻尼比增高。

（3）地裂缝场地土体渗透性显著增加，其中主裂缝带增加最明显。

（4）地裂缝场地土体的物理化学性质发生变异。经甚低频电磁仪等测试，测量指标在地裂缝带有明显异常显示。

（5）地裂缝场地发生人工地震异常波谱效应。沿地裂缝带瞬时振幅明显减弱、断错或上下错动。

3. 地裂缝评价

在弄清了地裂缝的成灾特点以后，就可以对地裂缝场地进行正确的工程地质评价，从而达到既减轻地裂缝灾害的损失，又能合理地利用地裂缝场地的目标。

1）评价原则

研究表明，地裂缝受控于现今地壳活动和构造破裂系统，其活动强度又受开采地下水活动的影响，所以地裂缝场地工程地质条件的优劣受多种因素的制约，对其评价应遵循下列原则。

（1）地裂缝场地评价应紧密结合土地利用，以不同工程种类为对象，以工程与地裂缝配置关系为前提，做到合理利用地裂缝场地。

（2）场地地裂缝危害评价既着眼于直接危害，又考虑间接危害；既重视现今，又重视未来；既重视地表土体，又考虑地下；既重视静态效应，又重视动态效应。

（3）坚持宏观与微观、定性与定量相结合的原则。

（4）地裂缝场地工程地质条件是一个由多因子构成的地质环境系统，采用综合评价方法。

2）评价内容

在上述原则的指导下，选择以下主要评价内容。

（1）地裂缝的空间展布特征、成因类型和规模。

（2）地裂缝活动特点及其时空规律性。

（3）地裂缝场地土体结构及其力学特征。

（4）地裂缝与活动断层的双重构造作用。

（5）地裂缝灾害的作用强度特点及其规律。

（6）地裂缝与开采地下水产生的附加作用的关系。

（7）地裂缝场地不同类型建筑工程的适应性。

第十章 县（市）地质灾害易发性分区评价

第一节 概述

地质灾害易发性评价是地质灾害调查评价的一项重要任务，在政府部门制定一个地区的地质灾害防治规划时，必须根据实际情况划定地质灾害易发区。地质灾害易发区又被称作地质灾害多发区，是指容易或经常发生地质灾害的地区。

进行县（市）地质灾害易发性分区评价，获得区域地质灾害易发性分布区划图，从而有针对性地指导地质灾害多发区域的聚落搬迁、人口分布和防灾减灾管理等工作。在近十年的地质灾害调查工作中，地质灾害易发性分区评价工作才刚起步，在易发单元、易发性级别的确定以及评价方法等方面还有待进一步的理论研究和探讨。

第二节 分区原则

地质灾害易发区的划分主要依据地质灾害形成发育的地质环境条件、发育现状、人类工程活动程度和研究工作程度，以定性评价与空间分析定量评价相结合的方法确定。定性评价参考表 10－1 进行易发区划分；定量评价采用地质灾害综合危险性指数法。

表 10－1 地质灾害易发区主要特征简表

灾种	易发区划分			不易发区
	高易发区	中易发区	低易发区	
	$G=4$	$G=3$	$G=2$	$G=1$
滑坡、崩塌	构造抬升剧烈，岩体破碎或软硬相间；黄土垄岗细梁地貌，人类活动对自然环境影响强烈；暴雨型滑坡；规模大、高速、远程	红层丘陵区、坡积层、构造抬升区；暴雨、久雨、中小型滑坡；中速，滑程远	丘陵残积缓坡地带；冻融滑坡；规模小、低速蠕滑或顺层滑动；植被好	缺少滑坡形成的地貌临空条件，基本上无自然滑坡，局部溜滑
泥石流	地形陡峭，水土流失严重，形成坡面泥石流；数量多，达 10 条沟/20km 以上，活动强，超高频，每年暴发可达 10 次以上；沟口堆积扇发育明显完整、规模大；排泄区建筑物密集	坡面和沟谷泥石流，为 6～10 条沟/20km；分布广，活动强，掩没农田，堵塞河流等；沟口堆积扇发育且具一定规模；排泄区建筑物多	坡面和沟谷泥石流均有分布，为 3～5 条沟/20km；中等活动；沟口有堆积扇，但规模小，排泄区基本通畅	以沟谷泥石流为主，物源少，排导区通畅，为 1～2 条沟/20km；多年活动一次；沟口堆积扇不明显，排泄区通畅
岩溶塌陷和采空区塌陷	碳酸盐岩岩性纯，连续厚度大，出露面积较广；地表洼地、漏斗、落水洞、地下岩溶发育；多岩溶大泉和地下河，岩溶发育深度大；灾害点密度≥1 个/km^2，地面塌陷或地裂缝破坏面积≥1 000m^2/km^2	以次纯碳酸盐岩为主，多为间夹型；地表洼地、漏斗、落水洞、地下岩溶发育；岩溶大泉和地下河不多；岩溶发育深度不大；灾害点密度为 0.1～1 个/km^2，地面塌陷或地裂缝破坏面积为 500～1 000m^2/km^2	以不纯碳酸盐岩为主，多为间夹型或互夹型；地表洼地、漏斗、落水洞、地下岩溶发育稀疏；灾害点密度为 0.05～0.1 个/km^2，地面塌陷或地裂缝破坏面积为 100～500m^2/km^2	以不纯碳酸盐岩为主，多为间夹型或互夹型；地表洼地、漏斗、落水洞、地下岩溶不发育；灾害点密度为 0～0.05 个/km^2，地面塌陷或地裂缝破坏面积＜100m^2/km^2
地裂缝	构造与地震活动非常强烈，第四系厚度大	构造与地震活动强烈，第四系厚度大，形成断陷盆地，超采地下水	构造与地震活动较为强烈，形成拉裂构造	第四系覆盖薄，差异沉降小

第三节　地质灾害易发单元和易发性级别的确定

一、按行政级别划分不同层次的地质灾害易发单元

地质灾害易发区是相对不易发区而言，划分为地质灾害易发区的通常不会在区内处处都发生地质灾害，其间常夹有不易产生地质灾害的“安全岛”；未划分为易发区的，其内部个别地段仍可能潜伏着较大的地质灾害隐患，这就是其相对性的表现。由于调查区面积大小和调查精度不同导致的地质灾害易发性分区结果的差异也与这种相对性有关。一般的规律是：大范围小比例尺地质灾害调查划分的地质灾害易发区划分较粗略，其内部各地段地质灾害易发程度差异性较明显；反之，小范围大比例尺地质灾害调查划分的地质灾害易发区较详细，其内部各地段地质灾害易发程度差异性不大。

为了满足不同的需要，可以针对不同级别的行政单元，划分出不同层次的地质灾害易发单元，并冠以不同级别的名称，即全国以省（自治区、直辖市）为评价单元，划分出地质灾害易发程度不同的省（自治区、直辖市），为国家的宏观经济建设决策服务；各省以县（市）为评价单元，划分出地质灾害易发程度不同的县（市），作为编制全省地质灾害防治规划和合理安排县（市）地质灾害调查及防治区划的依据，并作为重要经济区、重大工程建设区制定建设规划的依据之一；县（市）地质灾害易发程度分区图上，应划分出易发程度不同的地段，并依据易发程度不同地段的面积比例，划分出易发程度不同的乡（镇），这一成果既是编制县（市）地质灾害防治规划必需的资料，又可直接为各类工程的规划、选址和可行性论证所利用，并且是界定建设用地有无必要开展地质灾害危险性评估的重要依据。按照上述不同层次地质灾害易发单元划分结果，在地质灾害易发程度高的省（自治区、直辖市）内，有少数易发程度低的县（市），在地质灾害易发程度低的省（自治区、直辖市）内，有少数或个别易发程度高的县（市），同理，地质灾害易发程度高的县（市）中，有易发程度低的乡（镇），易发程度低的县（市）中，有易发程度高的乡（镇），这是符合地质灾害自然分布规律的，由于不同层次地质灾害易发单元被冠以不同级别的名称，并明确了不同层次地质灾害易发单元划分成果的目的和用途，就可以从根本上避免地质灾害易发区划分的混乱局面。

二、划分地质灾害易发性级别

地质灾害的产生是地质体在地质动力作用下性质恶化的结果，由于各地地质条件、动力地质作用的类型和强度差异很大，地质灾害发生的密度和强度可相差数十倍甚至百倍以上。为了能更客观地反映这种差异性，增强评价结果的实用性，有必要将工作区划分为地质灾害易发程度不同的单元，对不同的单元采取不同的对策。如县（市）级地质灾害易发区的划分，在地质资料缺乏、不能进行定量评价的情况下，为便于操作和利用，可分为高易发区、中易发区、低易发区以及不易发区四类。重大工程布设应尽量避开地质灾害高易发区，在地质灾害中易发区，也应限制重大工程的布设，对于该类区段现已存在地质灾害隐患的居民区和工程区，也应按轻重缓急有序地进行防治或避让。地质灾害低易发区与不易发区是布设各类工程的理想区段。对可能受到地质灾害威胁的一些跨县、跨省的重要经济区和重大工程建设区，为满足规划和选址的需要，有必要开展地质灾害调查和进行地质灾害易发程度的划

分，其评价方法和划分标准应尽可能与省、县级一致。

第四节　地质灾害易发性分区评价方法

一、提高地质灾害易发程度评价的可信度

地质灾害易发程度评价的可信度，取决于地质灾害和环境地质调查的精度，并与选定评价因子的合理性和评价模型的实用性密切相关。无论是省域还是县域的评价，若调查区内各地调查精度相差悬殊，可能导致易发程度评价结果的错误。只有当各地调查资料均满足规定的精度要求和采用的评价因子、评价模型比较合理时，评价的结果才会有较高的可信度。自2000年制定了县（市）地质灾害调查与区划要求以来，地质调查工作有了较为明确的准则，但由于调查过程中忽视了对地质环境特别是潜在不稳定区域的调查，如滑坡、崩塌调查点大多是通过访问已形成灾害或已构成隐患的点，对那些当地群众不知晓但稳定性差的区段很少调查，以至每年汛期中虽有部分已知的滑坡、崩塌出现新的活动，但大部分是新生的滑坡、崩塌，由于没有事先的防范，常造成灾害。因此，在对危害居民地和重要工程设施的地质灾害进行全面调查的同时，还必须注重环境地质条件和潜伏隐患点的调查，提高调查结果的实用性。

二、评价方法和评价因子的合理选择

划分地质灾害的易发程度，合理确定评价方法、评价因子是关键。常用的评价方法有指数法、概率分析、模糊评判、聚类分析、层次分析、信息量法等，可根据实际情况选定1～2种方法进行评价。评价因子选择得正确与否，直接关系到评价结果的可信度。

地质灾害形成条件和动力因素，通常包括地形地貌、地层岩性、地质构造、地下水、降雨、河流冲刷、地震、植被、人类活动等。在进行评价工作时，应根据调查比例尺大小、调查区地质特征和主要灾种，选择那些制约本地区地质灾害形成、发展的主要因子参与评价。如省级调查评价，可以地貌单元、岩性组合、地质构造单元、多年平均降雨量、地震烈度、人口密度、工农业产值等作为评价因子；县级调查评价，则应采用沟谷切割密度、地面坡度、岩石类型、褶皱断裂密度、岩石富水性等作为评价因子；在以泥石流灾害为主的县（市），宜将沟谷的纵坡坡度、沟谷形状、第四系松散堆积层的分布面积比和厚度、植被覆盖等作为主要评价因子；以岩溶地面塌陷为主的县（市），选择评价因子应突出岩溶发育强度、深度、可溶岩类型、纯度、上覆土层岩性、厚度、地下水位埋深、地表排水条件等。

三、评价因子权重的确定

地质灾害的发生是地质体在自然环境中多种因素综合的结果，由于参与评价的各个因子对灾害的贡献度不一致，因此，客观、合理地确定各评价因子的权重值尤为重要，这也是使评价结果符合实际情况的重要步骤。常用的权重获取方法有层次分析法、灰色关联度分析法、信息熵理论评价法以及专家评分法等。

（1）层次分析法是将复杂的评价工作所包含的各种因素及其灾害本身内部联系分解为不同层次的要素，通过层内以及层间依次、逐一进行比较，算得各要素权重。这种逐层、逐项

比较各关联因素重要性的方法为县（市）地质灾害易发性评价提供了定量的依据。

（2）灰色关联度分析法是一种多因素统计分析方法，它是以各因素的样本数据为依据用灰色关联度来描述因素间关系的强弱、大小和次序，若样本数据反映出的两因素变化的态势（方向、大小和速度等）基本一致，则它们之间的关联度较大；反之，关联度较小。此方法在很大程度上减少了由于信息不对称特别是地质灾害评价因子信息不对称所带来的损失，并且对数据要求较低，工作量较少。

（3）信息论指出，信息量的多少可以直接衡量一个系统的有序程度，这与热力学中定义系统有序程度的熵概念在一定条件下趋于等效，将二者结合到一起便构成了信息熵理论。该理论用于多对象多指标体系的综合评价方法，其体系的各指标权重的确定主要根据各指标传递给决策者的信息量大小。该方法多运用于泥石流灾害评价。

（4）专家评分法是指通过匿名方式征询有关专家的意见，对专家意见进行统计、处理、分析和归纳，客观地综合多数专家经验与主观判断，对大量难以采用技术方法进行定量分析的因素作出合理估算，经过多轮意见征询、反馈和调整后，确定引起地质灾害的各项指标的权重。

四、评价单元的划分及计算方法

根据《实施细则》要求，将县（市）辖区范围以 1km×lkm～3km×3km 网格划分成若干个单元（县域周边的评价单元不是完整的单元格，按边界线实际控制范围划定，由北到南，从西向东依次编号），然后对各网格单元逐个提取各项评价因子分析计算。评价因子包括地形地貌、地层岩性、地质构造、降水、植被、人类活动、现状地质灾害发育程度等。在此基础上分别求取各单元格历史（现状）地质灾害强度指数、潜在地质灾害强度指数，最后求取地质灾害综合危险性指数。

地质灾害易发区分为高易发区、中易发区、低易发区和不易发区四级。在不同级别区域的交界处，边界线走向参考地质灾害发育的具体情况、地质背景以及评价单元指数的分布规律按具体情况进行修定。

1. 地质灾害综合危险性指数的计算

其公式为：

$$Z_w = Z_l \cdot A_l + Z_q \cdot A_q \tag{10-1}$$

式中：Z_w 为地质灾害综合危险性指数；Z_l 为历史（现状）地质灾害强度指数标准分值；A_l 为历史（现状）地质灾害危险性权值；Z_q 为潜在地质灾害强度指数；A_q 为潜在地质灾害危险性权值。

2. 历史（现状）地质灾害强度指数的计算

历史地质灾害强度采用袭扰系数法计算（表 10-2、表 10-3），以反映地质灾害的发育密度和规模的现状地质灾害强度指数 Z_l 值为依据进行判别。

（1）对崩塌、滑坡、泥石流而言：

$$Z_l = a^2 + b^2 + c^2 \tag{10-2}$$

（2）对地面塌陷而言：

$$Z_l = a^2 + b^2 \tag{10-3}$$

式中：Z_l 为现状地质灾害强度指数：a 为单元内现状地质灾害点密度量化值；b 为面积密度量化值；c 为体积密度量化值。

表 10－2　各密度系数取值指标表

量化等级	点密度 a（处/$4km^2$）	面积密度 b（$m^2/4km^2$）	体积密度 c（$m^3/4km^2$）
0	0	0	0
1	1	＜100	＜500
2	2	100～500	500～2 500
3	3	500～2 000	2 500～1 万
4	4	2 000～1 万	1 万～5 万
5	＞4	＞1 万	＞5 万

同一网格中有两个或两个以上地质灾害点者，分别计算其面积和体积密度后取相加值。

表 10－3　地质灾害强度指数值与标准值对应表

现状地质灾害强度指数						
现状地质灾害强度指数	滑坡、崩塌、泥石流	≥33	26～33	14～26	6～14	≤6
	地面塌陷	≥42	27～42	19～27	6～19	≤6
相对应的标准分值		10	7	5	3	1

3. 潜在地质灾害强度指数 Z_q 的统计与判别计算

潜在地质灾害强度指数 Z_q 的计算公式为：

$$Z_q=\sum T_i\cdot A_i=[T_1\times 0.15+T_2\times 0.17]+[T_3\times 0.19+T_4\times 0.19]+[T_5\times 0.1+T_6\times 0.07]+[T_7\times 0.07+T_8\times 0.06] \qquad (10-4)$$

式中：T_i 分别为控制评价单元内地质灾害形成的地质条件 D，地形地貌条件 X，气象植被条件 Q，人类活动条件 R 的判别分值；A_i 分别为各形成条件的权值。

潜在地质灾害形成条件评分标准见表 10－4。

表 10－4　潜在地质灾害形成条件评分标准表

形成条件 T_i ＼ 判别级别 / 分值		极不充分	不充分	较充分	充分	极充分	权值 A_i	
		1	3	5	7	10		
地质 D	断层长度（$m/4km^2$）	0	＜500	500～1 000	1 000～1 500	＞1 500	0.15	0.32
	岩性与岩土结构	巨块状岩浆岩、变质岩，巨厚层状沉积岩、正变质岩	厚层状沉积岩、正变质岩，块状岩浆岩、变质岩	多韵律的薄层及中厚层状沉积岩、正变质岩	构造影响严重的破碎岩层	构造影响剧烈，被风化的断层破碎带、接触带	0.17	
地形地貌 X	地貌类型	平原、谷地	低丘、岗地	切割中等的低山丘陵	切割强烈的中低山	切割特别强烈的山地	0.19	0.38
	相对高差（m）	＜100	100～200	200～300	300～500	＞500	0.19	

续表 10-4

判别级别 / 形成条件 T_i		极不充分	不充分	较充分	充分	极充分	权值 A_i	
分值		1	3	5	7	10		
气候植被Q	年均降雨量（mm）	<1 450	1 450～1 550	1 550～1 700	1 700～1 800	>1 800	0.10	0.17
	植被覆盖率（%）	>80	60～80	40～60	20～40	<20	0.07	
人类活动R	人口密度（人/km^2）	≤150	150～250	250～400	400～600	>600	0.07	0.13
	公路长度（m/4km^2）	≤400	400～1 200	1 200～2 800	2 800～4 000	>4 000	0.06	

注：适用网格为 2km×2km。

五、地质灾害综合危险性指数的计算

根据各单元网格内的地质、地貌类型及相对高差、气候植被及人类工程活动条件，利用 Arcgis 的空间分析功能，求取评价单元的潜在地质灾害强度指数。根据已计算的现状地质灾害强度指数及潜在地质灾害强度指数，可进行加权求和得出地质灾害综合危险性指数。

六、综合危险性指数区划图的制作

计算各单元综合危险性指数（Z_w）值，按分类标准将其划分为不同等级，制作综合危险性指数区划图（图 10-1）。

第五节　地质灾害易发区的划分及评价

一、地质灾害易发区的划分

地质灾害易发区的划分是在定性评价的基础上，叠加上述计算的综合危险性指数等值线图进行易发区划分（表 10-5）。同时综合考虑地质灾害形成发育的地质环境、地质灾害点分布发育现状、密度、人类工程活动强度等，经专家系统综合评判后，对地质灾害易发分区进行必要的修订并最终界定。

表 10-5　地质灾害易发分区与综合危险性指数对照表

易发区分区代号	易发区分区	综合危险性指数值范围
A	高易发区	≥6.5
B	中易发区	5.0～6.5
C	低易发区	3.5～5.0
D	不易发区	≤3.5

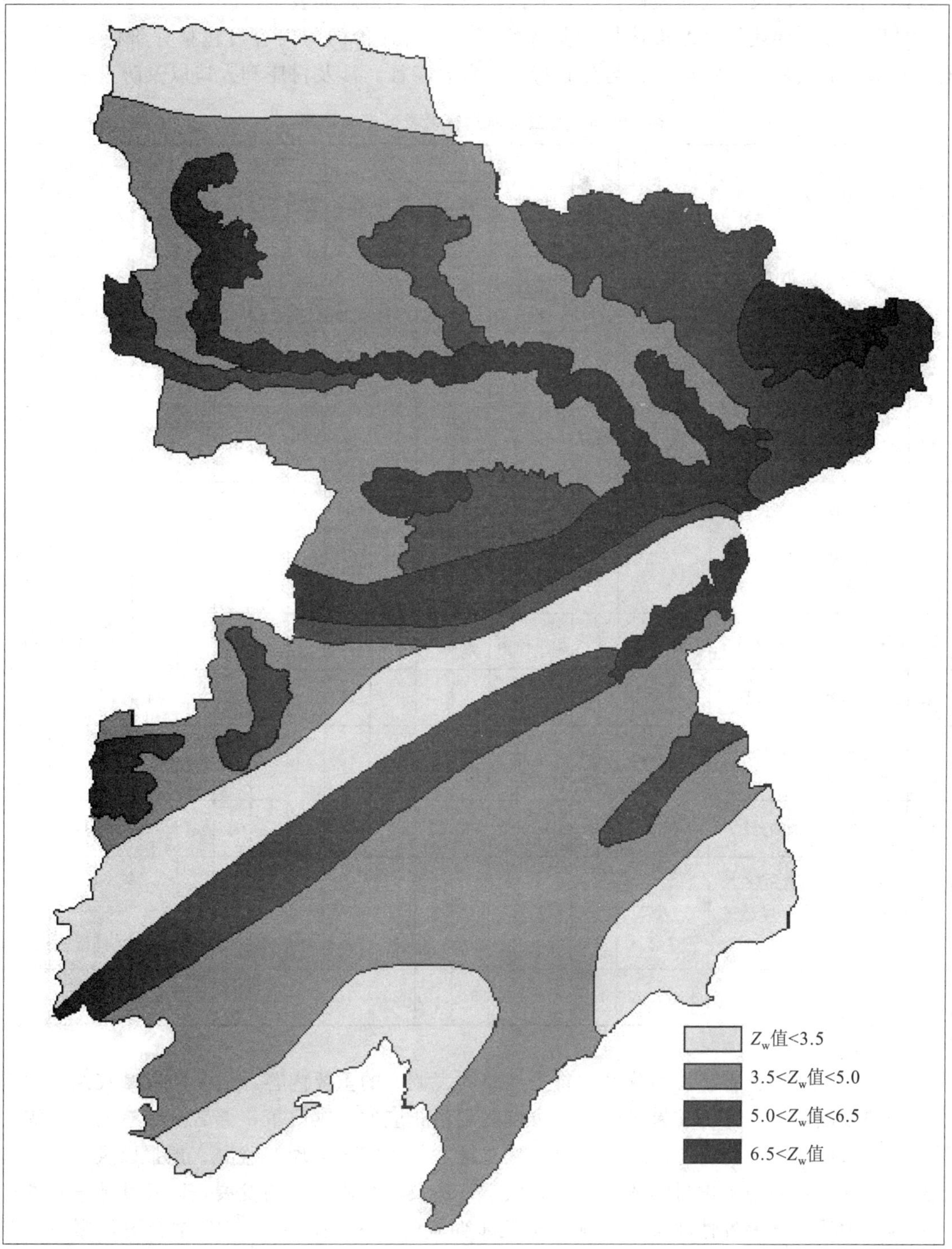

图 10-1 综合危险性指数区划图

二、地质灾害易发区的评价

地质灾害易发区的评价是整个评价工作的总结，也是评价工作的成果部分，评价内容应包含详述的文字以及对应的表格。易发分区汇总简表的格式如表 10－6 所示。

最后，分别详述每个评价区域的具体情况，分析评价的的内容可包括评价区的分布位置、面积、地质环境、灾点个数与分布特征、危害特征、涉及村庄和人口以及防止措施等。

表 10－6　某县地质灾害易发区汇总简表

分区编号	易发区名称	面积（km^2）	灾害点数	灾害点密度（处/km^2）	灾害类型				规模			稳定性			灾害比例（%）	隐患点数
					滑坡	崩塌	泥石流	地面塌陷	大	中	小	差	较差	好		
A1	石井里—项山头—陈弄高易发区	11.70	8	0.68	5	1	2	0		1	7	4	3	1	3.4	6
A2	东坑—石柱源—上陈高易发区	25.00	14	0.56	2		12			1	13	8	6		5.9	6
A3	上陶—上周—项湾高易发区	48.66	35	0.72	28	5		2			35	2	28	5	14.7	18
B1	王村上青松中易发区	10.40	4	0.38	2	1	1				4		2	2	1.7	
B2	茭塘—寺后张—杨家中易发区	16.93	11	0.65				11		1	10		4	7	4.6	1
B3	蒋村—松源中易发区	19.28	10	0.52	1		1	8			10	5	5		3.8	3
B4	溪里—深塘中易发区	35.87	17	0.47				17			17	3	14		7.1	7
B5	石甲口—盛岭下—仙溪中易发区	22.67	9	0.40	6		3				9		9		3.8	5
C	低易发区（未细分）	936.81	30	0.03	10	3	1	16			30	1	22	7	12.6	12
D	不易发区（分××城区、泉溪—桐琴、王宅、柳城一带）	149.75														
合计		1 277.07	138		54	10	20	54		3	135	23	93	22		58

县（市）地质灾害易发性分区评价是地质灾害调查的重要内容，也是防灾减灾及土地规划利用的基础。根据评价结果管理部门可以制定出相应的减灾政策，部署实施有效的减灾工程，其成果可以为国土资源规划，重要工程选址，地质灾害治理、监测、预报以及制定救灾应急措施和保护环境提供科学依据。随着数学方法及计算机技术的发展，以及其他学科的交叉渗透，地质灾害易发性评价的各项指标逐步向定量化发展，并与 GIS 结合更加紧密，其评价结果更合理、客观。

第十一章　地质灾害危险性评估

第一节　概述

中华人民共和国国务院令第 394 号《地质灾害防治条例》第二十一条规定："在地质灾害易发区进行工程建设应当在可行性研究阶段进行地质灾害危险性评估……编制地质灾害易发区内的城市总体规划、村庄和集镇规划时，应当对规划区进行地质灾害危险性评估。"

国土资源部《地质灾害防治管理办法》第 15 条规定，城市建设、有可能导致地质灾害发生的工程项目建设和在地质灾害易发区内进行的工程建设，在申请建设用地之前必须进行地质灾害危险性评估。

国土资源部《国土资源部关于加强地质灾害危险性评估工作的通知》(国土资发［2004］69 号）规定"地质灾害危险性评估工作分级进行。评估工作级别按建设项目的重要性和地质环境条件的复杂程度分为三级。"

地质灾害危险性评估是指对工程建设可能诱发、加剧地质灾害和工程建设本身可能遭受地质灾害程度的估量，主要对地质灾害的活动程度进行调查、监测、分析、评估工作，评估地质灾害的破坏能力。地质灾害危险性通过各种危险性要素体现，又分为历史灾害危险性和潜在灾害危险性。

历史灾害危险性评估是指已经发生的地质灾害的活动程度，是对现状的一种分析。其要素有灾害活动强度或规模、灾害活动频次、灾害分布密度、灾害危害强度。其中危害强度指灾害活动所具有的破坏能力，是灾害活动的集中反映，为一种综合性的特征指标，只能用灾害等级进行相对量度。

潜在危险性评估是指对未来时期将在什么地方可能发生什么类型的地质灾害，其灾害活动的强度、规模以及危害的范围、危害强度的一种分析、预测。地质灾害潜在危险性受多种条件控制，具有不确定性。地质灾害潜在危险性的最重要因素包括地质条件、地形地貌条件、气候条件、水文条件、植被条件、人为活动条件等。

历史地质灾害活动对地质灾害潜在危险性具有一定影响。这种影响可能具有双向效应，有可能在地质灾害发生以后，能量得到释放，灾害的潜在危险性削弱或基本消失。也可能具有周期性活动特点，灾害发生后其活动并没有使不平衡状态得到根本解除，新的灾害又在孕育，在一定条件下将继续发生。

评估的目的是为业主了解建设场地范围内的地质灾害，避免拟建工程遭受地质灾害，预防工程建设诱发和加剧地质灾害，为业主征地和主管行政部门审批提供地质依据。其主要任务如下：①查明评估区的地质环境条件，地质灾害的类型、规模、分布特征、影响因素、发展趋势及危害性等；②评估工程建设本身可能遭受地质灾害的危险性；③评估工程建设诱发、加剧地质灾害的危险性；④工程建设的适宜性；⑤提出地质灾害的防治措施建议，并对建设场地的适宜性进行评估。

地质灾害危险性评估的方法主要有发生概率及发展速率的确定方法、危害范围及危害强度分区、区域危险性区划等。

评估结果由省级以上国土资源行政主管部门认定。不符合条件的，国土资源行政主管部门不予办理建设用地审批手续。地质灾害危险性评估包括下列内容。

（1）阐明工程建设区和规划区的地质环境条件基本特征。

（2）分析论证工程建设区和规划区各种地质灾害的危险性，进行现状评估、预测评估和综合评估。

（3）提出防治地质灾害的措施与建议，并给出建设场地适宜性评价结论。

第二节　地质灾害危险性评估的内容和范围

一、地质灾害评估分类

按《地质灾害防治条例》第二十一条规定，在规划和建设前应进行地质灾害危险性评估，故地质灾害评估根据规划和建设分为规划区地质灾害危险性评估和建设场地地质灾害危险性评估。灾种主要包括崩塌、滑坡、泥石流、地面塌陷、地裂缝及地面沉降等。

建设场地地质灾害危险性评估应在项目可行性研究阶段进行。评估内容包括工程建设可能诱发、加剧地质灾害的可能性；工程建设本身可能遭受地质灾害危害的危险性；拟采取的防治措施。要分级进行，根据地质环境条件复杂程度与建设项目重要性划分为一级、二级、三级。

规划区地质灾害危险性评估宜在控制性详细规划阶段进行，是城市总体规划区、村庄和集镇规划区的地质灾害危险性评估，指对规划区的地质环境条件进行调查，在着重了解不良地质现象种类、分布范围、规模及发育特征的基础上，为规划区地质灾害发生的可能性作评价，若评价结果是该规划区有可能发生地质灾害，则对规划提出建议，进一步确定规划用地的可建性。以搜集已有资料和地质调查为主，对于地质环境复杂而一般调查难以了解的地段可采用少量的井、槽探及人力钻探等手段。

二、地质灾害危险性评估范围及注意事项

规划区、建设用地地质灾害危险性评估应分别具有下列与项目相关的资料。

（1）规划区范围、规划功能和布局。

（2）建设项目用地范围、拟建物平面布置、功能、规模、整平高程和项目投资。

地质灾害危险性评估范围应包括地质灾害有含水层破坏、地质遗迹破坏、地下空间破坏及由地下空间开挖引起的岩土体变形，其中地质灾害种类应包括崩塌、滑坡、泥石流、地面塌陷、地裂缝、地面沉降等，评估时段不应小于评估项目设计使用年限。

1. 地质灾害危险性评估范围

《地质灾害危险性评估技术要求（试行）》第5.1条规定“地质灾害危险性评估范围，不能局限于建设用地和规划用地面积内，应视建设和规划项目的特点、地质环境条件和地质灾害种类予以确定。”第5.2条规定“若危险性仅限于用地面积内，则按用地范围进行评估”。

综上所述，评估范围不应小于规划区、建设用地范围和矿山的矿区范围，应视规划、建

设和矿山项目的特点及影响范围、地质环境条件和地质灾害种类而定。其具体原则如下。

(1) 可能受崩塌、滑坡影响和可能引发崩塌、滑坡的评估项目，其评估范围应包含崩塌、滑坡所涉及的范围。

(2) 可能受泥石流影响的评估项目，其评估范围应包含泥石流三区（物源区、流通区、堆积区）中所在区及其上游区分布范围，可能引发泥石流的评估项目，其评估范围应包含泥石流主要影响范围，调查范围宜包含完整的泥石流流域。

(3) 可能受地面塌陷影响和可能引发地面塌陷的评估项目，其评估范围应包含可能塌陷范围。

(4) 可能受地裂缝影响的评估项目，当根据已有资料不能对地裂缝作出恰当评价时，评估范围应包含地裂缝延展的范围。

(5) 可能受地面沉降影响的评估项目，当根据已有资料不能对地面沉降作出恰当评价时，其评估范围应包含引发该区地面沉降主控因素所在的范围。

(6) 可能引发地表水体渗漏的项目，其评估范围应包含各渗漏途径的分布范围，调查范围宜包含地表水体的汇水范围及用水范围。

(7) 可能造成含水层破坏的评估项目，其评估范围应包含整个含水层分布范围。

(8) 可能造成地下空间破坏的评估项目，其评估范围应包含导致地下空间破坏的各主控要素影响范围，调查范围宜包含整个地下空间分布范围。

(9) 水利、水电工程项目，其评估范围应包含枢纽、引水工程、厂房和库区（含库区水域及受库区水位影响的岸坡）；调查范围应适度扩大，库区宜包含枢纽以上全流域，调查范围边界应到达库区两岸Ⅰ级分水岭，涉及向邻谷渗漏时，宜到达邻谷。

(10) 各类拟建项目的评估范围均应包含可能受拟建工程影响的区域。

调查范围不应小于评估范围，以能合理划定评估范围为原则。

2. 地质灾害危险性评估注意事项

1) 崩塌、滑坡地质灾害评估范围的注意事项

崩塌、滑坡其评估范围应以第一斜坡带为限，首先应查明坡体中所有发育的节理、裂隙、岩层面、断层等构造面的延伸方向，倾向和倾角大小及规模、发育密度等，即构造面的发育特征。通常，平行斜坡延伸方的陡倾角面或临空面，常形成崩塌体的两侧边界；崩塌、滑坡体底界常由倾向坡外的构造面或软弱带组成，也可由岩、土体自身折断形成。其次调查结构面的相互关系、组合形式、交切特点、贯通情况及它们能否将或是否已将坡体切割，并与母体（山体）分离。最后综合分析调查结果，那些相互交切、组合，可能或已经将坡体切割与其母体分离的构造面，就是崩塌体的边界面。其中，靠外侧、贯通（水平或垂直方向上）性较好的结构面所围崩塌体的危险性最大，即为崩塌、滑坡的第一斜坡带。

2) 泥石流地质灾害评估范围的注意事项

泥石流必须以完整的沟道流域面积为评估范围，泥石流的评估范围宜在地形地质图上确定，应以包含泥石流沟谷的第一条完整的山脊为边界，通过实地调查后确定泥石流的形成区、流通区和堆积区三部分面积，即为完整的沟道流域面积。

3) 地面塌陷和地面沉降地质灾害评估范围的注意事项

地面塌陷和地面沉降的评估范围应与初步推测的可能范围一致；地裂缝应与初步推测可能延展、影响范围一致，地面塌陷和地面沉降范围按照概率积分法进行推测。

假定在 s 处开采了一个宽度为 d_s，厚度为一个单元的开采层引起地表上任意一点 A 下沉值为：

$$d_w = w_c\ (x-s)\ \cdot d_s \tag{11-1}$$

若开采厚度为 m，而不是单元厚度，但是由于顶板岩层的冒落、碎胀，充填采空区加上开采层倾角的影响，所以开采厚度为 m 的开采层相当于只开采了 $mq\cos a \cdot d_s$（q 为下沉系数），则有下式：

$$d_w = w_c\ (x-s)\ \cdot mq\cos a \cdot d_s \tag{11-2}$$

式（11-1）和式（11-2）中：d_w 为地表上任意一点 A 下沉值；走向主断面上地表移动和变形最大值 $w_0 = mq\cos a$，mm；位置 $x=\infty$。

若评估区内压覆矿产资源，则应该按照岩层影响角及下伏地层岩性计算下伏矿产资源开采时的采动影响 0 值线，并以此划分评估范围。

4）其他确定评估范围依据的注意事项

建设工程和规划区位于强震区，工程场地内分布有可能产生明显位错或构造性地裂的全新活动断裂、发震断裂，评估范围应尽可能把邻近地区活动断裂的一些特殊构造部位（不同方向活动断裂的交汇部位、活动断裂的拐弯段、强烈活动部位、端点及断面上不平滑处等）囊括其中。

在已进行地质灾害危险性评估的城市规划区范围内进行工程建设，建设工程处于已划定为危险性大一中等的区段，还应按建设工程项目的重要性与工程特点进行建设工程地质灾害危险性评估。

区域性工程项目的评估范围，应根据区域地质环境条件及工程类型确定。

重要的线路工程建设项目，评估范围一般应以相对线路两侧扩展 500～1 000m 为限。

建设用地地质灾害危险性评估的范围应是以上各个因子的并集，且为了全面反映评估区地质环境条件、地质灾害类型及特征，在确定评估面积后，对评估区外围也要进行调查，调查范围应该包含引发地质灾害的各项地质环境要素的范围。

第三节　评估技术要求

一、评估级别的确定

在进行地质灾害危险性评估过程中，要先搜集区内的气象、水文、地震及各种地质资料，尤其是地质灾害及破坏地质环境的人类活动资料。调查所用图件应能准确反映区内地形地物的地形地质图或地形图，该图还要反映拟建工程在建设用地内的布置及整平高程，图件比例尺应视地质环境复杂程度及致灾地质体的规模而定，以能清晰反映区内地质环境特征尤其是各致灾地质体的基本特征并便于阅读使用为原则，平面图一般宜为 1∶5 000～1∶500，面积大、线路长时可减小至 1∶1 万，但对其中的重要地段要采用较大比例尺地形地质图或地形图，剖面测图比例尺宜大于平面图比例尺。

再根据项目重要性，进行地质环境调查，地质环境调查包括地形地貌、地层岩性、地质构造、水文地质、不良地质现象、破坏地质环境的人类活动等内容，以便进一步确定项目评估的级别。

1. 地质环境调查中对一般地质环境和不良地质现象的要求

（1）一般地质情况下，在地质环境调查中，图上每 $0.01m^2$ 内地质调查点，一级评估不少于三个，二级评估不应少于二个，三级评估不应少于一个，重点地段应适当加密。不同构造部位均应有裂隙统计点，裂隙统计点的范围应不小于 $100m^2$。剖面线布置应考虑总体地形坡向、岩层倾向、深切冲沟等；每条剖面图上均应不少于三个控制性地质点或勘探点。重点地段均应测制或修测代表性纵横剖面图。

（2）在不良地质现象分布区域的技术要求如下。

a. 滑坡要调查滑坡要素及变形特征，分析滑坡的规模、类型、主要引发因素及滑坡影响范围，评价其现状和不利工况下的稳定性。

b. 危岩崩塌要调查陡崖的形态、岩性组合、岩体结构、结构面性状、危岩体被裂隙切割的程度、基座变形情况，分析危岩的形态、类型、规模及崩塌影响范围，评价其现状和不利工况下的稳定性。

c. 泥石流要调查泥石流形成的物质条件、地形地貌条件、水文条件、植被发育情况、人类活动的影响，分析泥石流的形成条件、规模、类型、活动特征、侵蚀方式、破坏方式及泥石流影响范围，预测泥石流的发展趋势。

d. 当地面地质调查和资料搜集不能满足要求、难以对地质灾害危险性用地适宜性作出正确判断时，要对不良地质现象分布区域增加勘探点，并在各级评估中均增加勘探测试工作。

（3）在各级评估中，对致灾地质体的稳定性均要进行定性评价；一级评估须进行定量评价；二级评估宜进行定量评价。但对建设工程所涉及的确已稳定或已得到治理的致灾地质体，各级评估均要根据工程开挖与加载情况进行定量评价，以进一步确定建设工程开挖与加载情况对致灾地质体的影响。

2. 地质灾害危险性评估级别的规定

（1）城市总体规划区、村庄和集镇规划区地质灾害危险性评估级别应为一级。

（2）建设场地地质灾害危险性评估级别应根据地质环境复杂程度与建设项目重要性按表 11－1 划分。

表 11－1　地质灾害危险性评估分级表

项目重要性	地质环境复杂程度		
	复杂	较复杂	简单
重要	一级	一级	二级
较重要	一级	二级	三级
一般	二级	三级	三级

当 30km＞拟建线状工程长度≥10km 或 $0.5km^2$＞非线状工程丘陵山区用地面积≥$0.1km^2$ 时、$1km^2$＞平原区用地面积≥$0.5km^2$ 时，按表 11－1 划分的评估级别如为二、三级则应提高一级；当拟建线状工程长度≥30km 或非线状工程丘陵山区用地面积≥$0.5km^2$ 时、平原区用地面积≥$1km^2$ 时，评估级别应定为一级。

规划和建设项目地质环境复杂程度按表 11－2 划分，地质环境复杂程度应由复杂向简单

表 11－2　建设项目地质环境复杂程度分类

判定因素			地质环境复杂程度		
			复杂	较复杂	简单
地形条件	地形坡角（°）		＞30	15～30	＜15
	自然陡坡高度（m）	岩坡	＞30	15～30	＜15
		土坡	＞15	8～15	＜8
岩土性质	土层厚度（m）		＞10	5～10	＜5
	岩层厚度		薄层状	中厚—厚层状	巨厚层状
	岩层或土层组合		多元组合	二元组合	岩性单一
地质构造	裂隙发育程度		有断裂带或裂隙超过 4 组，间距＜0.3m	裂隙 3～4 组，间距 0.3～1.0m	裂隙少于 3 组，间距＞1.0m
	贯通性结构面与斜（边）坡关系		外倾临空且倾角＞20°	外倾临空且倾角为 10°～20°，切向临空且倾角≥20°，顺向不临空且倾角≥20°	外倾临空时倾角＜10°，切向临空时倾角＜20°，顺向不临空时倾角＜20°
	地震基本烈度		≥Ⅷ	Ⅵ～Ⅶ	≤Ⅴ
水文及水文地质	地表水对岩土体的影响		大	中等	小
	地下水对岩土体的影响		大	中等	小
不良地质现象占用地面积比例（%）			＞30	15～30	＜15
破坏地质环境的人类活动	边坡高度（m）	土质边坡	＞15	8～15	＜8
		岩质边坡	＞30	15～30	＜15
	漏失量占蓄（流）量的比例（%）	地表水	≥30	10～30	＜10
		地下水	≥30	10～30	＜10
	洞顶覆岩厚度与洞跨之比		＜1	1～3	＞3
	采空区占用地面积比例（%）		＞30	15～30	＜15

注：1. 自然陡坡系指坡角≥35°的自然土坡或坡角≥60°的自然岩坡。

2. 洞顶覆岩厚度不包括应力松动圈（冒落带）、土层和强风化层厚度；洞跨指洞室最大宽度，当为分离式复洞、其相邻侧壁底 $45°+\varphi/2$ 角射线交点高于塌落拱高度时，可分别按单独洞室计算覆跨比，反之应合并成一个洞室计算覆跨比。

3. 贯通性结构面指岩层层面、岩土界面、断层面及贯通性裂隙。

4. 表中采空区限指开采深厚比＜200 的采空区。

5. 地震基本烈度应按《中国地震动参数区划图》（GB 18306—2001）确定。

6. 不良地质现象面积含其影响范围面积，影响范围可结合工程类比法确定。

7. 破坏地质环境的人类活动六小项中，有任一项首先满足某较高等级时，破坏地质环境的人类活动即为该等级。

8. 用自然陡坡高度、边坡高度、洞顶覆岩厚度、贯通性结构面与斜（边）坡关系及地表水、地下水漏失量占蓄（流）量比例决定复杂程度，当以上各要素影响面积之和小于用地面积10%时，宜降一个档次；洞顶覆岩厚度与洞跨之比不包含采空区。

推定。除自然陡坡高度、贯通性结构面与斜（边）坡关系、不良地质现象占用地面积比例和破坏地质环境的人类活动等六项外，其余项中有五小项首先满足某较高等级时，地质环境复杂程度即为该等级。自然陡坡高度、贯通性结构面与斜（边）坡关系、不良地质现象占用地面积比例、破坏地质环境的人类活动等六项中，有任一小项首先满足某较高等级时，地质环境复杂程度即为该等级。

规划和建设项目重要性按表 11－3 划分，表 11－3 未列出的其他项目的重要性应根据相应行业建设工程设计规模划分表确定，大型为重要，中型为较重要，小型为一般；未列入相应行业建设工程设计规模划分表的建设工程的重要性宜根据其破坏后果的严重性确定，严重为重要，较严重为较重要，不严重为一般。

表 11－3 规划和建设项目重要性划分

项目重要性	类型
重要	军事设施，人防指挥中心，国家级自然、文化遗产； 高速公路，一级公路，铁路，主体工程中高度＞15m 的土质边坡工程或高度＞30m 的岩质边坡工程，年输油能力＞600 万 t 或长度＞120km 的输油管道，年输气能力＞2 500 万 m^3 或长度＞120km 的输气管道； 互通式立交桥，总长≥200m 或单孔跨径≥50m 的公路桥，多孔跨径总长≥100m 或单孔跨径≥40m 的市政桥梁； 放射性设施，核电站，机场，库容≥10^4 万 m^3 的水库，单机容量≥120MW 的火力发电厂，装机容量≥300MW 的水电厂，电压≥330kV 的变电站或送电工程，日供水量≥20 万 m^3 的给水工程，日处理能力≥10 万 m^3 的排水工程，日处理能力≥8 000kN 的生活垃圾卫生填埋工程，总容积≥8 万 m^3 或单罐容积≥2 万 m^3 的原油成品油油库，总容积≥1.5 万 m^3 或单罐容积≥5 000m^3 的天然气库； 31 层及以上高层建筑，高度＞100m 的高耸构筑物，座位≥1 500 个的大型影剧院（礼堂），座位≥5 000个的体育场馆，容量≥1 000 人的娱乐场所，建筑面积≥5 000m^2 的商场或市场，床位≥300 个的医院（疗养院），吊车吨位＞30t 或跨度＞24m 的单层工业厂房，跨度＞12m 的多层工业厂房
较重要	省级自然、文化遗产； 城市主要干道、二级公路，主体工程中高度为 8～15m 的土质边坡工程或高度为 15～30m 的岩质边坡工程，年输油能力≤600 万 t 或长度≤120km 的输油管道，年输气能力≤2.5 亿 m^3 或长度≤120km 的输气管道； 30m＜总长＜200m 或 20m≤单孔跨径＜50m 的公路桥，多孔跨径总长为 30～100m 或单孔跨径为 30～40m 的市政桥梁； 库容为 1 000 万～1 亿 m^3 的水库，单机容量为 30～120MW 的火力发电厂，装机容量为 50～300MW 的水电厂，220kV 的变电站或送电工程，日供水量为 5 万～20 万 m^3 的给水工程，日处理能力为 4 万～10 万 m^3 的排水工程，日处理能力为 3 000～8 000kN 的生活垃圾卫生填埋工程，总容积为 3 万～8 万 m^3 或单罐容积为 1 万～2 万 m^3 的原油成品油油库，总容积＜1.5 万 m^3 或单罐容积＜5 000 m^3 的天然气库； 8～30 层建筑，高度为 30～100m 的高耸构筑物，座位有 500～1 500 个的影剧院（礼堂），座位有 1 000～5 000 个的体育场馆，容量为 500～1 000 人的娱乐场所，建筑面积为 1 000～5 000m^2 的商场或市场，床位有 100～300 个的医院（疗养院），吊车吨位为 15～30t 或跨度为 18～24m 的单层工业厂房，跨度≤12m 的多层工业厂房
一般	三级或四级公路； 总长≤30m 或单孔跨径＜20m 的公路桥，多孔跨径总长＜30m 或单孔跨径＜30m 的市政桥梁；主体工程中高度＜8m 的土质边坡工程或高度＜15m 的岩质边坡工程； 库容＜1 000 万 m^3 的水库，单机容量＜30MW 的火力发电厂，装机容量＜50MW 的水电厂，110kV 的变电站或送电工程，日供水量＜5 万 m^3 的给水工程，日处理能力＜4 万 m^3 的排水工程，日处理能力＜3 000kN 的生活垃圾卫生填埋工程，总容积＜3 万 m^3 或单罐容积＜1 万 m^3 的原油成品油油库； 7 层及以下的建筑，高度＜30m 的高耸构筑物，座位＜500 个的影剧院（礼堂），座位＜1 000 个的体育场馆，容量＜500 人的娱乐场所，建筑面积＜1 000m^2 的商场或市场，床位＜100 个的医院（疗养院），吊车吨位≤15t 或跨度≤18m 的单层工业厂房

注：学校的教学楼、学生宿舍、监狱的监舍及水、电、气等生命线工程，其重要性当按本表划分为较重要或一般时应提高一级；建设工程中各单位工程重要性不在同一级别时其重要性应取其中的最高级。

二、规划用地地质灾害危险性评估技术要求

1. 规划用地地质灾害危险性评估基本要求

(1) 适用于城市总体规划区、村庄和集镇规划区的地质灾害危险性评估。

(2) 规划区地质灾害危险性评估，应根据地质灾害可能性及可能造成的危害，对影响程度进行分级并提出规划建议。

(3) 地质灾害发生可能性应分为大、中等、小三个等级。

(4) 当规划区内地质环境差异明显时，应分区进行地质灾害发生的可能性及地质环境影响分级。地质环境影响调查可按调查面积分别采用不同比例尺的地形底图。调查面积大于 $10km^2$，宜采用1∶1万～1∶5 000；调查面积为10～$22km^2$，宜采用1∶5 000～1∶2 000；调查面积小于 $2km^2$，宜采用1∶2 000～1∶1 000。环境地质剖面图比例尺宜为1∶2 000～1∶500,用于反映结构面与斜坡关系的剖面纵横比例尺应一致且不应小于1∶500。调查的精度可参照《1∶5万区域水文地质工程地质综合勘察规范》(GB/T 14158—1993)、《1∶5万～1∶2.5万工程地质调查规范》(ZB/D 14003)的有关规定执行。

地质环境影响分区应符合下列规定。

(1) 在不利工况下未达到稳定要求并具有一定规模的致灾地质体及其影响范围应单独分区。

(2) 地质环境影响相同、位置相邻的各区可归并为一个区。

(3) 地质环境影响相同、位置不相邻的各区和地质环境影响相同但灾种不同的各区应视为同一区的亚区。

2. 规划用地地质环境问题发生可能性分级

(1) 地质灾害发生可能性应根据相应灾种的影响因素进行综合判定，当能判断致灾地质体的稳定性时，地质灾害发生可能性应根据致灾地质体在不利工况下的稳定性按表11-4判断。

表11-4 地质灾害发生可能性按致灾地质体稳定性判定

致灾地质体在不利工况下的稳定性	地质灾害发生可能性
不稳定、欠稳定	可能性大
基本稳定	可能性中等
稳定	可能性小

对不能用稳定性判断地质灾害发生可能性的灾种，其发生可能性应根据地质灾害形成条件的充分程度按表11-5判断。

表11-5 地质灾害发生可能性按形成条件的充分程度判定

地质灾害形成条件的充分程度	地质灾害发生可能性
充分	可能性大
较充分	可能性中等
不充分	可能性小

(2) 地下洞室影响区地质灾害发生可能性，应根据相关规范进行计算，当无条件计算时可根据地下洞室围岩基本质量等级与覆跨比按表 11-6 判定。

表 11-6 地下洞室影响区地质灾害发生可能性判定

覆跨比	覆岩级别			
	Ⅵ、Ⅴ	Ⅳ	Ⅲ	Ⅱ、Ⅰ
<1	大	大	大	中等
1～3	大	大	中等	小
>3	大	中等	小	小

注：1. 覆岩级别按照《工程岩体分级标准》(GB 50218—1994) 进行划分。

2. 当覆跨比>6 或地下空间已按经审查批准的衬砌设计衬砌，且效果良好或已有经审查批准的衬砌设计时，其引发地质灾害的可能性宜为小。

(3) 地下空间的开发（隧道开挖、地下工程、水利工程等）对区域含水层破坏及影响程度按表 11-7 判定。

表 11-7 含水层破坏可能性判定

降深 s (m)		影响半径 R (m)		
		≥500	100～500	<100
$\geq H/2$	$\geq h$	可能性大	可能性大	可能性中等
$H/4 \sim H/2$	$\frac{h}{2} \sim h$	可能性大	可能性中等	可能性小
$<H/4$	$<h/2$	可能性中等	可能性小	可能性小

注：1. H 为潜水含水层厚度。

2. h 为承压水水头高度。

3. 当无抽（放）水试验成果时，宜根据影响范围内含水层井、泉涌水量下降程度确定，≥30%为大，10%～30%为中等，<10%为小。

(4) 地裂缝影响区地质灾害发生可能性应根据地裂缝活动情况及主要影响因素变化程度按表 11-8 进行划分。

表 11-8 地裂缝影响区地质灾害发生可能性划分

地裂缝活动情况及主要影响因素变化程度	地质灾害发生可能性
近期活动明显或主要影响因素变化强烈	可能性大
近期活动较明显或主要影响因素变化较强烈	可能性中等
近期活动不明显且主要影响因素变化不强烈	可能性小

(5) 地面沉降区地质灾害发生可能性，应根据累计沉降量及沉降速率，按表 11-9 进行划分。

表 11-9 地面沉降区地质灾害发生可能性划分

地面沉降指标	地质灾害发生可能性		
	大	中等	小
累计沉降量（mm）	>1 500	800～1 500	<800
沉降速率（mm/a）	>50	30～50	<30

注：地质灾害发生的可能性应由可能性大向可能性小推定；累计沉降量和沉降速率两项中，有一项满足某较高等级时，其可能性即为该等级。

(6) 当按第 (1) ～ (5) 条划分的地质环境问题或地质灾害发生可能性不一致时，地质环境问题或地质灾害发生可能性应按其中的较高者确定。

(7) 当致灾地质体的稳定性或形成条件充分程度难以判定时，地质灾害发生可能性可根据地区经验确定，无地区时应根据地质环境各因素的异同进行初步分区，相应各区的地质灾害发生可能性宜按下列规定划分。

a. 当地质环境复杂程度按表 11-2 划分时，地质环境复杂的区域应划为地质灾害发生可能性大区，地质环境较复杂的区域应划为地质灾害发生可能性中等区，地质环境简单的区域应划为地质灾害发生可能性小区。

b. 当地质环境复杂程度按表 11-2 划分时，各区地质灾害发生可能性可根据地质灾害发生可能性指数按表 11-10 确定。

表 11-10 地质灾害发生可能性按地质环境问题发生可能性指数分级

地质环境问题发生可能性指数 Y	地质环境问题发生可能性
$Y \geqslant 0.80$	可能性大
$0.80 > Y \geqslant 0.60$	可能性中等
$Y < 0.60$	可能性小

地质环境问题发生可能性指数应根据地质环境复杂程度指数和降水量指数按下式计算：

$$Y = 0.62D + 0.38R \tag{11-3}$$

式中：Y 为地质环境问题发生可能性指数；D 为地质环境复杂程度指数，取值由基本分值和附加分值两部分构成，基本分值在地质环境复杂时取 0.75，在地质环境较复杂时取 0.50，在地质环境简单时取 0.25，附加分值由表 11-11 确定；R 为降水量指数，根据多年平均日最大降水量和多年年平均降水量按表 11-12 确定。

表 11-11 地质环境复杂程度指数附加分值表

地质环境复杂时各个达到复杂标准因素的附加分值	地质环境较复杂时各个达到复杂或较复杂标准因素的附加分值		地质环境简单时各个达到复杂或较复杂标准因素的附加分值	
	达到复杂标准的因素	达到较复杂标准的因素	达到复杂标准的因素	达到较复杂标准的因素
0.006～0.016	0.016～0.026	0.006～0.016	0.016～0.026	0.006～0.016

注：1. 表中地质环境复杂程度判定因素系指表 11-2 中的各判定因素。

2. 地质环境复杂程度指数附加分值应是表内相应复杂程度栏中各因素附加分值的总和，各因素附加分值应视其影响程度在给定的区间内选取，不宜都取极大值。

表 11－12　降水量指数表

多年平均日最大降水量（mm）	多年年平均降水量（mm）			
	≥1 500	1 000	700	≤400
≥120	1.00	0.90	0.85	0.80
95	0.90	0.85	0.80	0.70
70	0.85	0.80	0.70	0.60
≤45	0.80	0.70	0.60	0.50

注：1. 多年平均日最大降水量超过 120mm 时按 120mm 计，低于 45mm 时按 45mm 计。
2. 多年年平均降水量超过 1 500mm 时按 1 500mm 计，低于 400mm 时按 400mm 计。

3. 规划区地质环境影响分级

规划区地质环境影响分级，应根据地质环境问题发生可能性及地质环境问题发生后可能危害范围与规划区面积的比例，按表 11－13 确定。

表 11－13　规划区地质环境影响分级

地质环境问题发生可能性指数	地质环境问题发生可能危害范围占规划区面积的比例（%）		
	＞30	10～30	＜10
可能性大	影响程度大	影响程度大	影响程度小
可能性中等	影响程度中等	影响程度中等	影响程度小
可能性小	影响程度小		

注：分区评估时，取地质环境问题范围与分区面积比例。

4. 规划区地质灾害危险性评估及规划建议

（1）规划区内各区的评价应符合下列要求。

a. 阐明存在的主要环境地质问题。

b. 分析影响致灾地质体稳定性或形成条件充分程度的地质环境因素。

c. 分析各地质环境因素及其相互作用的特点，明确主导因素。

d. 判定地质环境问题发生的可能性。

e. 划分地质灾害危险性评估等级。

（2）规划区地质灾害危险性评估条件分析，应根据致灾地质体对未来人类活动的敏感程度及地质环境问题发生可能性圈定地质环境问题危害范围，划分地质环境影响等级。以产生环境地质问题的主要背景条件为基础，结合环境地质问题类型进行分区（亚区、段），对各区（亚区、段）环境地质问题发育强度、因素及其危害性进行定性、半定量评价，对各区（亚区、段）环境地质问题发展趋势、危害程度进行定性、定量预测。

（3）规划区地质灾害危险性评估，应根据各区的地质环境影响，结合规划功能和布局，综合评价规划用地的地质环境影响，有针对性地提出规划建议，并遵循下列原则。

a. 地质环境影响大的区域一般不宜规划建设项目，确需规划建设项目时，应同时编制地质环境保护与地质灾害防治规划或规划具有地质环境保护与地质灾害防治功能的建设项目。

b. 在地质环境影响中等的区域进行规划时，建（构）筑物的布局应减轻引发因素对地质环境问题发生可能性的影响并兼顾地质环境保护与地质灾害防治。

c. 在地质环境影响小的区域进行规划时，建（构）筑物的布局应避免引发地质环境问题。

三、建设工程用地地质灾害危险性评估技术要求

1. 建设工程用地地质灾害危险性评估基本要求

（1）建设工程用地地质灾害危险性评估工作手段应以搜集资料和地质测绘与调查为主，一级评估尚应辅以简易勘探手段。一、二级评估地质测绘应满足简测要求，三级评估地质测绘应满足草测要求。对建设工程用地适宜性评价有重大影响的不良地质现象，当采用地质测绘与调查手段难以正确作出建设工程适宜性结论时，二、三级评估也应辅以适当简易勘探手段。

（2）建设工程用地地质灾害危险性评估成图比例尺可根据评估范围的大小确定，但比例尺不得小于1∶1 000。

（3）建设工程用地地质灾害危险性评估应在了解地质环境的基础上进行，应以可能产生地质灾害的不良地质现象的调查分析为主要内容。

（4）建设工程用地地质灾害危险性评估工作对滑坡、危岩崩塌、泥石流、地面塌陷、塌岸、挖方边坡和填方边坡等不良地质现象的调查分析应符合下列要求，并提出防治措施建议。

a. 对滑坡应调查滑坡要素及变形空间组合特征、滑带土性状，分析滑坡规模、类型、主要诱发因素、受拟建工程影响情况、滑坡影响范围及对拟建工程的危害程度，定性评价其稳定性。

b. 对危岩崩塌应调查陡崖的形态、岩性组合、岩体结构、结构面性状、降水情况、植被情况、人类活动情况、危岩体被裂隙切割的程度、基座变形情况，分析危岩的形态、类型、规模、受拟建工程影响情况、崩塌影响范围及对拟建工程的危害程度，定性评价其稳定性。

c. 对泥石流应调查泥石流形成的物质条件、地形地貌条件、水文条件、植被发育状况、人类活动的影响，分析泥石流的形成条件、规模、类型、活动特征、侵蚀方式、破坏方式、受拟建工程影响情况、泥石流影响范围及对拟建工程的危害程度，预测泥石流的发展趋势。

d. 对地面塌陷应调查形成塌陷的地质条件、地下水动力条件，确定塌陷成因类型、分布范围、危害特征，分析重力和荷载作用、地震与振动作用、地下水及地表水作用、人类工程活动对塌陷形成的影响、塌陷影响范围及对拟建工程的危害程度。

e. 对塌岸应全面搜集气象与水文资料，调查岸坡的地形地貌、岩性、地质构造、岸坡结构、地下水、水下和水上稳定坡角等情况，分析岸坡稳定性、塌岸类型、塌岸影响范围及对拟建工程的危害程度。

f. 对挖方边坡应调查边坡长度、高度及坡度，边坡物质组成和状态、结构面组合情况及其与边坡的关系以及基岩面性状，分析边坡可能破坏方式、边坡岩体类型和因减载作用造成滑坡发生或复活的可能性、边坡受拟建工程影响情况、边坡破坏或滑坡的影响范围及对拟建工程的危害程度，定性评价其稳定性。

g. 对填方边坡应调查原地面形态、物质组成及状态，填土的物质组成和状态，填方高度、长度及坡度，分析边坡沿填土层内部弱面滑动、沿原地面滑动和因加载作用造成滑坡发生或复活的可能性，边坡受拟建工程影响情况，边坡破坏或滑坡的影响范围及对拟建工程的危害程度，定性评价其稳定性。

h. 一级评估对滑坡、崩塌、挖方边坡、填方边坡的稳定性应参照国家或地方有关标准

进行定量或半定量评价，对泥石流应估算运动冲击速度和冲击力。二、三级评估有条件时也应进行定量或半定量评价，对泥石流有条件时应估算运动冲击速度和冲击力。

（5）建设工程用地地质灾害危险性评估工作对不在第（4）条之列的其他不良地质现象的调查分析可参照国家或地方有关标准进行，并应提出防治措施建议。

2. 建设工程用地地质灾害现状评估、预测评估及综合评估

（1）建设工程用地地质灾害危险性评估应依次进行现状评估、预测评估及综合评估。

（2）现状评估应确定评估区已有不良地质体的类型、规模、分布范围，评价其稳定性，并估计已有不良地质体发生灾害后对拟建工程的危害。

（3）预测评估应根据拟建工程类型、规模及特性预测工程在建设过程中和建成后对地质环境的改变及影响，评价诱发加剧地质灾害的可能性，并对灾害发生后造成的危害作出估计。预测评估应考虑工程建设诱发加剧的地质灾害对建设工程以外建（构）筑物及设施的危害，必要时应考虑建设工程以外工程建设可能诱发加剧的地质灾害对拟建工程的危害。

（4）综合评估应综合现状评估和预测评估结果评估地质灾害危险性，估算地质灾害防治费用，对建设工程用地的适宜性作出结论，并提出地质灾害防治措施建议。

（5）对面积较大的建设工程用地和长度较长的线状工程用地宜分区、分段进行地质灾害危险性评估，估算地质灾害防治费用，分别作出建设工程用地适宜性结论。

（6）建设工程用地地质灾害危险性可根据不良地质体的稳定程度和发生灾害后可能造成的损失按表 11－14 分级。

表 11－14　建设工程用地地质灾害危险性分级

不良地质体的稳定程度	灾害发生后可能造成的损失		
	损失大	损失中等	损失小
不稳定	危险性大	危险性大	危险性中等
欠稳定	危险性大	危险性中等	危险性小
基本稳定	危险性中等	危险性小	危险性小

注：当不良地质体稳定时，应定为地质灾害危险性小。

（7）不良地质体发生灾害后可能造成的损失大小应根据受威胁人数和可能造成的经济损失按表 11－15 分级。

表 11－15　不良地质体发生灾害后可能造成的损失大小分级

受威胁人数（人）	直接可能造成的经济损失（万元）	可能造成的直接经济损失占建设工程总投资的比例（%）	损失大小分级
≥300	＞1 000	＞35	损失大
300＞受威胁人数≥50	100～1 000	5～35	损失中等
＜50	＜100	＜5	损失小

注：1. 损失大小的判断由损失大向损失小推定，受威胁人数、可能造成的直接经济损失、可能造成的直接经济损失占建设工程总投资的比例三因素中有一项为损失大即为损失大，有一项为损失中等即为损失中等。

2. 不良地质体发生灾害后可能造成的损失，应是不良地质体分布和影响范围内可能造成的损失之和，影响范围可采用工程类比法进行估算。

（8）建设工程用地适宜性可根据地质灾害危险性和防治费用按表 11－16 作出评价。

表 11－16　建设工程用地适宜性评价

地质灾害危险性	地质灾害防治费用占建设工程总投资的比例（%）		
	＞30	10～30	＜10
大	不适宜	不适宜	基本适宜
中等	不适宜	基本适宜	适宜
小	基本适宜	适宜	适宜

注：防治费用系指专门用于防治地质灾害的费用，不包括因地基性能（承载力、抗变形能力、抗渗能力等）不满足拟建工程要求而采取地基处理、加深基础等措施所增加的费用。

（9）地质灾害防治费用可采用工程类比法估算。

（10）当在用地范围内调整平面布置或整平标高可以降低地质灾害危险性、减少地质灾害防治费用而又可能不影响拟建物功能时，建设工程用地地质灾害危险性评估应提出调整平面布置或整平高程的建议，当这种调整将改变用地的适宜性结论时，也应对调整平面布置或整平高程后用地适宜性进行评价。

四、评估成果

1. 评估成果一般规定

（1）规划区、建设用地和矿山地质灾害危险性评估成果应以评估报告方式提交。报告提交时应附地质灾害危险性评估平面图、剖面图，必要时尚应附与地质灾害危险性评估有关的专项图件。

（2）地质灾害危险性评估平面图应以地形地质图为背景，反映致灾地质体的分布。对规划区地质灾害危险性评估应反映规划方案，对建设场地地质灾害危险性评估应反映拟建工程概况，对矿山地质灾害危险性评估应反映矿山设计（开采）概况及地面保护对象。

（3）当需分区段评估时，应编制综合分区分段评估图和特征说明表。

（4）致灾地质体应有专门的平面图、剖面图、照片或素描图，剖面图纵横比例尺应一致。当有勘探测试资料时应附勘探测试成果图表。

（5）当有正式的地质灾害防治方案或具有地质灾害防治功能的工程建设方案与矿山开采设计方案时应附相应方案。

（6）评估报告的文字、术语、代号、符号、数字和计量单位应符合国家有关标准的规定。

2. 评估成果质量管理

地质灾害危险性评估中，除了全面搜集资料、现场调查踏勘，做好分析计算、成果论证、内部审查等各项工作之外，还需要切实加强地质灾害危险性的质量管理，主要有以下四个方面。

（1）要全面搜集评估区现有地质资料。包括评估区及周边曾开展的区域地质调查、地质灾害防治规划、地质灾害危险性评估（价）、工程勘察、地质勘查等所有资料，搜集的资料应当满足国家和相关地质灾害危险性评估技术规程要求，不能满足要求的应作相应补充。处于已治理地质灾害区内的评估还应搜集灾害治理原设计单位对建设项目影响地质灾害稳定性的验算意见（包括灾害体治理后所有新增荷载）。对于地质灾害高易发区和已经治理的地质灾害直接威胁区域内的建设项目地质灾害危险性评估，应当搜集区域内所有已经开展的建设项目荷载情况。

（2）要在现场认真踏勘，作好野外记录，采集影像资料（包括项目技术负责人等技术工作人员在现场的工作相片、评估范围全景相片和危险地段的详细相片，必要时包括摄像资料），进行野外分析，形成野外工作资料。野外工作资料深度应当满足国家和相关地质灾害危险性评估技术规程要求。

（3）要充分考虑场地地质环境总体容量，加强场地整体稳定性的分析论证。对于已经治理的地质灾害上的建设项目，应作好特殊工况条件下稳定性论证，包括应校核验算建筑物（包括地质灾害治理后所有实施的建筑物）加载和扰动工况、偶遇降水工况和地震工况下的滑坡体整体稳定性，不能仅靠原地质灾害勘查所提出的稳定系数作为建设场址稳定验算的依据。

（4）要对搜集的资料和现场踏勘成果进行认真分析，对前人资料存在的疑问应充分地计算、验证，对评估区域建设过程中、建设后是否受地质灾害威胁进行预测，判断评估区建设适宜性，提出地质灾害具体防治措施意见。

第四节　地质灾害危险性评估的工作程序

规划用地地质灾害调查评价程序可按图 11－1 所示进行。

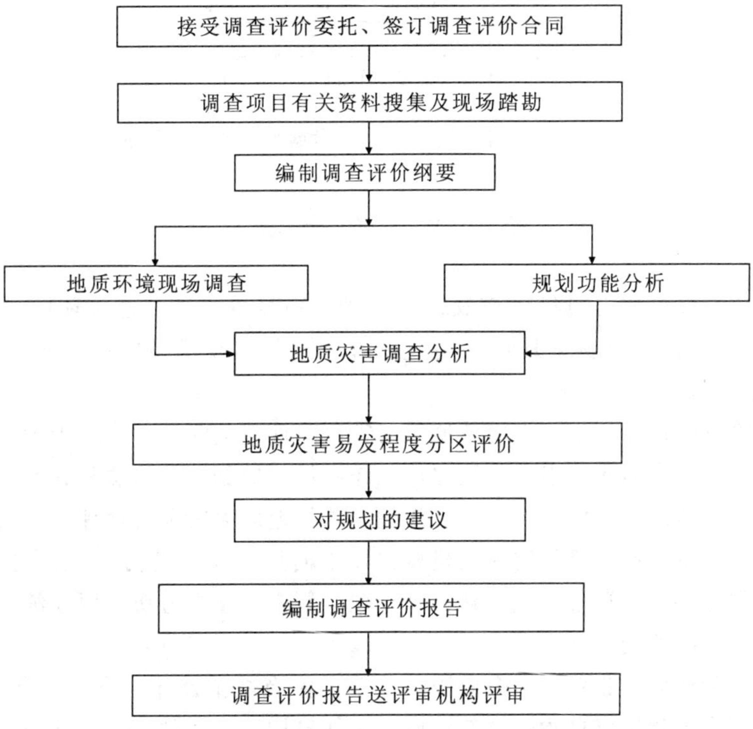

图 11－1　规划用地地质灾害调查评价程序框图

建设工程用地地质灾害危险性评估程序可按图 11 - 2 进行。

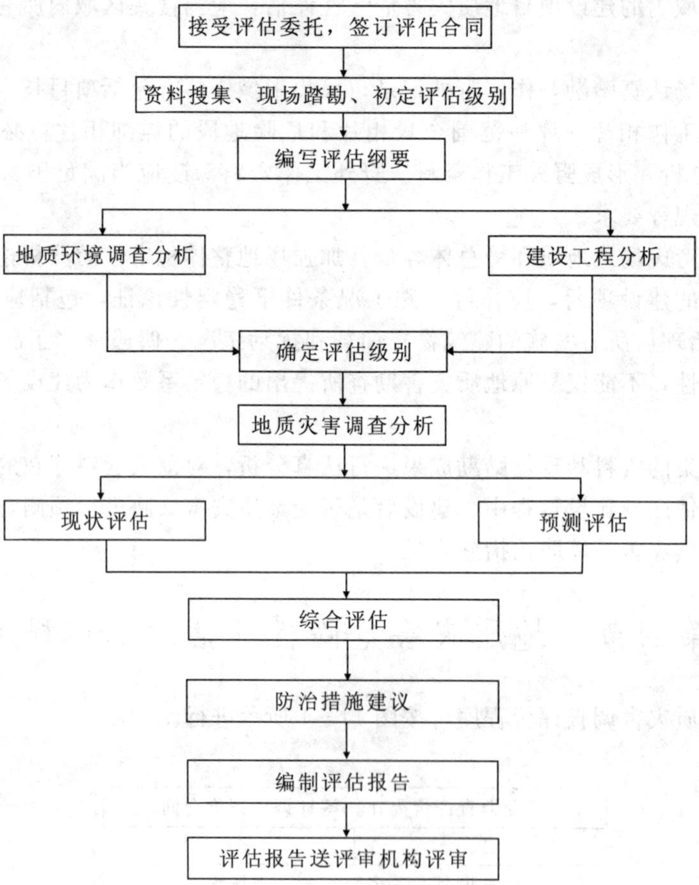

图 11 - 2　建设工程用地地质灾害危险性评估工作程序框图

第五节　费用估算

地质灾害危险性评估的质量标准及评估级别、项目重要性、地质环境复杂程度划分标准，按照《地质灾害防治条例》《地质灾害危险性评估技术要求(试行)》(国土资发[2004]69号)的相关规定执行。

在地质灾害危险性评估中，为规范地质灾害危险性评估收费行为，维护委托单位和评估单位的合法权益，提高地质灾害危险性评估工作质量，根据《价格法》和《地质灾害防治条例》的有关规定，地质灾害危险性评估分为建设项目地质灾害危险性评估和城镇规划地质灾害危险性评估，收费是指有资质的评估机构（以下简称“评估机构”）接受委托，按照相应的技术规程和规范要求，搜集相关资料，进行现场调查和技术分析，以及编制评估报告和组织报告评审等收取的费用。

地质灾害危险性评估收费属于中介服务收费，应当遵循公开、公平和自愿有偿的原则。委托人根据国家有关规定可自主选择有资质的评估机构开展评估工作，评估机构可自主决定是否接受委托。由委托人与评估机构依据表 11 - 17、表 11 - 18 的规定，实行政府指导价。

在委托合同中以专门条款确定费用数额及支付方式。

表 11-17 地质灾害评估收费基准价

评估级别	地质环境复杂程度 \ 基本收费（万元） \ 工程类别	线性工程	矿山工程	水利水电工程	工业与民用建筑工程
一级	复杂	15	13	20	10
	中等	13	11	16	8
	简单	11	9	14	7
二级	复杂	9	8	10	6
	中等	8	7	8	5
三级	中等	6	6	6	4
	简单	5	5	5	3

注：基本费用包括进行地质灾害资料搜集、现场调查、图件绘制、技术分析，以及评估报告的编制和评审等全部费用。地质灾害危险性评估工作中确需进行勘察工作，按《工程勘察设计收费标准》（计价格［2002］10 号）中通用勘察收费规定另行计取勘察实物工作费用。

表 11-18 地质灾害评估收费的工程规模和工程类别调整系数

工程类别 \ 调整系数		工程类别调整系数 K_1	工程规模调整系数 K_2
线性工程（线路评估长度为 L，单位为 km）	铁路（地铁）、高等级公路	1.0	$L\leqslant 30$ 时，$K_2=1.0$； $L>300$ 时，$K_2=1+(L-30)/50$
	一般公路、输水渠道	0.8	
	输油、输水、输气管线、光缆、输电线路	0.6	
矿山工程（评估面积为 S，单位为 km^2）	地下采矿工程	1.0	$S_1\leqslant 5$ 时，$K_2=1.0$； $S_1>5$ 时，$K_2=1+(S_1-5)/10$
	露天转地下采矿工程	0.8	
	露天采矿工程	0.6	
水利水电工程（设计库水面及附属工程面积评估 S_2，单位为 km^2）	地下电厂水利水电工程	1.0	$S_2\leqslant 15$ 时，$K_2=1.0$； $S_2>15$ 时，$K_2=1+(S_2-15)/30$
	地表电厂水利水电工程	0.9	
	水利工程	0.8	
工业与民用建筑工程（工程场地评估面积 S_3，单位为 km^2）	工业与民用厂房、住宅工程	1.0	$S_3\leqslant 1$ 时，$K_2=1.0$； $S_3>1$ 时，$K_2=1+(S_3-1)/2$
	其他场地及单跨场馆工程	0.8	

注：1. 火电工程按照厂房、引水管线、水库及堆灰场的具体情况分别采用以上四类工程的收费办法计取，但总费用不应超过 25 万元。

2. 地区调整系数范围为 0.8～1.2，地区调整系数的具体数值由各省（自治区、直辖市）价格主管部门会同国土资源部门确定。

建设项目地质灾害危险性评估收费（以下简称“地质灾害评估收费”）基准价按照本办法规定执行，浮动幅度为上下 20%，具体收费标准由评估机构与委托人在规定的浮动幅度内协商确定。

收费基准价由评估基本收费、工程规模调整系数、工程类别调整系数和地区调整系数综合确定。其中，地质灾害评估基本收费根据建设项目重要性、地质环境复杂程度、工程类别和评估级别等确定。地质灾害评估收费包括开展资料搜集、现场调查、图件绘制、技术分析，以及评估报告的编制和评审等全部费用。地质灾害评估收费＝地质灾害评估收费基准价×（1 ±20%）；地质灾害评估收费基准价＝地质灾害评估基本收费×工程规模调整系数×工程类别调整系数×地区调整系数；工程规模调整系数、工程类别调整系数按照本办法附件确定；地区调整系数由各省（自治区、直辖市）价格主管部门会同国土资源部门在规定范围内确定。

第六节　报告编写

一、规划区地质灾害危险性评估报告

规划区地质灾害危险性评估报告包括以下主要内容。

（1）前言（目的、任务、调查范围、执行的技术标准、评估工作概况）。

（2）规划项目基本情况。

（3）自然地理概况。

（4）地质环境。

（5）致灾地质体特征及地质灾害发生可能性分析。

（6）地质灾害危险性分区分级。

（7）地质灾害危险性分区评估。

（8）规划建议。

（9）结论与建议。

地质灾害危险性分区图应主要反映规划区内地质灾害形成的地质环境、致灾地质体及地质环境问题的分布与危害性分区等内容。平面图应配置代表性剖面图和危害性分区说明表，说明表应反映分区存在的主要地质环境问题、致灾因素、规划建议等。

地质灾害危险性分区平面图及剖面图中地质灾害危险性程度分区代号及色标应符合表 11 - 19 的要求，亚区代号应以分区代号加阿拉伯数字下标表示。

表 11 - 19　地质灾害危险性分区代号及色标

各区名称	代号	面色
地质灾害不易发区	Ⅰ	浅绿
地质灾害低易发区	ⅡA	橘黄
地质灾害中易发区	ⅡB	浅黄
地质灾害高易发区	ⅡC	绿黄
地质灾害危险区	Ⅲ	浅红

二、建设场地地质灾害危险性评估报告

建设用地地质灾害危险性评估报告包括以下内容。

(1) 前言（目的、任务、评估范围、调查范围、执行的技术标准、评估级别、评估工作概况）。

(2) 拟建项目基本情况。

(3) 自然地理概况。

(4) 地质环境。

(5) 地质灾害危险性现状评估。

(6) 地质灾害危险性预测评估。

(7) 地质灾害危险性综合评估。

(8) 地质灾害防治措施建议。

(9) 建设场地适宜性。

(10) 结论与建议。

建设场地地质灾害危险性评估报告应附地质灾害危险性评估平面图和剖面图，建设场地地质灾害危险性分区评估平面图中不同影响等级的区域宜采用不同的颜色。分区段进行评估的建设场地地质灾害危险性评估报告应附反映地质灾害危险性程度的分区段评估图和反映各区段地质环境问题或影响特征的典型纵、横剖面图，亚区代号应以分区代号加阿拉伯数字下标表示。

平面图及剖面图中地质灾害危险性程度分区代号应符合表 11－19 的要求。

主要参考文献

常士骠 ,张苏民.工程地质手册[M].北京:中国建筑工业出版社,2007.

常士骠,张苏民.工程地质手册(第四版) [M].北京:中国建筑工业出版社,2007.

戴文亭.土木工程地质[M].武汉:华中科技大学出版社,2006.

高克昌,孟国才,韦方强,等.德宏“7·5”特大滑坡泥石流灾害分析及其对策[J].防灾减灾工程学报,2005,25(3): 251—257.

李中林,李子生.土木工程地质学[M].广州:华南理工大学出版社,1999.

刘传正,李铁锋,程凌鹏,等.区域地质灾害评价预警的递进分析理论与方法[J].水文地质工程地质,2004,31(4):1—9.

刘传正,李云贵,温铭生,等.四川雅安地质灾害时空预警试验区初步研究[J].水文地质工程地质,2004,31(4):21—32.

刘传正,温铭生,唐灿.中国地质灾害气象预警初步研究[J].地质通报,2004,23(4):303—309.

刘传正.地质灾害预警工程体系探讨[J].水文地质工程地质,2000,27(4):1—4.

刘传正.区域滑坡泥石流灾害预警理论与方法研究[J].水文地质工程地质,2004,31(3):1—6.

刘传正.台湾省山地灾害防治与环境保护概览[J].水文地质工程地质,2004,31(6):113—115.

刘传正.突发性地质灾害的监测预警问题[J].水文地质工程地质,2001,28(2):1—4.

刘传正.中国地质灾害监测预警站网建设构想[J].地质通报,2002,21(12):869—875.

刘希林.泥石流风险评价中若干问题的探讨[J].山地学报,2000,18(4):341—345.

吕学军,刘希林,苏鹏程.四川色达县切都柯沟“7·8”泥石流灾害特性及危险性分析[J].防灾减灾工程学报,2005,25(2): 152—156.

罗元华.泥石流灾害破坏损失风险评价方法[J].国土资源科技管理,2000,(5):6—9.

罗祖德.防灾减灾预测[J].科技导报, 1997, 117(3): 53—54.

南昌水利水电专科学校,武汉水利电力学院.工程地质与水文地质[M].北京:水利电力出版社,1992.

齐丽云,徐秀华.工程地质[M].北京:人民交通出版社,2003.

清华大学.工程地质及水文地质(第 2 版)[M].北京:中国水利水电出版社,1997.

唐川,朱大奎.基于 GIS 技术的泥石流风险评价研究[J].地理科学,2002,22(3):300—304.

天津大学.水利工程地质(第 2 版)[M].北京:水利电力出版社,1985.

汪寿阳.关于建立灾害管理学的思考[J].国际技术经济研究, 1999,2(2): 9—12.

王明伟,陈治,孙永年.地质灾害调查与评价[M].北京:地质出版社,2008.

吴绍宽.工程地质与水文地质(第 2 版)[M].北京:水利电力出版社,1993.

武汉水利电力大学.工程地质学[M].北京:中国水利水电出版社,1995.

于海峰,高涛.全国注册岩土工程师专业考试培训教材(第七版)[M].武汉:华中科技大学出版社,2013.

于海峰,马晓,李向阳,等.全国注册岩土工程师专业考试模拟训练题集(第 7 版)[M].武汉:华中科技大学出版社,2013.

郑远长.防灾减灾的基础研究及应用研究进展概况[J].自然灾害学报,1996,5(4):1—5.

朱建德.地质与土质实习实验指导[M].北京:人民交通出版社,2000.

DZ 0238—2004 地质灾害分类分级[S].北京:中国建筑工业出版社,2004.

DZ 0245—2004 建设用地地质灾害危险性评估技术要求[S].北京:中国建筑工业出版社,2004.

DZ/T 0096—1994 工程地质调查规范(1∶20 万～1∶10 万)[S]. 北京:中国建筑工业出版社,1994.
DZ/T 0097—1994 工程地质调查规范(1∶5 万～1∶2.5 万)[S]. 北京:中国建筑工业出版社,1994.
DZ/T 0190—1997 区域环境地质勘查遥感技术规程(1∶5 万)[S]. 北京:中国建筑工业出版社,1997.
DZ/T 0218—2006 滑坡防治工程勘查规范[S]. 北京:中国建筑工业出版社,2006.
DZ/T 0219—2004 岩土体工程地质分类标准[S]. 北京:中国建筑工业出版社,2004.
DZ/T 0220—2006 泥石流灾害防治工程勘查规范[S]. 北京:中国建筑工业出版社,2006.
GB 50007—2002 建筑地基基础设计规范[S]. 北京:中国建筑工业出版社,2002.
GB 50011—2001 建筑抗震设计规范[S]. 北京:中国建筑工业出版社,2002.
GB 50218—1994 工程岩体分级标准[S]. 北京:中国计划出版社,1995.
GB J145—1990 土的分类标准[S]. 北京:中国建筑工业出版社,2001.
GB/T 50279—1998 岩土工程基本术语标准[S]. 北京:中国计划出版社,1998.
GB 50021—2001(2009 版)岩土工程勘察规范[S]. 北京:中国建筑工业出版杜,2002.
JTJ 064—2002 公路工程地质勘察规范[S]. 北京:人民交通出版社,2003.

附录1 地质灾害野外调查表

（规范性附录）

附录1.1 崩塌滑坡调查表

调查工作类别： 档案号：

灾害点名称		地理位置	区（县） 乡（镇） 村 组			
灾害点原编号						
灾害点统一编号	县区行政区划码 乡镇编号 灾害体序号 类型 □□□□□□XXX □□□ □□ □□		坐标	X:	前缘高程(m)	
				Y:	后缘高程(m)	
崩滑时间	□老滑坡 □新滑坡 ____年____月____日 时 分		经度： ° ′ ″ 纬度： ° ′ ″			
崩滑体性质	□岩质 □碎块石 □土质	类型	□崩塌 □滑坡 □变形体			

成生环境

地质环境	地层岩性				地质构造	微地貌	地下水类型
	时代	岩性	产状（°）		构造部位	□陡崖 □陡坡 □缓坡 □平台	□孔隙水 □潜水 □裂隙水 □承压水 □岩溶水 □上层滞水
			倾向	倾角			

原始斜坡	坡高 m	坡度 °	坡形	□凸形 □凹形 □平直 □阶状	
斜坡结构类型	□土质斜坡 □碎屑岩斜坡 □碳酸盐岩斜坡 □结晶岩斜坡 □变质岩斜坡 □平缓层状斜坡 □顺向斜坡 □斜向斜坡 □横向斜坡 □反向斜坡 □特殊结构斜坡				

控崩滑结构面：①层理面 ②片理或劈理面 ③节理裂隙面 ④岩土接触面 ⑤层内错动带 ⑥构造错动带 ⑦断层 ⑧老滑面

选项	倾向（°）	倾角（°）	长度（m）	宽度（m）	结构面特点	填充物	填充量(%)	密度（条/m）

水系名称	干流	□左岸 □凸岸 □涉水
	支流	□右岸 □凹岸 □不涉水

崩滑基本特征

外形特征

平面形态	□箕形 □舌形 □矩形 □不规则		剖面形态	□凸形 □凹形 □直线 □阶梯 □复合		
长度(m)	宽度（m）	厚度（m）	面积（万 m^2）	体积（万 m^3）	坡度（°）	坡向（°）
滑坡平台 个	主平台长 m，宽 m		主平台高程 m	后缘洼地长 m，宽 m		

结构特征

崩滑体特征				滑床特征		
岩性	结构	土石比（%）	常见块度（cm）	岩性	时代	产状（°）
	□块裂状 □碎裂 □散裂状 □土状		□ <5 □ 5~10 □ 10~50 □ >50			倾向 倾角

滑面及滑带特征	□ 层面 □ 土体/基岩接触面 □ 破碎风化岩/基岩接触 □ 强/弱风化层界面 □ 断层 □ 节理面 □ 软弱夹层
左侧边界	□ 冲沟 □ 断层 □ 节理面 □ 层面 □ 临空面 □ 其他
右侧边界	□ 冲沟 □ 断层 □ 节理面 □ 层面 □ 临空面 □ 其他

地下水

埋深(m)	露头	补给类型
	□ 上升泉 □ 下降泉 □ 溢水点	□降雨 □地表水 □人工 □地下水

土地使用	□ 旱地 □ 水田 □ 水塘 □ 草地 □ 灌木 □ 森林 □ 裸露 □ 建筑

附录1.1　崩塌滑坡调查表（续）

调查工作类别：　　　　　　　　　　　　　　　　　　档案号：

现今变形迹象	① 拉张裂缝　②剪切裂缝　③地面隆起　④地面沉降　⑤剥、坠落　⑥树木歪斜　⑦建筑变形　⑧冒渗浑水			
	选项	部位	特征	初现时间

影响因素	地层岩性	□易滑地层　□易崩地层　□软（夹）层　□软基座　□膨胀岩土　□松散松软层　□其他
	地质构造	□断层带　□裂隙密集带　□背、向斜核部　□背、向斜翼部　□岩层易滑产状　□岩层易崩产状
	地形地貌	□陡崖　□陡坡　□凸形坡　□直线坡　□顺向坡　□斜顺坡　□逆向坡　□横向坡　□其他
	自然动力	□降雨　□冲蚀　□风化剥蚀　□临空卸荷　□崩滑加载　□地下水　□地震　□溶蚀　□其他
	人工动力	□削坡　□明挖　□库水位变化　□渗漏　□加载　□地下开挖　□爆破　□破坏植被　□其他
	主导因素	□暴雨　□冲蚀　□开挖　□加载　□库水位　□地震　□工程活动　□其他
稳定性分析	复活诱发因素	□暴雨　□冲蚀　□库水位　□开挖　□加载　□地震　□工程活动　□其他
	目前稳定状况	□稳定（A）　□基本稳定（B）　□潜在不稳定（C）　□不稳定（D）
	发展趋势	□稳定（A）　□基本稳定（B）　□潜在不稳定（C）　□不稳定（D）

危害	潜在威胁	户　　人	房屋　　间　　m^2	土地　　亩	其他	威胁资产：　　万元
	已造成危害	毁房　　间　　m^2	死亡　　人	伤　　人		直接经济损失：　　万元

监测布置	监测类别	□县级　□乡级　□村级　□专业监测	监测人：	电话：
	监测项目	□定期巡查□地面裂缝□房屋裂缝□井泉动态	村组长：	电话：

防治建议	□避让　□裂缝封填　□加强监测　□地表排水　□地下排水　□削方减载　□反压坡脚　□坡面防护 □支挡　□锚固　□灌浆　□植树种草　□水改旱　□坡改梯　□减少振动　□其他
平面图	

附录1.1 崩塌滑坡调查表（续）

调查工作类别： 档案号：

<table>
<tr><td>剖面图</td><td colspan="2"></td></tr>
<tr><td>照片</td><td>全貌</td><td>特征</td></tr>
</table>

调查单位： 调查负责人：

填表人： 审核人： 填表日期： 年 月 日

附录1.2　不稳定斜坡调查表

调查工作类别：　　　　　　　　　　　　　　　　档案号：

灾害点名称		地理位置	区(县)　乡（镇）　村　组			
灾害点原编号						
灾害点统一编号	县区行政区划码　乡镇编号　灾害体序号　类型 □□□□□□ XXX　□□□　□□　□□		坐标	X： Y：	高程(m)	坡顶 坡脚
			经度：　°　′　″　纬度：　°　′　″			
斜坡类型	□自然　□人工　□岩质　□土质					

斜坡环境							
地质环境	地层岩性			地质构造		微地貌	地下水
	时代	岩性	产状	构造部位	地震烈度	□陡崖 □陡坡 □缓坡 □平台	□孔隙水 □裂隙水 □岩溶水

斜坡环境							
地理环境	降雨量（mm）			水文			土地利用
	年均	最大降雨量		洪水位(m)	枯水位(m)	斜坡与河流位置	□耕地　□草地 □灌木　□森林 □裸露　□建筑
		日	时				
						□左岸 □右岸 □凹岸 □凸岸	

斜坡基本特征						
外形特征	坡高(m)	坡长(m)	坡宽(m)	坡度(°)	坡向(°)	坡面形态
						□凸　□凹　□直　□阶

结构特征（岩质）				
岩体结构				斜坡结构类型
结构类型	厚度	裂隙组数	块度[长(m)×宽(m)×高(m)]	

结构特征（岩质）					
控制面结构				全风化带深度(m)	卸荷裂缝深度(m)
类型	产状	长度(m)	间距(m)		

结构特征（土质）						
土的名称及特征			下伏基岩特征			
名称	密实度	稠度	时代岩性	产状(°)	埋深(m)	
	□密　□中　□稍　□松					

地下水		
埋深(m)	露头	补给类型
	□上升泉　□下降泉　□湿地	□降雨□地表水□融雪□人工

现今变形破坏迹象			
名称	部位	特征	初现时间
□拉张裂缝 □剪切裂缝 □地面隆起 □地面沉降 □剥、坠落 □树木歪斜 □建筑变形 □冒渗浑水			

附录1.2 不稳定斜坡调查表（续）

调查工作类别： 档案号：

<table>
<tr><td>可能失稳
因　　素</td><td colspan="5">□降雨 □地震 □人工加载 □开挖坡脚 □坡脚冲刷 □坡脚浸润 □坡体切割
□风化 □卸荷 □动水压力 □爆破振动</td></tr>
<tr><td>目前稳定
状　　况</td><td colspan="5">□稳定（A） □基本稳定（B） □潜在不稳定（C） □不稳定（D）</td></tr>
<tr><td>今后发展
趋　　势</td><td colspan="5">□稳定（A） □基本稳定（B） □潜在不稳定（C） □不稳定（D）</td></tr>
<tr><td rowspan="2">已造成
危　害</td><td>损坏房屋</td><td>死亡(人)</td><td>伤(人)</td><td>其他危害</td><td>直接经济损失： 万元</td></tr>
<tr><td>户 间 m^2</td><td></td><td></td><td></td><td></td></tr>
<tr><td>潜在威胁</td><td>户 人</td><td>房屋 间 m^2</td><td>土地 亩</td><td>其他</td><td>威胁资产： 万元</td></tr>
<tr><td>监测建议</td><td colspan="5">□定期目视检查 □安装简易监测设施 □地面位移监测 □深部位移监测</td></tr>
<tr><td>防治建议</td><td colspan="5">□避让 □裂缝填埋 □加强监测 □地表排水 □地下排水 □削方减载 □坡面防护
□反压坡脚 □支挡 □锚固 □灌浆 □植树种草 □坡改梯 □水改旱 □减少振动</td></tr>
<tr><td>群测人</td><td colspan="2"></td><td>村长</td><td></td><td>电话</td></tr>
<tr><td>平面图</td><td colspan="5">平面图</td></tr>
</table>

附录1.2　不稳定斜坡调查表（续）

调查工作类别：　　　　　　　　　　　　　　　　档案号：

剖面图		
照片	全貌	特征

调查单位：　　　　　　　　　　　　　　　　调查负责人：

填表人：　　　　审核人：　　　　填表日期：　　年　　月　　日

附录1.3 泥石流调查表

调查工作类别： 档案号：

灾害点名称		灾害点原编号		灾害点统一编号	县区行政区划码 乡镇编号 灾害体序号 类型 □□□□□□XXX □□□ □□ □□

地理坐标	X:	地理位置	区(县) 乡(镇) 村 组	县级邮编	
	Y:			联系电话	
水系名称		地形图幅	编号		
			比例尺		

泥石流沟与主河关系

主河名称	泥石流沟位于主河的	沟口至主河道距离(m)
	□左岸 □右岸	

泥石流沟主要参数、现状及灾害史调查

水动力类型	□暴雨 □冰川 □溃决 □地下水	沟口巨石大小(m)	Φ_a	Φ_b	Φ_c
泥砂补给途径	□面蚀 □沟岸崩滑 □沟底再搬运	补给区位置	□上游 □中游 □下游		

降雨特征值	$H_{年max}$	$H_{年cp}$	$H_{日max}$	$H_{日cp}$	$H_{时max}$	$H_{时cp}$	$H_{10分钟max}$	$H_{10分钟cp}$

沟口扇形地特征	扇形地完整性(%)		扇面冲淤变幅	±	发展趋势	□下切 □淤高
	扇长(m)		扇宽(m)		扩散角(°)	
	挤压大河	□河形弯曲主流偏移 □主流偏移 □主流只在高水位偏移 □主流不偏				
地质构造	□顶沟断层 □过沟断层 □抬升区 □沉降区 □褶皱 □单斜				地震烈度(度)	

不良地质体情况	滑坡	活动程度	□严重 □中等 □轻微	规模	□大 □中 □小
	人工弃体	活动程度	□严重 □中等 □轻微	规模	□大 □中 □小
	自然堆积	活动程度	□严重 □中等 □轻微	规模	□大 □中 □小

土地利用(%)	森林	灌丛	草地	缓坡耕地	荒地	陡坡耕地	建筑用地	其他

防治措施现状	□有□无	类型	□稳拦 □排导 □避绕 □生物工程
监测措施	□有□无	类型	□雨情 □泥位 □专人值守
威胁危害对象	□城镇 □村寨 □铁路 □公路 □航运 □饮灌渠道 □水库 □电站 □工厂 □矿山 □农田 □森林 □输电线路 □通讯设施 □国防设施		

潜在威胁	户 人	房屋 栋 m^2	土地 亩	威胁资产： 万元

灾害史	发生时间(年/月/日)	死亡(人)	大牲畜损失(头)	房屋(间)		农田(亩)		公共设施		直接经济损失(万元)
				全毁	半毁	全毁	半毁	道路(km)	桥梁(座)	

泥石流特征	容重(t/m^3)		流量(m^3/s)		泥位(m)	

附录1.3　泥石流调查表（续）

调查工作类别：　　　　　　　　　　　　　　　　档案号：

<table>
<tr><td colspan="20">泥石流综合评判</td></tr>
<tr><td>4.主沟纵坡
(‰)</td><td></td><td colspan="5">7.冲淤变幅
(m)</td><td colspan="2">±</td><td colspan="4">9.松散物储量
(万 m³/km²)</td><td colspan="2"></td><td colspan="4">2.补给段长度比
(%)</td><td></td></tr>
<tr><td>13.流域面积
(km²)</td><td></td><td colspan="5">14.相对高差
(m)</td><td colspan="2"></td><td colspan="4">10.山坡坡度
(°)</td><td colspan="2"></td><td colspan="4">6.植被覆盖率
(%)</td><td></td></tr>
<tr><td>15.堵塞程度</td><td colspan="8">□严重　□中等　□轻微　□无</td><td colspan="6">12.松散物平均厚度(m)</td><td colspan="5"></td></tr>
<tr><td>3.沟口扇形地</td><td colspan="8">□大　□中　□小　□无</td><td colspan="4">1.不良地质现象</td><td colspan="7">□严重　□中等　□轻微　□一般</td></tr>
<tr><td>5.新构造影响</td><td colspan="8">□强烈上升区　□上升区
□相对稳定区　□沉降区</td><td colspan="3">8.岩性因素</td><td colspan="8">□土及软岩　□软硬相间
□风化和节理发育的硬岩　□硬岩</td></tr>
<tr><td>11.沟槽横断面</td><td colspan="19">□V 型谷（谷中谷、U 型谷）　□拓宽 U 型谷　□复式断面　□平坦型</td></tr>
<tr><td rowspan="2">评分</td><td>1</td><td>2</td><td>3</td><td>4</td><td>5</td><td>6</td><td>7</td><td>8</td><td>9</td><td>10</td><td>11</td><td>12</td><td>13</td><td>14</td><td>15</td><td rowspan="2">总分</td><td colspan="3" rowspan="2"></td></tr>
<tr><td></td><td></td><td></td><td></td><td></td><td></td><td></td><td></td><td></td><td></td><td></td><td></td><td></td><td></td><td></td></tr>
<tr><td>易发程度</td><td colspan="8">□易发　□中等　□不易发</td><td colspan="3">泥石流类型</td><td colspan="8">□泥流　□泥石流　□水石流</td></tr>
<tr><td>发展阶段</td><td colspan="19">□形成期　□发展期　□衰退期　□停歇或终止期</td></tr>
<tr><td>防治建议</td><td colspan="19">□稳拦　□排导　□避绕　□生物工程</td></tr>
<tr><td colspan="20">平面图</td></tr>
</table>

注：泥石流沟严重程度数量化详见后附表 1.3.1。

附录1.3　泥石流调查表（续）

调查工作类别：　　　　　　　　　　　　档案号：

剖面图		
照片	全貌	特征

调查单位：　　　　　　　　　　　　调查负责人：

填表人：　　　　审核人：　　　　填表日期：　　年　　月　　日

附表1.3.1　泥石流沟严重程度（易发程度）数量化表

序号	影响因素	权重	量级划分							
			严重 A	得分	中等 B	得分	轻微 C	得分	一般 D	得分
1	崩塌、滑坡及水土流失(自然和人为的)的严重程度	0.159	崩塌、滑坡等重力侵蚀严重，多深层滑坡和大型崩塌，表土疏松，冲沟十分发育	21	崩塌、滑坡发育，多浅层滑坡和小型崩塌，冲沟发育	16	有零星崩塌、滑坡和冲沟存在	12	无崩塌、滑坡、冲沟或发育轻微	1
2	泥沙沿程补给长度比(%)	0.118	>60	16	30～60	12	10～30	8	<10	1
3	沟口泥石流堆积活动程度	0.108	河形弯曲或堵塞，大河主流受挤压偏移	14	河形无较大变化，仅大河主流受迫偏移	11	河形无变化，大河主流在高水偏，低水不偏	7	无河形变化，主流不偏	1
4	河沟纵坡(°或%)	0.090	>12°或<21.3%	12	6°～12°或10.5%～21.3%	9	3°～6°或5.2%~10.5%	6	<3°或<5.2%	1
5	区域构造影响程度	0.075	强抬升区，裂度为6级以上地震区	9	抬升区，裂度为4～6级地震区，有中小支断层或无断层	7	相对稳定区，裂度为4级以下地震区，有小断层	5	沉降区，构造影响小或无影响	1
6	流域植被覆盖率(%)	0.067	<10	9	10～30	7	30～60	5	>60	1
7	河沟近期一次变幅(m)	0.062	2	8	1～2	6	0.2～1	4	0.2	1
8	岩性影响	0.054	软岩,黄土	6	软硬相间	5	风化和节理发育的硬岩	4	硬岩	1
9	沿沟松散物储量(万m^3/km^2)	0.054	>10	6	5～10	5	1～5	4	<1	1
10	沟岸山坡坡度(°或%)	0.045	>32°或>0.062 5%	6	25°～32°或0.046 6%～0.062 5%	5	15°～25°或0.028 6%～0.046 6%	4	<15°或0.028 6%	1
11	产沙区沟槽横断面	0.036	V型谷、谷中谷、U型谷	5	拓宽U型谷	4	复式断面	3	平坦型	1
12	产沙区松散物平均厚度(m)	0.036	>10	5	5～10	4	1～5	3	<1	1
13	流域面积(km^2)	0.036	0.2~5	5	5～10	4	<0.2或10～100	3	>100	1
14	流域相对高差(m)	0.030	>500	4	300～500	3	100～300	3	<100	1
15	河沟堵塞程度	0.030	严	4	中	3	轻	2	无	1

附录1.4 地面塌陷调查表

调查工作类别：　　　　　　　　　　　　　　　　　　　　　　　　　　　　档案号：

灾害点名称		地理位置	区（县） 乡（镇） 村 组			
灾害点原编号			坐标	X： Y：	高程（m）	
灾害点统一编号	区行政区划码 乡镇编号 灾害体序号 类型 □□□□□□ XXX □□□ □□ □□		经度： ° ′ ″		纬度： ° ′ ″	

		坑号	形状	坑口规模	深度(m)	长轴方向	充水情况	发生发展情况
发育特征	陷坑单体	1	圆形 方形 长条形	直径： m 边长： m 长： m 宽： m			水位深： m 变动情况：	发生时间： 年 月 日 发展变化：□停止 □尚在发展
		2						
		3						

		分布、发育情况			发生发展情况			
发育特征	陷坑群	分布面积(km^2)	排列形式	坑的规模	始发时间	盛发时间	停止时间	尚在发展
			群集式 长列式 长列方向：	口径 ～ m 深度 ～ m	年 月 日	从 年 月 日 至 年 月 日	年 月 日	□趋增强 □趋减弱

成因类型	□溶洞型塌陷	□土洞型塌陷	□冒顶型塌陷

形成条件	地质环境条件	塌陷区地貌特征：□平原 □山间凹地 □河边阶地 □山坡 □山顶		
		塌陷地层时代及岩性： 岩层产状： 断裂情况： 溶洞发育情况： 岩层总体发育程度： □强 □弱 塌顶溶洞埋深： m	塌陷土层结构及土性 □单层，土性： 厚 m □双层，上层土性： 厚 m 下层土性： 厚 m 下伏基岩时代及岩性： 溶洞发育情况：	塌陷岩土层时代及岩性 土层时代： 土性： 厚： m 岩层时代： 岩性： 厚： m
		地下水位埋深： m，其中岩溶水 m，土层水 m		
	诱发动力因素	地震 其他振动 地面加载 水库蓄水 其他水位骤变 溶蚀剥蚀	□深井抽水 井位在塌陷区的方向： ，距离 m 抽水降深： m,日出水量： m^3 □矿坑疏干排水 矿坑在塌陷区的方向： ，距离 m，日排水量： m^3 □江河水位变化 河边在塌陷区的方向： ，距离 m，水位变幅： m^3 □地面加载 □振动	坑道挖掘顶板冒落 洞室顶部破碎 地下水强烈下泄 坑道、洞室埋深： m 地下空区规模： m^2

附录1.4 地面塌陷调查表（续）

调查工作类别： 档案号：

<table>
<tr><td rowspan="7">灾害情况</td><td colspan="5">已有灾害损失</td><td colspan="2">潜在灾害预测</td></tr>
<tr><td>损坏房屋</td><td>死亡(人)</td><td>伤(人)</td><td>其他危害</td><td>直接经济损失(万元)</td><td rowspan="2">陷坑发展预测</td><td rowspan="2">潜在威胁预测</td></tr>
<tr><td>户 间 m^2</td><td></td><td></td><td></td><td></td></tr>
<tr><td colspan="5">地面水源枯竭：□河水流量减少 m^3/s，□断流 m^3/s
□井泉水流量减少 m^3/s，□水位降低 m，□干枯</td><td>新增陷坑 个
扩大陷区 km^2</td><td>户 人
房屋 间 m^2
土地 亩</td></tr>
<tr><td colspan="5">地下井巷突水：□水量增大 m^3/s，□成灾，损失；□淹井损失</td><td>出现新陷区 处</td><td>其他</td></tr>
<tr><td colspan="5">淹埋地面物资：</td><td>面积： km^2</td><td>威胁资产： 万元</td></tr>
</table>

<table>
<tr><td rowspan="2">防治情况</td><td>已采取的防治措施及效果</td><td>今后防治建议</td></tr>
<tr><td></td><td></td></tr>
<tr><td>平面图</td><td colspan="2"></td></tr>
<tr><td>照片</td><td>全貌</td><td>特征</td></tr>
</table>

调查单位： 调查负责人：

填表人： 审核人： 填表日期： 年 月 日

附录1.5 地裂缝调查表

调查工作类别： 档案号：

灾害点名称		地理位置	区(县) 乡（镇） 村 组	
灾害点原编号			坐标 X: Y:	高程(m)
灾害点统一编号	区行政区划码 乡镇编号 灾害体序号 类型 □□□□□□XXX □□□ □□ □□		经度： ° ′ ″	纬度： ° ′ ″

发育特征 — 单缝特征

缝号	形状	延伸性	倾向	倾角(°)	长度(m)	宽度(m)	深度(m)	性质	位移	填充物	出现时间及活动性
1	□直线 □折线 □弧线	N	S N					拉张 平移 下错	方向： 距离：		年 月 日 □停止 □仍有活动
2											
3											

发育特征 — 群缝特征

缝数	分布、发育情况			发生发展情况			
		排列形式	缝的规模	始发时间	盛发时间	停止时间	尚在发展
	面积： km^2 间距： m	平行，产状： ，阶步指向 斜列，产状： ，阶步指向 环围，圆心位置： 杂乱无章	长 ~ m 宽 ~ m 深 ~ m	年 月 日	从 年 月 日 至 年 月 日	年 月 日	□趋增强 □趋减弱

成因类型				
成因类型	□地下开挖引起	□抽排地下水引起	□地震和构造活动引起	□胀缩土引起

形成条件 — 地质环境条件

裂缝区地貌特征：□山顶 □山坡 □山脚 □平原
裂缝与山脊、山坡、山脚或平原土坎的走向关系：□平行 □横交 □斜交

裂缝（受裂）巨岩土层 时代： 岩性：	受裂土层时间： 土性： 下伏基岩岩性：	受裂岩层时间： 岩性：	胀缩土特征： 膨胀性：□强 □中 □弱 含水量 %
裂缝区构造断裂 1组：走向 ，倾向 ， 倾角 ； 2组：走向 ，倾向 ， 倾角	岩层中的主要断裂产状： 土层中有无新断裂及其产状：	主要构造断裂产状 1组：走向 ，倾向 ， 倾角 ； 2组：走向 ，倾向 ， 倾角	有无新的构造断裂及其产状：

形成条件 — 诱发动力因素

地下洞室开挖	抽排地下水	地震	水理作用
洞室埋深 m 洞室规模 长 m 宽 m 高 m 与裂缝区位置关系： 开挖时间： 开挖方式： 开挖强度：	□井、孔 □坑道 井深或坑道埋深 m 水位降深 m 日出水量 m^3 与裂缝区的位置关系： 抽排水时间 □始于 年 月 日 □止于 年 月 日 □仍在继续	烈度： 发生时间 年 月 日 □断裂活动 活动断裂的位置： 产状： 长度： 性质： 活动时间： 活动速率： 断距：	□降雨 □水库水 □地表水 □地下水 作用时间： 水质（pH）： □开挖卸荷作用 开挖时间： 方式： 深度： □其他作用引起的干湿变化

附录1.5　地裂缝调查表（续）

调查工作类别：　　　　　　　　　　　　档案号：

<table>
<tr><td rowspan="6">灾害情况</td><td colspan="4">已有灾害损失</td><td colspan="2">潜在灾害预测</td></tr>
<tr><td>损坏房屋</td><td>死亡(人)</td><td>伤(人)</td><td>直接经济损失(万元)</td><td>裂缝发展预测</td><td>潜在威胁预测</td></tr>
<tr><td rowspan="2">户　间　m^2</td><td rowspan="2"></td><td rowspan="2"></td><td rowspan="2"></td><td rowspan="4">□缝数增多
□原有裂缝加大
□活动强度增加</td><td>户　　人</td></tr>
<tr><td>房屋　间　m^2</td></tr>
<tr><td colspan="4" rowspan="2">其他危害：</td><td>土地　　亩</td></tr>
<tr><td>威胁资产：　万元</td></tr>
<tr><td rowspan="2">防治情况</td><td colspan="4">已采取的防治措施及效果</td><td colspan="2">今后防治建议</td></tr>
<tr><td colspan="4"></td><td colspan="2"></td></tr>
<tr><td>平面图</td><td colspan="6"></td></tr>
<tr><td>照片</td><td colspan="3">全貌</td><td colspan="3">特征</td></tr>
</table>

调查单位：　　　　　　　　　　　　调查负责人：

填表人：　　　　审核人：　　　　填表日期：　　年　　月　　日

附录1.6　地面沉降调查表

调查工作类别：　　　　　　　　　　　　　　　　　　　　档案号：

<table>
<tr><td>名称</td><td colspan="3"></td><td>发生时间</td><td></td></tr>
<tr><td>野外编号</td><td colspan="2"></td><td>室内编号</td><td colspan="2"></td></tr>
<tr><td rowspan="6">地理位置</td><td colspan="2">省　县(市)　乡　村　社</td><td rowspan="3">沉降类型</td><td colspan="2" rowspan="3"></td></tr>
<tr><td rowspan="2">坐标</td><td>X：</td></tr>
<tr><td>Y：</td></tr>
<tr><td rowspan="3">经纬度</td><td>经度：</td><td rowspan="3">沉降中心位置</td><td>行政区域</td><td></td></tr>
<tr><td rowspan="2">纬度：</td><td rowspan="2">经纬度</td><td>经度：</td></tr>
<tr><td>纬度：</td></tr>
</table>

<table>
<tr><td colspan="4">沉降规模</td></tr>
<tr><td>沉降区面积（km²）</td><td>年平均沉降量（mm）</td><td>历年累计沉降量（mm）</td><td>平均沉降速率（mm/a）</td></tr>
<tr><td></td><td></td><td></td><td></td></tr>
<tr><td>地形地貌</td><td colspan="3"></td></tr>
<tr><td>地质构造及活动情况</td><td colspan="3"></td></tr>
<tr><td>第四系覆盖层岩性、厚度、结构、空间变化规律、水文地质特征与主要沉降层位</td><td colspan="3"></td></tr>
</table>

<table>
<tr><td colspan="5">沉降区地下水概况</td></tr>
<tr><td>年开采量（m³/a）</td><td>年补给量（m³/a）</td><td>地下水埋深（m）</td><td>年水位变化幅度(m)</td><td>其　他</td></tr>
<tr><td colspan="2"></td><td></td><td></td><td></td></tr>
<tr><td>引发沉降原因、变化规律</td><td colspan="4"></td></tr>
<tr><td>沉降现状及发展趋势</td><td colspan="4"></td></tr>
<tr><td>主要危害及经济损失</td><td colspan="4"></td></tr>
<tr><td>治理措施及效果</td><td colspan="4"></td></tr>
</table>

调查单位：　　　　　　　　　　　　　　　　调查负责人：

填表人：　　　　　　审核人：　　　　　　填表日期：　　年　　月　　日

附录2　斜坡变形体（滑坡）稳定性判别标准

（规范性附录）

序号	影响因素	权重	稳定性分级		
			基本稳定	欠稳定	潜在不稳定
1	前缘临空陡坡高度（m）	0.12	＜10	10～30	＞30
2	后缘洼地情况	0.08	无洼地	半封闭，无积水	全封闭，有积水
3	变形体表面坡角（°）	0.08	＜10	10～30	＞30
4	坡面地表水排泄条件	0.04	好，无积水	较差，季节性积水	差，常年性积水
5	后缘加载量/变形体量（%）	0.08	无	＜10	＞10
6	斜坡类型	0.08	反向坡	切向坡	顺向坡
7	地下水情况	0.04	无	有季节性地下水	有常年性地下水
8	潜在滑带或滑面倾角（°）	0.12	硬塑状 ＜10	可塑状 10～20	软塑状 ＞20
9	前缘河水冲刷情况	0.12	无	凸岸或直岸	凹岸
10	目前变形情况	0.16	后缘细微拉裂	后缘拉裂缝明显	有蠕滑变形迹象
11	植被覆盖率（%）	0.04	＞40	10～40	＜10
12	土地耕作情况	0.04	荒地	旱地	水田

附录3 地质灾害隐患点群测群防建设要求

（资料性附录）

1. 监测责任人和监测人员的落实

对排查出的地质灾害隐患点，排查人员应会同乡镇人民政府、地质灾害防治管理部门及村社，按地质灾害分级管理原则落实具体的防灾责任单位、监测责任人和监测人员。

2. 制定防灾预案

排查人员应指导乡镇人民政府制定地质灾害隐患点单点防灾预案。单点防灾预案以具体地质灾害隐患点的监测和避险措施为主，主要包括四个方面：地质灾害隐患点的威胁对象、影响区及危险区范围；地质灾害隐患点的监测、防灾责任人；监测方式、监测周期、手段、联系方式；地质灾害隐患点出现险情或灾情的预警信号或方式、人员疏散撤离、财产转移路线、顺序及灾、险情上报，具体格式见附录4。

3. 两卡填写与发放

对排查出的地质灾害隐患点全面实行《地质灾害防灾工作明白卡》和《地质灾害避险明白卡》（简称“两卡”）发放制度。

（1）“两卡”的填写。应在国土资源局业务人员或专业技术人员的指导下，由各乡镇人民政府负责按照国土资源部下发的“两卡”样式进行填写。

（2）“两卡”的发放。由乡镇人民政府具体负责，《地质灾害防灾工作明白卡》发放对象主要为地质灾害负责单位、责任人，相关责任单位、隐患点监测人员；《地质灾害避险明白卡》的发放对象主要为受地质灾害点威胁的机关、学校、厂矿和农户等，要求每户一份。

“两卡”发放实行备案制。乡镇地质灾害防治工作领导小组和各地质灾害隐患点监测人员对发放的“两卡”必须认真登记造册，并报区县国土资源局备案，区县国土资源局要加强对“两卡”填写发放工作的督促和检查。“两卡”格式见附录5及附录6。

4. 地质灾害隐患点群测群防监测设计要求

对排查出的地质灾害隐患点宜按下列要求作单点的群测群防监测设计。

1）现场布置群测群防监测点和巡查路线

对新排查出的地质灾害隐患点，应由专业地质队伍进行现场调查，地质灾害的周界（侧边界、前缘、后缘）及影响区、危险区范围必须由地质队伍现场确定，同时根据灾害的实际情况，确定合适的监测方法，并在实地合理布设群测群防监测点（如裂缝监测点等）及群测群防巡查监测路线，确定巡查时重点监测内容。上述内容均应在记录卡片上如实记录，并在现场逐一向县级监测站和当地监测责任人及群测群防人员交待清楚、讲解明白，并配合县级监测站现场建好群测群防监测网点，同时对群测群防监测点的责任人和监测员等进行造册登记。

2）撤离路线的确定

现场布设受威胁人员撤离路线并记录在表格上。该项工作由专业地质技术人员、区县地质环境监测站和当地群测群防人员一起进行，并向他们交代清楚，讲解明白。

3）监测点布置表

专业地质队伍应在现场调查的基础上，将监测点设计有关情况填写入《地质灾害监测预警群测群防监测点布置表》中（详见附录7）。

4）监测方法、内容及监测网点的布置

前面的设计就是为构建“横向到边，纵向到底”的群测群防监测体系打下基础，以下是在群测群防体系建设和运行中要实施的工作内容。

（1）简易监测。采用卷尺、钢直尺等为主要测量工具，建立简易观测标、桩、点，对地质灾害体上的地面裂缝和其建筑物裂缝进行定期或加密测量记录，对地质灾害体上的水体（堰塘）、水井和泉点进行水位、流量的简易量测和记录。

（2）现场巡查。对地质灾害的宏观变形形迹（地裂缝，建筑物变裂，地面塌陷、下沉、鼓起等）与短临前兆（地声、地下水异常、动物异常等）进行巡视调查，并作好记录。

按照预先设置好的路线巡查有无加剧或新增裂缝、洼地、鼓丘等地面变形迹象；有无加剧或新增房屋开裂、歪斜等建筑物变形迹象；有无加剧或新增树木歪斜、倾倒等迹象；有无泉水井水浑浊、流量增大或减少等变化迹象；有无岸坡变形塌滑现象等。总之，必须巡查地质灾害的变形形迹和变形破坏前兆特征。

（3）地质灾害群测群防监测网点布置。

A. 地质灾害周界圈定。用截面为 15cm×15cm，长 15cm 的混凝土桩进行圈定，标桩埋设位置应距滑坡边界 10m，埋设在滑坡边界的外侧，桩间距基本控制为 100m，用红油漆进行编号。

B. 裂缝监测点布置。

a. 地面裂缝。按裂缝的长度，可划分为三种类型：小于 10m，10～50m，大于 50m。

小于 10m 的裂缝布置一处监测点；10～50m 的裂缝布置两处监测点，间距 5～20m；大于 50m 的裂缝，每一缝段均应至少设一处监测点，间距为 15～30m。地面裂缝监测标桩采用截面为 10cm×10cm，长 150cm 的木桩，或者直径为 10cm 的圆木桩。测桩位置距裂缝 50cm 左右，桩顶用水泥钉确定测定位置。埋设采用夯入法。

裂缝密集带的监测标桩应设在密集带两则边界裂缝的外侧，距裂缝 1～2m 处。

b. 房屋裂缝。房屋墙壁和地面裂缝测量采用水泥钉或红油漆，墙壁裂缝配合粘贴横封裂缝的纸条，裂缝两侧的测点距裂缝 10cm 左右为宜。横封裂缝纸条宽为 5cm，长为 20cm 为宜。

c. 堰塘水体和水井水位监测。堰塘水体应放置木制水位尺，监测水位变化，水井水位监测应在井口用红油漆标注固定的测量位置。

d. 泉水流量、浑浊度监测。泉水流量采用容积法进行监测，用水桶、水盆量测。观察泉水是否有变浑或突然断流、增大等现象。

附录4 地质灾害群测群防监测防灾预案

（资料性附录）

档案号：

<table>
<tr><td colspan="2">灾害点名称</td><td colspan="2">XXX 滑坡</td><td>灾害点统一编号</td><td></td></tr>
<tr><td>地理位置</td><td>________市</td><td>_____区（县）</td><td>_______乡（镇）</td><td>__________村</td><td>________组</td></tr>
<tr><td rowspan="4">监测</td><td>监测方式</td><td colspan="4">乡级监测，加强巡查工作，作好监测记录，及时向上级反映监测情况</td></tr>
<tr><td>监测周期</td><td colspan="4">汛期：每周 1~2 次
非汛期：每月 1~2 次
变形加剧：每日 1 次或数次</td></tr>
<tr><td>监测手段</td><td colspan="4">巡视、测量、记录，注意有无新的变形情况</td></tr>
<tr><td>监测部位</td><td colspan="4">滑坡整体及边缘，墙裂 1、墙裂 2、墙裂 3</td></tr>
<tr><td colspan="2">预警方式</td><td colspan="4">呼喊、电话</td></tr>
<tr><td rowspan="3">应急处置</td><td>应急处置措施</td><td colspan="4">组织撤离、报告上级、进行抢险、设立警戒、安置灾民</td></tr>
<tr><td>撤离路线</td><td colspan="4">垂直主滑方向，沿滑坡两侧撤离</td></tr>
<tr><td>撤离顺序</td><td colspan="4">先人后物</td></tr>
<tr><td colspan="2">监测人员：</td><td>电话：</td><td colspan="2">村长：</td><td>电话：</td></tr>
<tr><td colspan="2">组长：</td><td>电话：</td><td colspan="3">报警电话：</td></tr>
<tr><td colspan="6">预案编制单位：</td></tr>
<tr><td colspan="6">预案批准单位：</td></tr>
</table>

附录4　地质灾害群测群防监测防灾预案（续）

档案号：

危险区范围及撤离路线图	
平面图：	剖面图：

填表人：　　　　审核人：　　　　填表日期：　　　年　　月　　日

附录5 地质灾害防灾工作明白卡

（资料性附录）

编号：

<table>
<tr><td rowspan="4">灾害基本情况</td><td>灾害位置</td><td colspan="5"></td></tr>
<tr><td>类型及其规模</td><td colspan="5"></td></tr>
<tr><td>诱发因素</td><td colspan="5"></td></tr>
<tr><td>威胁对象</td><td colspan="5"></td></tr>
<tr><td rowspan="3">监测预报</td><td>监测负责人</td><td colspan="2"></td><td>联系电话</td><td colspan="2"></td></tr>
<tr><td>监测的主要迹象</td><td colspan="2"></td><td>监测的主要手段和方法</td><td colspan="2"></td></tr>
<tr><td>临灾预报的判据</td><td colspan="5"></td></tr>
<tr><td rowspan="5">应急避险撤离</td><td>预定避灾地点</td><td></td><td>预定疏散路线</td><td></td><td>预定报警信号</td><td></td></tr>
<tr><td>疏散命令发布人</td><td colspan="2"></td><td>值班电话</td><td colspan="2"></td></tr>
<tr><td>抢、排险单位、负责人</td><td colspan="2"></td><td>值班电话</td><td colspan="2"></td></tr>
<tr><td>治安保卫单位、负责人</td><td colspan="2"></td><td>值班电话</td><td colspan="2"></td></tr>
<tr><td>医疗救护单位、负责人</td><td colspan="2"></td><td>值班电话</td><td colspan="2"></td></tr>
<tr><td colspan="7">本卡发放单位：
（盖章）

联系电话：

日　期：</td></tr>
<tr><td colspan="7">持卡单位或个人：

联系电话：

日　期：</td></tr>
</table>

（此卡发至地质灾害防灾负责单位和负责人）　　中华人民共和国国土资源部印制

附录6　地质灾害防灾避险明白卡

（资料性附录）

编号：

户主姓名		家庭人数		房屋类别			灾害基本情况			
家庭住址							灾害类型		灾害规模	
家庭成员情况	姓名	性别	年龄	姓名	性别	年龄	灾害体与本住户的位置关系			
							灾害诱发因素			
							本住户注意事项			
监测与预警	监测人		联系电话				撤离与安置	撤离路线		
	预警信号							安置单位地点	负责人	
									联系电话	
	预警信号发布人		联系电话					救护单位	负责人	
									联系电话	

本卡发放单位：（盖章）　负责人：　联系电话：　户主签名：　联系电话：　日　期：

（此卡发至受灾害威胁的群众）　中华人民共和国国土资源部印制

附录7 地质灾害监测预警群测群防监测点布置表

（资料性附录）

建点时间： 年 月 日 档案号：

灾害点名称		灾害点统一编号	县区行政区划码 乡镇编号 灾害体序号 类型 □□□□□□ XXX □□□ □□ □□		
地理位置	区（县） 乡（镇） 村 组	村长		电话	
监测人员	电话	组长		电话	

监测平面布置图	要求：图上应标明灾害体周界、危险区范围、地表裂缝、洼地、鼓丘、井泉、房屋，裂缝编号及设计的裂缝上监测点编号，变形房屋及墙上设计的裂缝编号，设计的巡查路线及撤离路线等

监测内容	裂缝		主人/房主	位置	日期	长	宽	深	下错/错开	监测点	监测点编号
		地裂1	主人	□田内□房内 □房外	年 月 日	长(m)	宽(m)	深(m)	下错(m)	监测点 个	监测点编号： DL□□
		地裂2	主人	□田内□房内 □房外	年 月 日	长(m)	宽(m)	深(m)	下错(m)	监测点 个	监测点编号： DL□□
		地裂3	主人	□田内□房内 □房外	年 月 日	长(m)	宽(m)	深(m)	下错(m)	监测点 个	监测点编号： DL□□
		地裂4	主人	□田内□房内 □房外	年 月 日	长(m)	宽(m)	深(m)	下错(m)	监测点 个	监测点编号： DL□□
		墙裂1	房主	□根部□中部 □顶部	年 月 日	长(m)	宽 (m)		错开(cm)	监测点 个	监测点编号： QL□□
		墙裂2	房主	□根部□中部 □顶部	年 月 日	长(m)	宽 (m)		错开(cm)	监测点 个	监测点编号： QL□□
		墙裂3	房主	□根部□中部 □顶部	年 月 日	长(m)	宽 (m)		错开(cm)	监测点 个	监测点编号： QL□□
		墙裂4	房主	□根部□中部 □顶部	年 月 日	长(m)	宽 (m)		错开(cm)	监测点 个	监测点编号： QL□□

附录7　地质灾害监测预警群测群防监测点布置表（续）

建点时间：　　年　　月　　日　　　　　　　　　　　　　　　　　档案号：

<table>
<tr><td rowspan="5">监测内容</td><td>泉水</td><td>泉 1</td><td colspan="2">位置</td><td>泉 2</td><td>位置</td><td>监测内容</td><td>水量变化
清浊变化</td><td>监测点编号
QS□□</td></tr>
<tr><td>井水</td><td>井 1</td><td colspan="2">位置</td><td>井 2</td><td>位置</td><td>监测内容</td><td>水位变化
清浊变化</td><td>监测点编号
JS□□</td></tr>
<tr><td rowspan="2">地鼓</td><td>地鼓 1</td><td>主人</td><td>位置</td><td>年　月　日</td><td>长(m)</td><td>宽(m)</td><td>高(m)</td><td>监测点编号
DG□□</td></tr>
<tr><td>地鼓 2</td><td>主人</td><td>位置</td><td>年　月　日</td><td>长(m)</td><td>宽(m)</td><td>高(m)</td><td>监测点编号
DG□□</td></tr>
<tr><td colspan="2">宏观巡查内容</td><td colspan="7"></td></tr>
<tr><td colspan="3">监测周期</td><td colspan="2">枯季：两周一次</td><td>雨季：每周一次</td><td colspan="2">变形剧烈：每日一次或数次</td><td></td></tr>
<tr><td colspan="3">监测方法</td><td colspan="3">测量　钢尺　钢卷尺　皮尺</td><td colspan="3">巡查：巡视、观察、测量、记录</td></tr>
<tr><td colspan="3">监测组织</td><td>负责人</td><td colspan="3">县级监测站：　　电话：</td><td colspan="2">乡（镇）：　　电话：</td></tr>
<tr><td colspan="3" rowspan="2">监测报表</td><td>报送单位</td><td colspan="3">□县级监测站　□乡(镇)监测负责人</td><td colspan="2">报告内容：□监测数据　□巡查信息</td></tr>
<tr><td>报告方式</td><td colspan="5">□电话　□报表邮寄　□报表传真　□电子邮件　□其他</td></tr>
<tr><td colspan="3" rowspan="2">预警报告</td><td>报告程序</td><td colspan="3">□组长　□乡（镇）监测负责人
□村长　□县级监测站</td><td colspan="2">报告内容：□监测数据　□巡查信息
□撤离依据</td></tr>
<tr><td>报告方式</td><td colspan="5">□电话　□报表邮寄　□车　□船　□电子邮件　□其他</td></tr>
<tr><td colspan="3">主要保护对象</td><td>户　人</td><td colspan="2">房屋　　间　　m²</td><td colspan="2">其他</td><td>资产：　　万元</td></tr>
<tr><td colspan="3" rowspan="2">防灾预案</td><td colspan="6">预警信号：□广播　□敲钟　□呼喊　□电话　□旗帜　□灯光　□其他</td></tr>
<tr><td colspan="6">应急措施：□组建机构　□组织撤离　□报告　□抢险　□医疗救助　□通讯　□交通
□照明　□警戒　□监测　□安置　□水源　□生活　□防病</td></tr>
</table>

布置负责人：　　　　填表人：　　　　填表日期：　　年　　月　　日

布置单位：　　　　县级监测站负责人：　　　　乡（镇）监测负责人：

注：监测点编号由 4 位编码组成，第 1~2 位为监测内容前两个汉字第一个拼音字母组成，即：地裂为 DL，墙裂为 QL，泉水为 QS，井水为 JS，地鼓为 DG；第 3~4 位为顺序编号(为 01~99，小于 10 前面冠 0)。

附录8 岩体结构分类

类型	亚类	岩体结构特征
块状结构	整体状结构	岩体完整，呈巨块状，结构面不发育，间距大于100cm
	块状结构	岩体较完整，呈块状，结构面轻度发育，间距一般为50～100cm
	次块状结构	岩体较完整，呈次块状，结构面中等发育，间距为30～50cm
层状结构	巨厚层状结构	岩体完整，呈巨厚层状，结构面不发育，间距大于100cm
	厚层状结构	岩体较完整，呈厚层状，结构面轻度发育，间距为50～100cm
	中厚层状结构	岩体较完整，呈中厚层状，结构面中等发育，间距一般为30～50cm
	互层状结构	岩体较完整或完整性差，呈互层状，结构面较发育或发育，间距一般为10～30cm
	薄层状结构	岩体完整性差，呈薄层状，结构面发育，间距一般小于10cm
碎裂结构	镶嵌碎裂结构	岩体完整性差，岩块镶嵌紧密，结构面较发育至很发育，间距一般为10～30cm
	普通碎裂结构	岩体较破碎，结构面很发育，间距一般小于10cm
散体结构	碎块状结构	岩体破碎，岩块夹岩屑或泥质物
	碎屑状结构	岩体破碎，岩屑或泥质物夹岩块

附录9 土体的主要宏观结构类型

结构类型		成因	主要特征		举例
类	亚类				
均质结构	致密均质结构	在地质环境相对稳定条件下持续接受搬运物质并长期沉积的结果	颗粒排列紧密且多具联结性	无明显的沉积界面或其他结构性界面；各部分物质组成单一、色泽较均匀、组成基本一致	一般黏性土、老黄土、三角洲沉积土、湖积土等
	散粒均质结构		颗粒排列疏松、多无粒间联结		各种成因砂土
层状结构	平行层状结构	被搬运物质在沉积过程中，因地质环境或物质来源的改变而导致沉积物产状的改造或组分的改变	结构层的相邻界面彼此平行（水平排列或倾斜排列）	土体中有明显的沉积界面；由多个层状单元组合构成；层内物质组成比较一致，而层间则常常存在较显著的颜色、成分和结构等差异	阶地土、河口沉积土
	交错层状结构		结构层的相邻界面自上向下收缩、交错排列		边滩沉积土、河床沉积土
	沙波层状结构		结构层界面呈波浪状		风积土、漫滩土、河床沉积土
	滑动层状结构		结构层有较清晰的界面；土体中发育有揉皱状纹理		滑带土、断层泥
混杂结构	基质状混杂结构	多由原地风化或短距离搬运堆积而成	土体主要由两个显著差异的颗粒单元构成，其中粗粒部分多散布于细粒之中、被胶结	无沉积界面或其他结构性界面；各部分物质组成复杂、色泽凌乱、组构差异大	残积土、泥流堆积土
	混杂堆砌结构		土体颗粒组成复杂，大小混杂，无分选，杂乱排列，胶结性差		崩塌堆积土、洪积土、稀性泥石流堆积土
碎裂结构	次生碎裂结构	由原状土遭受后期地质作用（如风化作用、新构造作用等）或人为卸荷作用产生的各种裂隙切割而成	多由规则的龟裂分割而成，土体的整体均匀性和完整性仍较好	土体的原始结构多被保存下来；土体受裂隙切割后的完整性被不同程度地破坏；沿裂隙带的风化作用加剧，与其他部位的颜色、成分和组构成存在一定的差异	膨胀土
	原生碎裂结构		土体多被一定规模的次生裂隙或断裂按某一稳定方位切割成大小不等的土块		新黄土、残积土、断层带土

图书在版编目（CIP）数据

地质灾害调查与评价/李东林，宋彬主编；王明秋，李红副主编．—武汉：中国地质大学出版社有限责任公司，2013.12(2022.1重印)
ISBN 978-7-5625-3239-2

Ⅰ.①地…
Ⅱ.①李…②宋…③王…④李…
Ⅲ.①地质灾害-调查②地质灾害-评价
Ⅳ.①P694

中国版本图书馆 CIP 数据核字（2013）第 205972 号

地质灾害调查与评价

李东林 宋 彬 主 编
王明秋 李 红 副主编

责任编辑：高婕妤 张 琰　　责任校对：戴 莹

出版发行：中国地质大学出版社有限责任公司（武汉市洪山区鲁磨路 388 号）　邮政编码：430074
电话：(027)67883511　传真：(027)67883580　E-mail：cbb @ cug.edu.cn
经　销：全国新华书店　http://www.cugp.cug.edu.cn

开本：787 毫米×1 092 毫米 1/16　字数：377.6 千字　印张：14.75
版次：2013 年 12 月第 1 版　印次：2022 年 1 月第 5 次印刷
印刷：湖北睿智印务有限公司　印数：

ISBN 978-7-5625-3239-2　定价：42.00 元